STRUKTUR DER MATERIE IN EINZELDARSTELLUNGEN

HERAUSGEGEBEN VON

M. BORN-GÖTTINGEN UND J. FRANCK-GÖTTINGEN

IV

LINIENSPEKTREN UND PERIODISCHES SYSTEM DER ELEMENTE

VON

DR. FRIEDRICH HUND

PRIVATDOZENT AN DER UNIVERSITÄT GÖTTINGEN

MIT 43 ABBILDUNGEN UND 2 ZAHLENTAFELN

SPRINGER-VERLAG BERLIN HEIDELBERG GMBH

1927

Additional material to this book can be downloaded from http://extras.springer.com

ISBN 978-3-7091-5656-8 ISBN 978-3-7091-5695-7 (eBook)
DOI 10.1007/978-3-7091-5695-7

URSPRÜNGLICH ERSCHIENEN BEI JULIUS SPRINGER IN BERLIN 1927
SOFTCOVER REPRINT OF THE HARDCOVER 1ST EDITION 1927

Vorwort.

In den vierzehn Jahren seit dem Erscheinen von BOHRS ersten Arbeiten über die Quantentheorie des Atombaues und der Spektren ist die Erkenntnis von den im Atom geltenden Gesetzen und das Verständnis der doch zunächst unentwirrbar scheinenden Mannigfaltigkeit der Spektrallinien sehr rasch fortgeschritten, und das Teilgebiet der Quantentheorie, das sich mit der Deutung der Spektren befaßt, ist heute zu einem gewissen Abschluß gelangt. Die wesentliche Richtung dieser Entwicklung war schon in BOHRS ersten Arbeiten gegeben; wenn man sie heute, nach Vollendung der dort begonnenen Wege, liest, wundert man sich, wie wenig an den grundlegenden Begriffen und Sätzen von unserem heutigen Standpunkt aus zu ändern wäre. Als wichtige Schritte im weiteren Ausbau möchte ich erwähnen SOMMERFELDS Systematik der Serienspektren, LANDÉS Analyse der ZEEMAN-Effekte, die durch CATALÁN begonnene Ordnung der verwickelten Spektren in Multipletts, die Erweiterung des Modells vom Atom durch RUSSELL und SAUNDERS, die Angabe der Regeln über die Mannigfaltigkeit der Terme durch PAULI und HEISENBERG, die eine Systematik auch der verwickeltsten Spektren möglich machten; schließlich aus neuester Zeit die Formulierung der Quantenmechanik durch HEISENBERG und SCHRÖDINGER und die UHLENBECK-GOUDSMITsche Hypothese vom magnetischen Elektron.

Das vorliegende Buch versucht, eine Zusammenfassung und einheitliche systematische Darstellung dieser Entwicklung zu geben. Ein Blick auf die Überschriften zeigt den eingeschlagenen Weg: durch Betrachtung zuerst der groben, dann der feineren Eigenschaften der Spektren wird das Atommodell schrittweise verfeinert, bis es von allen Einzelheiten wenigstens qualitativ Rechenschaft zu geben vermag. Wenn dabei von der neuen Quantenmechanik kein wesentlicher Gebrauch gemacht wird, so geschah das sicher nicht in Verkennung ihrer Rolle bei der

Deutung der Spektren. Ihre Benutzung hätte aber den Leser gleichzeitig vor zwei Problemkreise gestellt. Dem Studierenden, der nach Erarbeitung der Grundtatsachen des Atombaues und der Quantentheorie sich mit den Spektren eingehender vertraut machen will, wird vielleicht eine an seine bisherigen Vorstellungen anschließende Darstellung willkommen sein. Der Spektroskopiker, der Gesichtspunkte und Methoden zur Deutung seiner Ergebnisse braucht, der Astronom oder Chemiker, der sich über die Systematik und die theoretische Deutung der Spektren unterrichten will, wird dazu nicht erst Quantenmechanik lernen mögen. Und auch dem theoretischen Physiker, der die Beziehung zu den empirischen Ergebnissen der Erforschung der Spektren sucht, wird vielleicht die vorliegende mehr anschauliche und sich der tatsächlichen Entwicklung der Begriffe und Vorstellungen anschließende Darstellung in manchem von Nutzen sein. Ich glaube nicht, daß durch dieses Verfahren der Leser über Schwierigkeiten hinweggetäuscht wird; vielmehr habe ich mich bemüht, auch auf die Härten und Grenzen der korrespondenzmäßigen Betrachtung hinzuweisen.

Die Deutung der einfachen Spektren und ihr Zusammenhang mit dem periodischen System der Elemente nach Bohr hat im Rahmen dieser Sammlung schon eine Darstellung gefunden, in Born, Atommechanik I. Im Einverständnis mit Herrn Prof. Born habe ich mir erlaubt, einige (damals unter meiner Mitwirkung entstandene) Abschnitte aus diesem Buch mit nur geringer Umarbeitung zu benutzen.

Für wertvollen Rat habe ich Herrn Professor H. N. Russell in Princeton (Jersey) und für sorgfältige Hilfe bei der Korrektur Herrn W. Harries in Göttingen zu danken. Verlag und Druckerei haben ihr Bestes getan, alle Wünsche betreffs Satz und Ausstattung zu erfüllen.

Kopenhagen, im Dezember 1926.

Friedrich Hund.

Inhaltsverzeichnis.

Erstes Kapitel.

Grundlagen.

Seite

§ 1. Die allgemeinen spektroskopischen Gesetze 1
§ 2. Die Vorstellungen vom Atombau und die Grundlagen der Quantentheorie 5
§ 3. Atommechanik 10
§ 4. Atommodelle 19

Zweites Kapitel.

Das einfache Modell des Leuchtelektrons.

§ 5. Die Spektren der Atome mit einem Elektron 20
§ 6. Das Modell des Leuchtelektrons 25
§ 7. Das Termschema der einfachen Spektren 28
§ 8. Abschätzung von Termwerten 33
§ 9. Wahre und effektive Quantenzahlen des Leuchtelektrons . . . 38
§ 10. Die Röntgenspektren 42
§ 11. Atombau und chemische Eigenschaften 47
§ 12. Das periodische System der Elemente 49

Drittes Kapitel.

Das Modell des Kreiselelektrons.

§ 13. Das Termschema der Alkalien 58
§ 14. Einfluß schwacher Magnetfelder auf die Alkaliterme 62
§ 15. Einfluß starker Magnetfelder auf die Alkaliterme 68
§ 16. Die absolute Größe der Alkalidubletts 72
§ 17. Einiges über den STARK-Effekt der Alkalispektren 76

Viertes Kapitel.

Das Zusammenwirken der Elektronen eines Atoms bei normalen Koppelungsverhältnissen.

§ 18. Das Termschema der Erdalkalien 78
§ 19. Der ZEEMAN-Effekt der Erdalkali-Terme 82
§ 20. Die verschobenen Terme der Erdalkalispektren 86
§ 21. Das Modell eines Atoms mit zwei Valenzelektronen 90
§ 22. Normale Multipletts 99
§ 23. Der ZEEMAN-Effekt normaler Multipletts 105

Seite
§ 24. Abzählung der Terme eines Atoms mit mehreren Elektronen . 111
§ 25. Die PAULIsche Regel für äquivalente Bahnen 114
§ 26. Regeln über die Wechselwirkung von Elektronen im Atom . . 121
§ 27. Intensitäten von Spektrallinien. Kombinationsregeln 128

Fünftes Kapitel.

Die Spektren der Elemente mit normaler Termordnung.

§ 28. Allgemeine Betrachtungen 133
§ 29. Die Spektren von Wasserstoff und Helium 134
§ 30. Die Achterperioden 137
§ 31. Die Spektren in den einzelnen Spalten der Achterperioden . . 139
§ 32. Die Achtzehnerperioden 145
§ 33. Die Spektren der Eisen-, Palladium- und Platinreihe 152
§ 34. Die Spektren von Kupfer, Silber und Gold 167
§ 35. Vergleich der großen Perioden 170
§ 36. Die seltenen Erden 175
§ 37. Die Röntgenterme 181

Sechstes Kapitel.

Allgemeinere Koppelungsverhältnisse.

§ 38. Nichtnormale Termordnung. Allgemeines Modell 182
§ 39. Die Bestimmung der Seriengrenzen für die einzelnen Multiplettkomponenten 184
§ 40. Beispiele nicht normaler Termordnung. Vollstandige Termschemata 193
§ 41. ZEEMAN-Effekte bei nicht normaler Termordnung 201
Literatur 208
Sachverzeichnis 218

Erstes Kapitel.

Grundlagen.

§ 1. Die allgemeinen spektroskopischen Gesetze.

Ehe wir in eine nähere Untersuchung des Zusammenhanges zwischen den Spektren der Elemente und dem Bau ihrer Atome eingehen können, müssen einige Betrachtungen über die wichtigsten Begriffe der Spektroskopie und die allgemeinsten Gesetze der Spektren vorausgeschickt werden. Glühende feste Körper geben ein kontinuierliches Spektrum; Gase dagegen senden ein *Linien-* und *Bandenspektrum* aus (von vereinzelt vorkommenden kontinuierlichen Emissionsgebieten sehen wir zunächst ab). Das Linienspektrum wird vom Atom, das Bandenspektrum von einer mehratomigen Molekel ausgesandt. Uns wird im folgenden nur das Atomspektrum beschäftigen.

Das *Emissionsspektrum* sendet ein Körper nur aus, wenn er *angeregt* wird, z. B. durch eine elektrische Entladung oder durch sehr hohe Temperatur. Das *Absorptionsspektrum* tritt stets auf, wenn er von Licht durchstrahlt wird, das kontinuierlich zusammengesetzt ist.

Zur Kennzeichnung der Lage einer Linie gibt man ihre Wellenlänge λ (in Luft oder im Vakuum) an in Ångström-Einheiten ($1\,\text{Å} = 10^{-8}$ cm) oder ihre Wellenzahl ν (reziproke Wellenlänge) in cm^{-1}. Zur Orientierung sei angegeben, daß das sichtbare Spektralgebiet etwa von $\lambda = 7700\,\text{Å}$, $\nu = 13000\,\text{cm}^{-1}$ bis $\lambda = 4000\,\text{Å}$, $\nu = 25000\,\text{cm}^{-1}$ reicht.

Bezeichnend für viele Spektren ist die Ordnung der Linien zu *Serien*[1]) mit endlicher Grenze. Diese Lage der Grenze ist insofern auffallend, als die Schwingungszahlen mechanischer Systeme (Saiten, Platten usw.) stets ihre Grenze im Unendlichen

---

[1]) Die theoretischen Überlegungen werden zeigen, daß die Ordnung der Linien in Serien eine Eigenschaft sämtlicher Spektren ist. Empirisch bekannt ist sie jedoch nur bei einem Teil.

haben. In vielen Fällen besteht der erste Schritt in der Entwirrung und Deutung eines Spektrums in der Auffindung solcher Serien und in der Aufstellung einer *Serienformel.*

Die erste Serienformel hat BALMER (*1*)[1]) im Jahre 1885 aufgestellt. Er erkannte, daß die vier im Sichtbaren liegenden Linien des Wasserstoffspektrums

$$\begin{aligned} H_\alpha &: 6563\ \text{Å}, \\ H_\beta &: 4861\ \text{Å}, \\ H_\gamma &: 4340\ \text{Å}, \\ H_\delta &: 4102\ \text{Å} \end{aligned}$$

sich in einer einfachen Formel darstellen lassen. Wir schreiben sie heute in der Form

$$\nu = \frac{1}{\lambda} = R\left(\frac{1}{4} - \frac{1}{m^2}\right).$$

Dabei durchläuft m die ganzen Zahlen von 3 ab. LYMAN und PASCHEN fanden Serien des Wasserstoffspektrums, die sich durch die Formeln

$$\nu = R\left(1 - \frac{1}{m^2}\right), \quad m = 2, 3 \ldots,$$

$$\nu = R\left(\frac{1}{9} - \frac{1}{m^2}\right), \quad m = 4, 5 \ldots$$

darstellen ließen. Danach konnte man erwarten, daß die Wellenzahlen aller Linien des Wasserstoffspektrums in der Form

$$\nu = R\left(\frac{1}{n^2} - \frac{1}{m^2}\right)$$

geschrieben werden können, d. h. als Differenzen zweier *Terme* der Form

$$\frac{R}{n^2}.$$

Auch die Serien in den Spektren der Alkalien lassen sich durch einfache Formeln darstellen. Die für die theoretische Deutung fruchtbarsten waren die von RYDBERG aufgestellten (*2*)[2]). Wir geben die Formeln für die hauptsächlichsten Serien an:

---

[1]) Die Zeichen (*1*) (*2*)... weisen auf das Literaturverzeichnis am Ende des Buches hin.

[2]) Die hauptsächlichsten Messungen der Alkalispektren stammen von H. KAYSER u. C. RUNGE (*3*).

$$\text{Hauptserie:} \qquad \nu = \frac{1}{\lambda} = A - \frac{R}{(m+p)^2}.$$

$$\text{Erste Nebenserie:} \qquad \nu = \frac{1}{\lambda} = B - \frac{R}{(m+d)^2}.$$

$$\text{Zweite Nebenserie:} \qquad \nu = \frac{1}{\lambda} = B - \frac{R}{(m+s)^2}.$$

Dabei bedeutet R eine für alle Spektren (nahezu) gleiche Konstante, dieselbe wie oben in der BALMERschen Formel. Wir nennen sie die RYDBERG-*Konstante,* ihr Wert ist $R = 109700\ \text{cm}^{-1}$. A, B, p, d, s sind den einzelnen Serien und Elementen eigentümliche Konstante; m bedeutet eine ganze Zahl. Sie heißt *Laufzahl*; die Zahlen p, d, s nennt man RYDBERG-*Korrektionen.* Sie sind natürlich nur bis auf einen ganzzahligen willkürlichen Summanden bestimmt. Man kann sie etwa so festlegen, daß der absolute Betrag der RYDBERG-Korrektionen kleiner als $\frac{1}{2}$ ist. Unter den angegebenen Serien der Alkalien ist die Hauptserie die kräftigste; sie tritt auch in Absorption auf. Die Nebenserien dagegen sind nur in Emission zu beobachten. Wie die Formeln erkennen lassen, haben die beiden Nebenserien die gleiche Grenze.

Die Konstante A läßt sich genähert in der Form

$$\frac{R}{(n+s)^2} \qquad (n = 1 \text{ oder } 2)$$

schreiben, die Konstante B in der Form

$$\frac{R}{(2+p)^2}.$$

Die Serienformeln der Alkalispektren lauten dann unter Hinzufügung einer weiteren Serie, der BERGMANN-Serie, folgendermaßen:

$$\text{Hauptserie:} \qquad \frac{R}{(1+s)^2} - \frac{R}{(m+p)^2} \qquad m = 2, 3 \ldots$$

$$\text{I. Nebenserie:} \qquad \frac{R}{(2+p)^2} - \frac{R}{(m+d)^2} \qquad m = 3, 4 \ldots$$

$$\text{II. Nebenserie:} \qquad \frac{R}{(2+p)^2} - \frac{R}{(m+s)^2} \qquad m = (1), 2 \ldots$$

$$\text{Bergmannserie:} \qquad \frac{R}{(3+d)^2} - \frac{R}{(m+f)^2} \qquad m = 4, 5 \ldots$$

Bei der Normierung von s ist dabei von der oben gegebenen Regel etwas abgewichen, indem s bei Alkalien etwa bei 0,6 bis

0,9 liegt; p liegt zwischen $-0{,}05$ und $+0{,}4$; d zwischen 0,0 und $-0{,}5$. Die Korrektion f ist recht klein; abgesehen von der Seriengrenze ist die BERGMANN-Serie „wasserstoffähnlich“. Setzt man in der Formel für die zweite Nebenserie $m = 1$, so erhält man das erste Glied der Hauptserie mit negativem Vorzeichen.

Die eben angegebene Schreibweise der Serienlinien

$$\nu = \frac{R}{(n+a)^2} - \frac{R}{(m+b)^2} \tag{1}$$

legt den Verdacht nahe, daß auch andere Linien dieser Form, z. B.

$$\frac{R}{(2+s)^2} - \frac{R}{(m+p)^2}, \quad \frac{R}{(3+p)^2} - \frac{R}{(m+d)^2}, \quad \frac{R}{(2+p)^2} - \frac{R}{(m+p)^2} \quad \text{usw.}$$

auftreten. Dies ist in der Tat der Fall, wenn auch einige dieser Linien nur unter besonderen Bedingungen (in starken elektrischen Feldern usw.) auftreten. Durch die Schreibweise (1) stellt man die Wellenzahl einer Linie als Differenz zweier *Terme* dar, und die eben genannte Tatsache bedeutet, daß auch alle Differenzen zweier Terme die Wellenzahlen beobachtbarer Linien geben.

Die Schreibweise (1) gilt nur angenähert; die Möglichkeit der Darstellung durch Differenz zweier Terme jedoch streng, und zwar, soweit bekannt, für alle Spektren. *Dem System der Linien eines Spektrums läßt sich das System der Terme zuordnen*; die Linien erscheinen dabei als Kombinationen zwischen zwei Termen. Das ist im wesentlichen der Inhalt des Kombinationsprinzips von RYDBERG und RITZ (*5*).

Das System der Terme eines Spektrums ist im allgemeinen einfacher und übersichtlicher als das der Linien. Für die Spektren der Alkalien folgt aus den angegebenen Linienformeln eine doppelt geordnete Mannigfaltigkeit von Termen. Ein Term ist gekennzeichnet durch die Laufzahl m (1, 2, 3...) und durch das Symbol s, p, d oder f. Unter normalen Umständen kombinieren die s-Terme nur mit p-Termen, die p-Terme nur mit s- und d-Termen, die d-Terme nur mit p- und f-Termen. Dieser Umstand, sowie das Verhalten der Laufzahl, legen die Reihenfolge s, p, d, f ... als die natürliche nahe. Das Verzeichnis der Terme eines Alkalispektrums sieht also folgendermaßen aus (Tabelle 1).

Tabelle 1.

..	..	..	..	..
6 *s*	6 *p*	6 *d*	6 *f*	..
5 *s*	5 *p*	5 *d*	5 *f*	..
4 *s*	4 *p*	4 *d*	4 *f*	
3 *s*	3 *p*	3 *d*		
2 *s*	2 *p*			
1 *s*				

Dieses Termschema findet sich als Grundstock in allen (i. allg. komplizierteren) Spektren wieder.

§ 2. Die Vorstellungen vom Atombau und die Grundlagen der Quantentheorie.

Als Bausteine der Materie hat man positiv geladene Teilchen mit Masse von atomarer Größe und negative Teilchen, Elektronen, mit viel geringerer Masse erkannt. Zu einem genaueren Bild vom Bau der Atome führten die Untersuchungen von LENARD über den Durchgang von Kathodenstrahlen durch Materie und besonders die von RUTHERFORD über den Durchgang von α-Strahlen. Aus seinen Messungen konnte RUTHERFORD schließen, daß die Ausdehnung des positiven Teilchens in einem Atom, das er *Atomkern* nannte, sehr klein sei im Vergleich zu der des Atoms selbst und daß die Zahl seiner Elementarladungen (Elementarladung = Betrag der Ladung eines Elektrons) ungefähr gleich dem halben Atomgewicht sei. Die zuletzt genannte Tatsache führte VAN DEN BROEK zu der Hypothese, daß die Kernladung genau gleich der Atomnummer sei, d. h. der Nummer des betreffenden Elements im periodischen System. Sie wurde bestätigt durch die MOSELEYschen Untersuchungen über die Röntgenspektren der Elemente (vgl. § 10).

Ein Atom mit der Nummer Z besteht also aus einem Z-fach positiv geladenen Kern, der fast die ganze Masse des Atoms trägt, und (im neutralen Zustand) *aus Z Elektronen.* Das p-fach positive Ion des Elements mit der Nummer Z hat außer dem Z-fach geladenen Kern nur $Z - p$ Elektronen, das p-fach negative Ion hat $Z + p$ Elektronen. Da die Kräfte, die das Atom zusammenhalten, die elektrischen Anziehungs- und Abstoßungskräfte zwischen den Bausteinen sein sollen, müssen die Teile des Atoms in Bewegung sein.

Die neuere Forschung hat gezeigt, daß die Atomkerne selbst wieder aus Elektronen und Wasserstoffkernen (Protonen) bestehen. Für die Aufgaben dieses Buches haben sich aber die Vorstellungen des Kernaufbaues noch nicht verwerten lassen.

Das von RUTHERFORD entworfene Modell bietet der theoretischen Betrachtung *zwei grundsätzliche Schwierigkeiten* dar. Das Atom ist auch im unangeregten Zustand ein System bewegter Ladungen; nach den Gesetzen der Elektrodynamik verliert ein solches System dauernd Energie durch elektromagnetische Ausstrahlung und müßte daher allmählich zusammenstürzen. Die Erfahrung zeigt jedoch, daß Atome im unangeregten Zustand nicht strahlen und daß die Atome weitgehend stabil sind. Ferner würden auch beim angeregten Atom durch die kontinuierlich erfolgende Energieänderung die Frequenzen der Bewegung dauernd verändert. Das Atom müßte ein kontinuierliches Spektrum zeigen. Die Erfahrung zeigt jedoch ein Spektrum mit diskreten Linien.

BOHR konnte die Schwierigkeiten, die in der Stabilität der Atome und der Existenz diskreter Linien bestanden, durch Heranziehung der PLANCKschen Quantentheorie überwinden. Ihre Grundgedanken seien hier erörtert.

Nach dem KIRCHHOFFschen Satz ist in einem gleichmäßig von Wärmestrahlung erfüllten Hohlraum die Energiedichte pro Frequenzintervall $d\nu$ im Gleichgewicht gleich $\varrho(\nu, T)\, d\nu$, wo ϱ eine universelle Funktion von ν und der Temperatur T ist, also unabhängig ist von den Substanzen, die der Hohlraum enthält. Der Versuch, die KIRCHHOFFsche Funktion $\varrho(\nu, T)$ auf Grund der Gesetze der Elektrodynamik und der statistischen Mechanik zu berechnen, lieferte ein Ergebnis, das der Erfahrung widersprach und nur im Grenzfall kleiner ν brauchbar war. PLANCK fand durch Interpolation zwischen der für kleine ν geltenden, aus der Theorie folgenden Formel und einer von W. WIEN für große ν aufgestellten Formel ein Strahlungsgesetz, das zunächst die Beobachtungen richtig wiedergibt. Die PLANCKsche Formel lautet:

$$\varrho = \frac{8\pi\nu^2}{c^3} \frac{h\nu}{e^{\frac{h\nu}{kT}} - 1}.$$

Dabei ist c die Lichtgeschwindigkeit, k die BOLTZMANNsche Konstante (molekulare Gaskonstante) und h eine neue Naturkonstante vom Wert

$$h = 6{,}54 \cdot 10^{-27} \text{ erg sek};$$

man nennt sie die PLANCK*sche Konstante.* ν bedeutet die Frequenz (nicht die Wellenzahl, sondern ihr c-faches). In unseren Gleichungen soll ν stets diese Bedeutung haben; nur bei der Angabe spektroskopischer Zahlwerte (Linien, Terme) wollen wir durch c dividieren und mit ν die Wellenzahl bezeichnen.

PLANCK konnte seine Formel theoretisch ableiten, indem er die Atome der strahlenden Substanz durch harmonische Oszillatoren ersetzte und indem er die der bisherigen Mechanik grundsätzlich widersprechende Annahme machte: *Die Energie W eines Oszillators kann nicht jeden beliebigen Wert annehmen, sondern nur solche Werte, die ganzzahlige Vielfache eines Energieelements W_0 sind.* Für W_0 ergab sich dann der Wert $h\nu$.

Einen weiteren Schritt in der Entwicklung der Quantentheorie stellt EINSTEINS Deutung des *lichtelektrischen Effektes* dar. Fällt Licht auf eine Metalloberfläche, so treten aus ihr Elektronen aus. Die Intensität des auffallenden Lichtes beeinflußt dabei nur die Zahl der Elektronen. Ihre Geschwindigkeit v hängt nur von der Frequenz ν des auffallenden Lichtes ab. EINSTEIN machte den Ansatz

$$h\nu = \frac{m}{2} v^2;$$

er gab für hinreichend hohe Frequenzen die beobachteten Verhältnisse richtig wieder. Bei PLANCK war die Energiedifferenz benachbarter Zustände eines Oszillators gleich dem h-fachen seiner Frequenz; bei EINSTEIN ist die Energiedifferenz zweier Zustände des Photoelektrons gleich dem h-fachen der Frequenz des absorbierten Lichtes.

BOHR konnte durch Verallgemeinerung der PLANCKschen und EINSTEINschen Quantengesetze die Grundlagen schaffen für die theoretische Behandlung der Vorgänge im Atom und damit für die Deutung der Spektren. Er stellte die folgenden beiden *Grundpostulate* auf.

I. Ein atomares System kann nur dauernden Bestand haben in einer gewissen Reihe von Zuständen, die einer diskreten Reihe seiner Energiewerte entspricht. Änderungen der Systemenergie finden nur bei Übergängen von einem dieser „stationären Zustände" zu einem anderen statt.

II. Ist der Übergang mit Emission oder Absorption von Licht verknüpft, so ist dieses Licht monochromatisch; seine Frequenz ist durch die Beziehung

$$h\nu = W_1 - W_2$$

bestimmt, wo W_1 und W_2 die Energien der beiden beteiligten Zustände sind.

Die beiden Postulate gewährleisten die Existenz diskreter Linien. Die Linien folgen dem RYDBERG-RITZschen Kombinationsprinzip (§ 1). Die Terme erhalten eine physikalische Deutung; sie entsprechen den verschiedenen Zuständen des Atoms. Der Termwert ist $-\frac{W}{h}$, wo W die Energie des Zustandes ist. Die beiden Postulate gewährleisten ferner die Stabilität der Atome, wenn unter den diskreten Zuständen einer mit tiefster Energie ist; dieser kann dann nur durch Absorption in einen anderen übergehen. Eine aus unangeregten Atomen bestehende Gasmenge hat nur ein *Absorptions*spektrum; es enthält nur solche Linien, die Übergängen entsprechen, die vom tiefsten Zustand ausgehen.

Die Translationsenergie eines Atoms oder eines einzelnen Elektrons kann beliebige Werte haben. Die Entfernung eines Elektrons aus einem Atom ist also ein Vorgang, bei dem für die Energiedifferenz ein Kontinuum von Werten möglich ist. Einem solchen Vorgang entspricht auch ein kontinuierliches Spektrum. Auf solche kontinuierlichen Spektren wollen wir jedoch nicht näher eingehen.

Solange man die Grundpostulate nur auf die Erklärung von Spektrallinien anwendet, spielt die Größe W nur eine formale Rolle. Ihre Eigenschaft als Energie kam dagegen in Betracht bei der Berechnung der mittleren Energie eines Oszillators in der Ableitung der PLANCKschen Strahlungsformel und beim lichtelektrischen Effekt, wo $W_1 - W_2$ die Änderung der kinetischen Energie der Elektronen bedeutete.

Der Nachweis, daß auch in den Atomen die mit h multiplizierten Terme Energien sind, ist durch die von FRANCK und HERTZ angegebene Methode des Elektronenstoßes erbracht worden. Man erteilt Elektronen durch Beschleunigung in einem bekannten elektrischen Feld eine genau abgemessene kinetische Energie und läßt sie durch ein Gas gehen, das aus den zu untersuchenden Atomen besteht. Eine dabei auftretende Strahlung der Atome kann man z. B. lichtelektrisch nachweisen; ein Geschwindigkeitsverlust der Elektronen kann z. B. so festgestellt werden, daß man sie gegen ein verzögerndes Feld anlaufen läßt, in dem nur Elektronen mit unverminderter Geschwindigkeit ganz durchlaufen können, und den durchgehenden Elektronenstrom mißt. Es hat sich nun gezeigt, daß nur oberhalb ganz bestimmter Schwellenwerte der Energie der auftretenden Elektronen diese Energie an die Atome abgegeben wird und sie zum Leuchten anregt. Das unstetige Einsetzen der stationären Zustände beobachtet man an der plötzlichen Änderung des durchgehenden Elektronenstroms. Die Energien der Elektronen, bei denen Änderungen eintreten, sind genau die Größen W der Frequenzgleichung.

Für die Umrechnung von Elektronenstoßbeobachtungen sind einige Zahlenbeziehungen wichtig, die wir jetzt angeben: Pro Volt der beschleunigenden Spannung wird dem Elektron die kinetische Energie $\frac{e}{300} = 1{,}59 \cdot 10^{-12}$ erg mitgeteilt. Die Wellenzahl 1 entspricht der Schwingungszahl $3 \cdot 10^{10}$ und damit der Energie $h \cdot \nu = 6{,}54 \cdot 10^{-27} \cdot 3 \cdot 10^{10} = 1{,}96 \cdot 10^{-18}$ erg. Wir fügen noch ein viertes, in der Thermochemie häufig gebrauchtes Energiemaß hinzu, die kcal/Mol. Da eine kcal der Energie 4,18 erg entspricht und ein Mol $6{,}06 \cdot 10^{23}$ Molekeln hat, ist eine kcal/Mol dasselbe wie $6{,}90 \cdot 10^{14}$ erg/Molekel. Im ganzen haben wir also folgende Beziehungen:

$$1\,\text{Volt} \longleftrightarrow 23\,\text{kcal/Mol} \longleftrightarrow 8{,}11 \cdot 10^{3}\,\text{cm}^{-1} \longleftrightarrow 1{,}59 \cdot 10^{12}\,\text{erg/Molekel}.$$

Die Bohrschen Grundpostulate liefern die Wellenzahlen des Spektrums eines Atoms, sobald es möglich ist, seine diskreten Energiestufen zu berechnen. Hierbei treten zwei Fragen auf. Die beiden Postulate widersprechen der bisherigen „klassischen“ Mechanik und Elektrodynamik. Die eine Frage ist also die nach den allgemeinen Gesetzen einer neuen Mechanik und Elektrodynamik. Die zweite Frage ist die nach den Eigenschaften des Atoms, also nach dem besonderen mechanischen System, auf das die allgemeinen Gesetze anzuwenden sind.

Die erste Frage erschöpfend zu behandeln, ist Aufgabe der „*Atommechanik*“. Wir gehen im folgenden nur soweit darauf ein, als zur Deutung der Spektren notwendig ist. Ausführlich behandeln müssen wir jedoch die Frage nach dem *Atommodell*; denn es waren im wesentlichen die Gesetzmäßigkeiten der Spektren, die zu seiner Kenntnis geführt haben.

§ 3. Atommechanik.

Die Grundlagen einer strengen Atommechanik, die zur wirklichen Berechnung der Zustände eines atomaren Systems ausreicht, sind von HEISENBERG (*24*) gegeben. Andere Forscher haben sie weiter ausgebaut (*25*). Einen davon unabhängigen Zugang fanden DE BROGLIE und SCHRÖDINGER (*26*). Eine quantitative und bis in alle Einzelheiten vollständige Herleitung der Eigenschaften von Spektren ist ohne Benutzung dieser Quantenmechanik nicht möglich; von dieser Aufgabe sind vorläufig nur geringe Teile ausgeführt[1]). Zu einem qualitativen Verständnis des Baues der Spektren und einem angenähert quantitativen Verständnis der empirisch bekannten Einzelheiten ist jedoch diese neue Quantenmechanik nicht nötig. Die wesentlichen Züge der Spektren sind ja doch von BOHR, SOMMERFELD, LANDÉ, PAULI, HEISENBERG, UHLENBECK, GOUDSMIT u. a. vor Aufstellung der neuen Methode oder zuletzt wenigstens unabhängig von ihr gedeutet worden.

Wir wollen also jetzt darangehen. eine Fassung der Quantenmechanik zu suchen, die für unsere Zwecke ausreicht und die einfach genug ist, um auch in wirklichen Fällen Aussagen über das Verhalten der Atome zu liefern.

Eine wichtige Forderung an diese Quantenmechanik stellt das *Korrespondenzprinzip*. Es spricht eine Beziehung aus zwischen dem Verhalten des wirklichen Atoms und dem eines ,,klassischen Modells'', d. h. eines Systems, für das die klassische Mechanik gilt. Zusammen mit der Forderung diskreter stationärer Zustände und der Frequenzbedingung fordert es, daß die Energien der stationären Zustände $W(1)$, $W(2) \ldots$ so bestimmt sind, daß die Ausdrücke

---

[1]) Vgl. die Behandlung des Wasserstoffspektrums von P. A. M. DIRAC und W. PAULI (*82*), des Heliumspektrums von W. HEISENBERG (*86*), der Zeemaneffekte und der Dublettaufspaltung von W. HEISENBERG und P. JORDAN (*83*).

$$\nu = \frac{1}{h}\,[W(n_1) - W(n_2)]$$

für große Werte von n_1 und n_2 asymptotisch in die Frequenzen des klassischen Modells übergehen.

Machen wir uns dies beim harmonischen Oszillator klar. Seine Energie setzt PLANCK

$$W = n \cdot h\nu.$$

Das klassische Modell des harmonischen Oszillators hat nur die eine Frequenz ν (keine Oberfrequenzen). Die Frequenzbedingung liefert dann eine einzige Frequenz, und zwar stets genau ν, wenn wir annehmen, daß sich n nur um 1 ändert. Ein Vergleich zwischen klassischer und quantentheoretischer Behandlung des harmonischen Oszillators sieht jetzt so aus: Im klassischen Modell ändert sich die Größe W oder $\frac{W}{\nu}$ wegen der Ausstrahlung von Energie dauernd. In der Quantentheorie bleibt sie in den stationären Zuständen konstant; bei einem Übergang ändert sich $\frac{W}{\nu}$ um h. Diesem Übergang entspricht eine Strahlung mit der Frequenz ν. Die kontinuierliche Abnahme von $\frac{W}{\nu}$ der klassischen Theorie wird durch eine unstetige ersetzt (vgl. Abb. 1).

Wir bleiben auch im Einklang mit den Grundpostulaten und dem Korrespondenzprinzip, wenn wir die Energie

$$W = \nu\,(n + \text{const})\,h$$

setzen; in der Tat liefert die neue Quantentheorie das Ergebnis, daß

$$W = \nu\,(n + \tfrac{1}{2})\,h$$

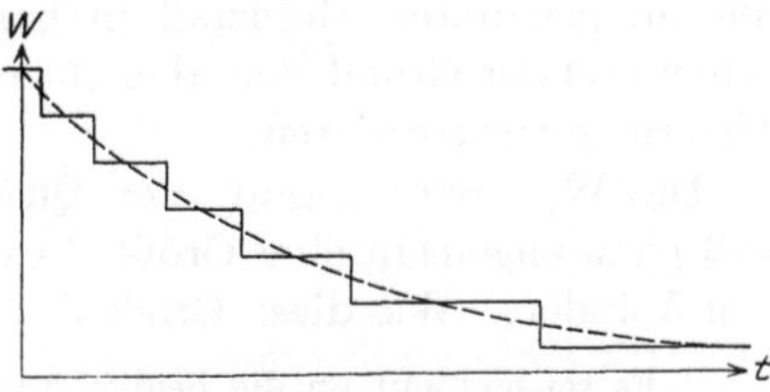

Abb. 1. Unstetige Energieabnahme.

ist, wo n eine ganze Zahl bedeutet. Den Zusammenhang zwischen Übergang von einem stationären Zustand zu einem anderen und Strahlung der Frequenz

$$\nu = \frac{1}{h}\,[W(n_1) - W(n_2)]$$

möchten wir nur ganz allgemein als ein Entsprechen auffassen und über den zeitlichen Verlauf beider Vorgänge nichts aussagen. Für die Deutung der Spektren ist das auch nicht nötig[1]).

Wir müssen jetzt zu der Frage übergehen, wie im allgemeinen die stationären Zustände eines atomaren Systems festzulegen sind, d. h. welche allgemeine Vorschrift an Stelle der beim Oszillator gestellten Forderung: $\frac{W}{\nu}$ ändert sich um h, zu treten hat.

Der anharmonische Oszillator führt nach der klassischen Theorie keine rein sinusartige Bewegung aus. Seine Bewegung läßt sich aber (nach dem FOURIERschen Satz) auffassen als eine Übereinanderlagerung von Sinusschwingungen mit den Frequenzen $1\,\nu$, $2\,\nu$, $3\,\nu \ldots$ (Grund- und Oberschwingungen). Wenn wir versuchen, auch hier die Änderungen einer bestimmten Größe gleich Vielfachen von h zu setzen, so führt das Korrespondenzprinzip zu der Forderung, eine Größe, wir wollen sie J nennen, die im Grenzfall verschwindender Anharmonizität in die Größe $\frac{W}{\nu}$ übergeht, so festzulegen, daß sie sich um h, $2\,h$, $3\,h$ usw. ändern kann. Das gibt nach der Frequenzbedingung Strahlungsfrequenzen

$$\nu = \frac{1}{h}\,[W(n) - W(n-1)],$$

$$\nu = \frac{1}{h}\,[W(n) - W(n-2)],$$

$$\nu = \frac{1}{h}\,[W(n) - W(n-3)],$$

die im genannten Grenzfall in harmonische Frequenzen übergehen und der Grund- und den Oberschwingungen der klassischen Theorie korrespondieren.

Die Weiterentwicklung der Quantentheorie hat nun gezeigt, daß ganz allgemein eine Größe J existiert, die sich um Vielfache von h ändert. Wie diese Größe J zu definieren ist, erläutern wir

---

[1]) Es sei hier nur an die beiden Auffassungen erinnert, die im Laufe der Entwicklung vertreten wurden:

1. Das Atom strahlt während des Übergangs die Energie $h\nu$. Der Energiesatz gilt exakt.

2. Das Atom strahlt im stationären Zustand alle Frequenzen, die Übergängen von diesem Zustand zu einem energetisch tieferen entsprechen. Die statistische Gültigkeit des Energiesatzes wird durch eine Beziehung zwischen den Übergangswahrscheinlichkeiten und den Intensitäten gewährleistet.

Die Versuche haben gegen die zweite Auffassung entschieden. Die erste stellt damit noch keineswegs eine endgültige Antwort auf die gestellte Frage dar.

am *Rotator*. Dies ist ein starrer Körper, der sich um eine feste Achse drehen kann. In der klassischen Mechanik ist seine kräftefreie Bewegung unter Vernachlässigung der Ausstrahlung eine gleichförmige Rotation. Konstante der Bewegung sind Energie W und Drehimpuls P. P hat die Dimension einer Wirkung, wir vermuten daher, daß J und P sich nur um einen Zahlenfaktor unterscheiden. Mit Hilfe des Korrespondenzprinzips können wir diesen Faktor festlegen. Für die klassische Frequenz gilt (Winkelgeschwindigkeit durch 2π):

$$\nu = \frac{P}{2\pi A}, \tag{1}$$

wo A das Trägheitsmoment ist, und für die klassische Energie

$$W = \frac{1}{2A} P^2. \tag{2}$$

In der Quantentheorie müssen für große J und daher auch für große P dieselben Gleichungen asymptotisch gelten. Die Frequenzbedingung ergibt im Grenzfall $P_1 - P_2 \ll P_1$

$$\nu = \frac{1}{2Ah}(P_1^2 - P_2^2) = \frac{P_1(P_1 - P_2)}{Ah};$$

dies stimmt asymptotisch mit (1) überein, wenn $2\pi P$ sich um h ändert. Wir setzen also $J = 2\pi P$. Die Energie wird dann asymptotisch gleich

$$W = \frac{J^2}{8\pi^2 A}.$$

Die klassische Frequenz läßt hier eine Darstellung zu, die deutlich die Korrespondenz zur quantentheoretischen zeigt. Es ist nämlich klassisch

$$\nu_{kl} = \frac{dW}{dJ}$$

und quantentheoretisch

$$\nu_{qu} = \frac{W(J) - W(J-h)}{h}.$$

Diese letzte Bemerkung führt uns zur allgemeinen Formulierung der Quantenvorschriften für einen Freiheitsgrad. Wir berechnen das klassische Modell und suchen dabei eine Größe J, die die Eigenschaft hat, daß in der klassischen Rechnung

$$\nu = \frac{dW}{dJ}$$

ist. Von dieser Größe, die die Dimension einer Wirkung (Energie mal Zeit) hat, nehmen wir an, daß sie auch im quantentheoretischen System einen Sinn hat. Ihre Änderungen setzen wir gleich Vielfachen von h.

Durch die bisherigen Betrachtungen wird uns folgende Fassung des Grundsatzes der Quantenmechanik für einen Freiheitsgrad nahegelegt:

Das klassische Modell möge unter Vernachlässigung der Ausstrahlung eine periodische Bewegung ausführen. Es möge ferner eine Konstante J haben von folgenden Eigenschaften: Die Energie sei eine eindeutige Funktion $W(J)$ von J, und die Grundfrequenz sei

$$\nu = \frac{dW}{dJ}.$$

Das atomare System hat dann eine Energiefunktion, die für große J asymptotisch in die klassische übergeht. In den stationären Zuständen bleibt J konstant; bei Übergängen ändert es sich um ganzzahlige Vielfache (τh) von h, und es wird gestrahlt die Frequenz

$$\nu = \frac{1}{h}[W(J) - W(J - \tau h)].$$

Unsere Fassung der Berechnung der Energiestufen läßt sich auf Bewegungen mit mehreren Freiheitsgraden übertragen:

Das klassische Modell möge eine f-fach periodische Bewegung ausführen mit den Integrationskonstanten $J_1, J_2 \ldots, J_f$. *Ferner sei die Energie eine eindeutige Funktion der* J: $W = W(J_1 J_2 \ldots J_f)$, *und die Grundfrequenzen seien* $\nu_k = \frac{dW}{dJ_k}$. *Das atomare System hat dann eine Energiefunktion* $W(J_1 J_2 \ldots J_f)$, *die für große* J *asymptotisch in die klassische übergeht. In den stationären Zuständen bleiben die* J_k *konstant; bei einem Übergang ändert sich jedes* J_k *um ein ganzzahliges Vielfaches von* h *(auch 0), und es wird die Frequenz gestrahlt:*

$$\nu = \frac{1}{h}[W(J_1 J_2 \ldots J_f) - W(J_1 - \tau_1 h, J_2 - \tau_2 h \ldots J_f - \tau_f h)].$$

Welche Übergänge möglich sind, darüber entscheidet ebenfalls das Korrespondenzprinzip. Man betrachte die Strahlung, die das klassische Modell aussendet; sie enthält im allgemeinen die Frequenzen $\nu_1 \nu_2 \ldots \nu_f$, sowie deren Oberfrequenzen $2\nu_1\ 3\nu_1 \ldots$

$2\nu_2 3\nu_2 \ldots$, sowie Kombinationsfrequenzen $\nu_1 + \nu_2 \ldots$ Die quantentheoretische Strahlung des Atoms muß dieser entsprechen. Der klassischen Kombinationsfrequenz

$$\nu = \sum \tau_k \nu_k$$

entspricht die quantentheoretische Frequenz

$$\nu = \frac{1}{h}\left[W(J_1 J_2 \ldots J_f) - W(J_1 - \tau_1 h,\ J_2 - \tau_2 h \ldots J_f - \tau_f h)\right].$$

Wenn die erstgenannte im klassischen Modell fehlt, so kommt auch der Übergang, bei dem sich $J_1 J_2 \ldots J_f$ um $\tau_1 h, \tau_2 h \ldots \tau_f h$ ändern, nicht vor.

In der klassischen Mechanik wird gezeigt, daß bei einem periodischen System mit einem Freiheitsgrad sich stets kanonisch konjugierte Variable w und J einführen lassen, so daß die Energie W eindeutig von J abhängt (J also bei der Bewegung konstant bleibt) und $\nu = \frac{dW}{dJ}$ ist. Ebenso wird gezeigt, daß sich in vielen Systemen mit mehreren Freiheitsgraden kanonische Variable $w_1 w_2 \ldots w_f$, $J_1 J_2 \ldots J_f$ einführen lassen, so daß W nur von den J_k abhängt (die J_k also konstant bleiben) und $\nu_k = \frac{dW}{dJ_k}$ ist. Diese J_k haben also gerade die Eigenschaften, die wir von den zu „quantelnden" Integrationskonstanten verlangen. Die w_k heißen Winkelvariable, die J_k Wirkungsvariable. Besonders zu beachten sind die Fälle, in denen zwischen den klassischen Frequenzen lineare Beziehungen

$$\sum_{k=1}^{f} \tau_k \nu_k = 0$$

mit ganzzahligen Koeffizienten bestehen. Solche Systeme heißen entartet. Es lassen sich dann durch eine geeignete Transformation stets w_k und J_k einführen, daß ein Teil der Frequenzen $\nu_1 \nu_2 \ldots \nu_\alpha \ldots \nu_s$ linear unabhängig ist und die übrigen $\nu_{s+1} \ldots \nu_\varrho \ldots \nu_f$ verschwinden. Die klassische Energie hängt nur von den J_α ab. Nach dem Korrespondenzprinzip können sich dann im wirklichen Atom nur die J_α, die den unabhängigen Frequenzen ν_α entsprechen, ändern. Ebenso darf die wirkliche Energiefunktion nur von den J_α abhängen.

Die diskreten Zustände des atomaren Systems lassen sich numerieren. In vielen Fällen ist es gleichgültig, ob man die Werte der J_α im Atom gleich $0, h, 2h\ldots$ setzt oder gleich $c_\alpha, c_\alpha + h, c_\alpha + 2h\ldots$, da man ja durch eine Änderung der quantentheoretischen Energiefunktion stets erreichen kann, daß bei geändertem c_α die Energiewerte dieselben bleiben, ohne daß die asymptotische Übereinstimmung der Energiefunktion mit der klassischen gestört wird. In den Fällen jedoch, wo J_α positive und negative Werte haben kann, kann es vorkommen, daß Zustände, die sich etwa durch den Drehsinn unterscheiden, durch Änderung von J_α um ein gerades oder um ein ungerades Vielfaches von h ineinander übergehen. Im ersten Fall wird man zweckmäßig J_α gleich $\ldots -2h, -h, 0, h, 2h\ldots$ schreiben, im zweiten Fall $\ldots -\frac{3}{2}h, -\frac{1}{2}h, \frac{1}{2}h, \frac{3}{2}h\ldots$ Auch in einigen anderen Fällen werden wir die halbzahlige Zählung vorziehen.

Der Faktor von h heißt *Quantenzahl.* Die den s nichtentarteten Freiheitsgraden entsprechenden Quantenzahlen $n_1 n_2 \ldots n_\alpha \ldots n_s$ bestimmen den stationären Zustand. Wir kommen mit ganzzahligen und halbzahligen Quantenzahlen aus.

Die J_α der klassischen Mechanik haben noch eine wichtige Eigenschaft, das ist ihre *adiabatische Invarianz*[1]). Sie besteht darin, daß diese Größen auch bei einer äußeren Einwirkung auf das System konstant bleiben im Grenzfall, daß diese Einwirkung eine unendlich langsame (adiabatische) Veränderung bedeutet. Dieser Satz gilt zunächst nur, wenn zwischen den Frequenzen des Systems keine neue lineare Beziehung

$$\sum \tau_\alpha \nu_\alpha = 0$$

mit ganzzahligen Koeffizienten τ_k auftritt. Wenn eine solche Beziehung während der adiabatischen Änderung auftritt, bleibt die Konstanz der J_α vielfach bestehen, jedoch nicht in allen Fällen. Die *Adiabatenhypothese* von EHRENFEST (*16*) besteht nun in der Annahme, daß auch im atomaren System die J_α konstant bleiben, solange die äußere Einwirkung nicht so rasch erfolgt, daß eine Änderung der Quantenzahlen erfolgt. Danach sind die n_α eben konstant oder sie ändern sich um ganze Zahlen. Die Adiabatenhypothese wird später in unseren Überlegungen über die Zustände des Atoms, die den Spektraltermen entsprechen, eine wichtige Rolle spielen.

---

[1]) Auf diese Eigenschaft wies P. EHRENFEST (*16*) hin.

Wenn das klassische Modell des atomaren Systems keine äußeren Einwirkungen erfährt, so ist sein Drehimpuls konstant, und (wie die Mechanik zeigt) sein 2π-faches ist Wirkungsvariable[1]). Im wirklichen atomaren System wird also eine Größe existieren, die dem Drehimpuls entspricht und asymptotisch die Werte $j\frac{h}{2\pi}$ hat, wo $j = 0, 1, 2 \ldots$ oder $\frac{1}{2}, \frac{3}{2} \ldots$ ist[2]). Der genannten Wirkungsvariabeln des klassischen Modells entspricht als Winkelvariable der 2π-te Teil eines Winkels, der eine Art mittleres Azimut der Teile des Systems um die Drehimpulsachse darstellt. Dieser Winkel ändert sich gleichförmig mit der Zeit. Die Komponente der Ausstrahlung parallel zur Drehimpulsachse enthält die Frequenz dieses Winkels nicht, die Komponenten senkrecht dazu enthalten die Grundfrequenz und keine Oberfrequenzen[1]). Auf Grund des Korrespondenzprinzips kommen im wirklichen atomaren System die Übergänge vor, bei denen sich j um ± 1 oder 0 ändert.

Wenn das klassische Modell unter der Einwirkung eines rotationssymmetrischen oder homogenen äußeren (elektrischen oder magnetischen) Feldes steht, so ist die Komponente des Drehimpulses in der Richtung der Feldachse konstant, und ihr 2π-faches ist Wirkungsvariable. Im wirklichen atomaren System wird also eine Größe existieren, die dieser Drehimpulskomponente entspricht und asymptotisch die Werte $m \cdot \frac{h}{2\pi}$ hat. Hier kann m beide Vorzeichen haben, wir haben also $m = \ldots -2, -1, 0, 1, 2 \ldots$ oder $m = \ldots -\frac{3}{2}, -\frac{1}{2}, \frac{1}{2}, \frac{3}{2} \ldots$ zu setzen. Der Wirkungsvariabeln entspricht als Winkelvariable wieder der 2π-te Teil eines Winkels, der eine Art mittleres Azimut der Teile des Systems um die Feldachse darstellt und der sich gleichförmig mit der Zeit ändert. Auf Grund des Korrespondenzprinzips kommen also im wirklichen atomaren System die Übergänge vor, bei denen sich m um ± 1 oder 0 ändert. Dem Übergang $\Delta m = 0$ entspricht eine Strahlung, deren elektrischer Vektor parallel zum

---

[1]) Vgl. die ausführliche Darstellung in M. Born: Atommechanik I (*11*).

[2]) Die strenge Quantenmechanik zeigt, daß bei geeigneter Normierung von j der Drehimpuls gleich $\sqrt{j(j+1)} \cdot \frac{h}{2\pi}$ zu setzen ist (vgl. Fußnote [2]) S. 18).

äußeren Feld schwingt; dem Übergang $\Delta m = \pm 1$ entspricht eine Strahlung, deren elektrischer Vektor zirkular um die Feldachse schwingt.

Wenn das rotationssymmetrische oder homogene äußere Feld schwach ist, so ist auch der Betrag des gesamten Drehimpulses in erster Näherung konstant; seine Richtung führt eine gleichförmige Drehung um die Feldachse aus. Im wirklichen Atom läßt sich dann eine Größe $j \frac{h}{2\pi}$ einführen, die dem gesamten Drehimpuls entspricht, und eine Größe $m \frac{h}{2\pi}$, die seiner Komponente in der Feldrichtung entspricht[1]). Die Größen j und m können sich um ± 1 oder 0 ändern, für die mit Änderung von m verbundene Strahlung gelten die oben angegebenen Polarisationsregeln. Ob m halb- oder ganzzahlig zu zählen ist, hängt davon ab, ob Zustände, die sich nur durch den Drehsinn unterscheiden, durch eine ungerade oder gerade Zahl von Schritten $\Delta m = 1$ ineinander übergehen. j wollen wir gleich dem größten Wert setzen, den m annehmen kann. Dann ist j halbzahlig oder ganzzahlig, wenn m halbzahlig oder ganzzahlig ist[2]).

Wir haben eben eine Tatsache der klassischen Mechanik benutzt, daß nämlich eine Wirkungsvariable ihre physikalische Bedeutung genähert beibehält, wenn das mechanische System eine schwache Störung erfährt (hier unter den Einfluß eines schwachen Magnetfeldes kommt). Wir nahmen an, daß dies auch im Atom gültig bleibt. Nun gilt der Satz in der klassischen Mechanik nur, wenn die Wirkungsvariable nicht entartet ist. Wenn wir z. B. als ungestörtes System zwei nicht gekoppelte gleiche Oszillatoren betrachten und als Störung eine Kopplung zwischen diesen, so ist der Satz nicht gültig. Jede der beiden Wirkungsvariabeln der gestörten Bewegung hängt symmetrisch von den Amplituden beider Oszillatoren ab, während bei den ungekoppelten Oszillatoren jede Wirkungsvariable nur von der Amplitude des einen abhängt. Auch die Bewegung bleibt bei

---

[1]) Auch im Falle stärkerer Felder existiert nach der Adiabatenhypothese eine Größe, die $j \frac{h}{2\pi}$ ist, aber sie braucht nicht dem Gesamtdrehimpuls zu entsprechen.

[2]) In dieser Normierung ist der Drehimpuls $\sqrt{j(j+1)} \cdot \frac{h}{2\pi}$.

beliebig schwacher Koppelung nicht in der Nähe der ungestörten; vielmehr bildet sich im allgemeinen eine „Resonanzschwebung" aus, bei der bald der eine, bald der andere Oszillator ein Maximum seiner Amplitude erfährt. Das entsprechende Verhalten tritt nun in der Quantenmechanik nicht bei zwei Systemen gleicher Frequenz auf, sondern nach HEISENBERG[1]) dann, wenn eine Absorptionsfrequenz des einen mit einer Emissionsfrequenz des anderen übereinstimmt, also stets dann, wenn gleichartige Systeme in verschiedenen Quantenzuständen aufeinander wirken. Hier stoßen wir auf eine *Grenze unserer korrespondenzmäßigen Übertragung von Ergebnissen der klassischen Mechanik auf die atomaren Systeme*, die wir später *bei der Behandlung von Systemen mit mehreren Elektronen* beachten müssen.

§ 4. Atommodelle.

Die Grundsätze der Atommechanik bedeuten einen *Verzicht auf eine anschauliche Beschreibung* der Vorgänge im Atom. Sowie wir uns nämlich eine periodische Bewegung vorstellen, so sind ihre Oberfrequenzen ganzzahlige Vielfache der Grundfrequenz. Die Strahlungsfrequenzen jedoch, die aus der BOHRschen Frequenzbedingung folgen, haben im allgemeinen nicht diese Eigenschaft. Wenn wir also dem Atom keine anderen Frequenzen zuschreiben wollen, als die, die auch in der Strahlung auftreten, so hat das Atom Eigenschaften, die der bisherigen Kinematik widersprechen und daher nicht anschaulich beschreibbar sind[2]).

---

[1]) Die Bedeutung dieser Resonanz hat W. HEISENBERG (*27*) erkannt; er gibt eine streng quantentheoretische Behandlung des Problems. Zur Erläuterung benutzt er das oben angegebene Beispiel der zwei Oszillatoren. Auf HEISENBERGS Ergebnisse werden wir noch ausgiebig zurückkommen (§§ 21, 24—26).

[2]) Vor HEISENBERGS Quantenmechanik versuchte man häufig Formulierungen, die die bisherige Kinematik beibehielten (damit die Vorstellbarkeit) und nur Mechanik und Elektrodynamik abänderten. Man sagte etwa so: Von den nach der klassischen Theorie (unter Vernachlässigung des Energieverlustes durch Ausstrahlung) möglichen Bewegungen treten in der Quantentheorie nur die auf, für die $J = nh$ ist. Diese Fassung schreibt der Bewegung außer der beobachtbaren Strahlungsfrequenz und der Energie noch andere, nicht beobachtbare Eigenschaften zu, z. B. die Frequenz der Bewegung und Bahndimensionen. Eine von der Strahlungsfrequenz verschiedene Bewegungsfrequenz scheint aber prinzipiell nicht beobachtbar zu sein. Daher erscheint es sinnvoller, dem atomaren System

Sobald man sich der Grenzen der anschaulichen Beschreibbarkeit der Vorgänge im Atom bewußt ist, kann man für manche Überlegungen Modelle benutzen. Wir ordneten im § 3 einem Atom ein *klassisches Modell* zu. Für dieses galt die klassische Mechanik; es hatte ein Kontinuum von möglichen Zuständen, und es strahlte kontinuierlich Energie. Die Eigenschaften des Atoms (Energiefunktion, Frequenzen) näherten sich asymptotisch für große J den Eigenschaften des klassischen Modells.

Die Tatsache, daß gewisse mechanische Größen auch in der Quantentheorie ihren Sinn behalten (z. B. Drehimpulse), veranlaßt uns, zwischen die beiden gegenübergestellten Begriffe: klassisches Modell und wirkliches atomares System noch einen dritten zu stellen, das *quantentheoretische Modell.* Wir meinen damit ein System, das sich mechanisch anders verhält, als nach der klassischen Theorie, das aber doch insofern ein Modell ist, als wir ihm keine nicht vorstellbaren Eigenschaften zuschreiben. Es existiert nur in diskreten Zuständen, also nur für ganzzahlige bzw. halbzahlige Werte der n_α und strahlt in den stationären Zuständen nicht. Im übrigen achten wir bei ihm nur auf die Eigenschaften, die auch im Atom einen Sinn haben, z. B. auf die Drehimpulse. Die Bewegungsfrequenzen, die wir uns natürlich mit harmonischen Oberfrequenzen vorstellen müßten, gehen uns nichts an.

Diese Art Modelle werden später bei der Deutung von Spektren eine wichtige Rolle spielen.

Zweites Kapitel.

Das einfache Modell des Leuchtelektrons.

§ 5. Die Spektren der Atome mit einem Elektron.

Das einfachste atomare System ist das, das aus einem Kern und einem Elektron besteht. Ein solches ist das Wasserstoffatom, das einfach ionisierte Heliumatom (He^+), das zweifach ionisierte Lithiumatom (Li^{++}) usw.

---

die durch den Differenzenausdruck gegebenen Frequenzen als alleinige Frequenzen zuzuschreiben. Wir geben also dem Rotator nur die Frequenzen

$$\nu = \frac{1}{4\pi^2 A}\left(J - \frac{h}{2}\right).$$

Wir betrachten das klassische Modell der Bewegung dieses Atoms. Da die Masse des Kerns groß ist gegen die des Elektrons, können wir in erster Näherung den Kern als ruhend ansehen. Das Elektron bewegt sich dann in einem feststehenden COULOMBschen Kraftfeld. Die potentielle Energie ist

$$U = -\frac{e^2 Z}{r}, \tag{1}$$

wo Ze die Kernladung ist. Unter Vernachlässigung der Ausstrahlung ist die Bahn des Elektrons eine Ellipse, deren einer Brennpunkt das Kraftzentrum ist. Trotz der drei Freiheitsgrade tritt nur eine Grundfrequenz auf. Sie und die Energie hängen nur von der großen Achse $2\,a$ der Ellipse, nicht von der Exzentrizität ab. Es ist

$$W = -\frac{Z e^2}{2a}$$

und

$$\nu^2 = \frac{2\,|W|^3}{\pi^2 m Z^2 e^4},$$

wo m die Masse des Elektrons ist. Für die Übertragung der Eigenschaften des klassischen Modells auf das Atom ersetzen wir die Integrationskonstante W durch die Wirkungsvariable J, die die Eigenschaft

$$\nu = \frac{dW}{dJ}$$

hat. Die Theorie liefert den Zusammenhang

$$W = -\frac{2\pi^2 m Z^2 e^4}{J^2}.$$

Daraus folgt

$$\nu = \frac{4\pi^2 m Z^2 e^4}{J^3} \qquad a = \frac{J^2}{4\pi^2 m Z e^2}.$$

Durch Berücksichtigung der Mitbewegung des Kernes wird das Ergebnis nur wenig verändert; wir erhalten

$$W = -\frac{2\pi^2 m \left(1 - \frac{m}{M}\right) Z^2 e^4}{J^2}, \tag{2}$$

$$\nu = \frac{4\pi^2 m \left(1 - \frac{m}{M}\right) Z^2 e^4}{J^2}, \tag{3}$$

$$a = \frac{J^2}{4\pi^2 m \left(1 - \frac{m}{M}\right) Z e^2}, \tag{4}$$

wo M die Kernmasse ist.

Dieses klassische Modell legt BOHR der Behandlung der Spektren der Atome mit einem Elektron zugrunde. Aus den an das Korrespondenzprinzip und die Grundpostulate der Quantentheorie anschließenden Überlegungen (§ 3) folgt, daß die Energieformel eines Atoms mit einem Elektron für große n asymptotisch in den Ausdruck

$$W = -\frac{2\pi^2 m\left(1 - \frac{m}{M}\right)e^4}{h^2} \cdot \frac{Z^2}{n^2} \tag{5}$$

übergehen muß. Mehr geben unsere qualitativen Regeln nicht. Die strenge Rechnung des Atoms mit einem Elektron, wie sie DIRAC und PAULI (*82*) ausführten, liefert genau die Gleichung (5).

Der empirische Ausdruck $\frac{R}{n^2}$ für die Terme des Wasserstoffs, bzw. der daraus folgende Ausdruck für die Energie

$$W = -\frac{Rh}{n^2} \tag{6}$$

ist damit im Einklang, wenn

$$R = \frac{2\pi^2 m\left(1 - \frac{m}{M}\right)e^4}{h^3} \tag{7}$$

ist. In der Tat, entnimmt man $\frac{e}{m}$ aus den Ablenkungsversuchen an Kathodenstrahlen, e aus MILLIKANS Messungen an Tröpfchen und h aus Messungen über Wärmestrahlung $\left(\frac{m}{M}\right.$ ist bei diesem Genauigkeitsgrad gegen 1 zu vernachlässigen), so erhält man

$$R = 3{,}28 \cdot 10^{15}\,\text{sek}^{-1}.$$

Dabei hat R die Dimension einer Schwingungszahl. Rechnen wir durch Division durch die Lichtgeschwindigkeit c auf Wellenzahlen um, so erhält man

$$R = 1{,}09 \cdot 10^5\,\text{cm}^{-1}$$

in hinreichender Übereinstimmung mit dem spektroskopischen Wert

$$R = 109\,678\,\text{cm}^{-1}.$$

Auf Grund von (7) hat R eine geringe Abhängigkeit von der Kernmasse M; wenn wir den Grenzwert für große M

$$R_\infty = \frac{2\pi^2 m e^4}{h^3}$$

einführen, so erhalten wir für Atome mit einem Elektron die Energieformel

$$W = -\frac{RhZ^2}{n^2}; \qquad R = R_\infty\left(1 - \frac{m}{M}\right). \tag{8}$$

In den Bahnen des betrachteten klassischen Modells hat das umlaufende Elektron eine Geschwindigkeit v, die gegen die Lichtgeschwindigkeit nicht mehr ganz zu vernachlässigen ist. Für $J = h$, $Z = 1$ und die Kreisbahn wird das Verhältnis

$$\alpha = \frac{v}{c} = \frac{2\pi e^2}{hc} = 7{,}29 \cdot 10^{-3}.$$

Da die Genauigkeit spektroskopischer Messungen größer als diese Zahl ist, ist es für feinere Betrachtung notwendig, das Verhalten unseres Modells auch mit Hilfe der relativistischen Mechanik zu berechnen. Diese von SOMMERFELD (*28*) ausgeführte Untersuchung erklärte für den damaligen Stand der Quantenmechanik in der Tat die feineren Einzelheiten der Spektren bei Atomen mit einem Elektron. Die weitere Entwicklung hat jedoch gezeigt, daß neben die Abänderung der Formeln durch relativistische Glieder noch Einflüsse neuer Eigenschaften des Elektrons treten,die von gleicher Größenordnung sind. Aus diesem Grunde wollen wir die relativistische Abänderung erst zusammen mit jenen anderen Einflüssen betrachten.

Unserem eben behandelten Modell entsprechen das *Wasserstoffatom* und das *Heliumion*, das ein Elektron verloren hat.

Die Gleichung (8) für die Energie liefert die Frequenzen

$$\nu = RZ^2\left(\frac{1}{n_1^2} - \frac{1}{n_2^2}\right).$$

Für $Z = 1$ erhalten wir das Spektrum des Wasserstoffatoms, und zwar für $n_1 = 2$ die BALMER-Serie

$$\nu = R\left(\frac{1}{4} - \frac{1}{n^2}\right),$$

für $n_1 = 1$ die LYMAN-Serie

$$\nu = R\left(1 - \frac{1}{n^2}\right),$$

für $n_1 = 3$ die PASCHEN-Serie

$$\nu = R\left(\frac{1}{9} - \frac{1}{n^2}\right).$$

Die Energie des Atoms im unangeregten Zustand ist

$$W = -Rh;$$

Rh ist also die Energie, die notwendig ist, um das Elektron vom Wasserstoffkern zu entfernen, oder die Ionisierungsarbeit des Wasserstoffatoms.

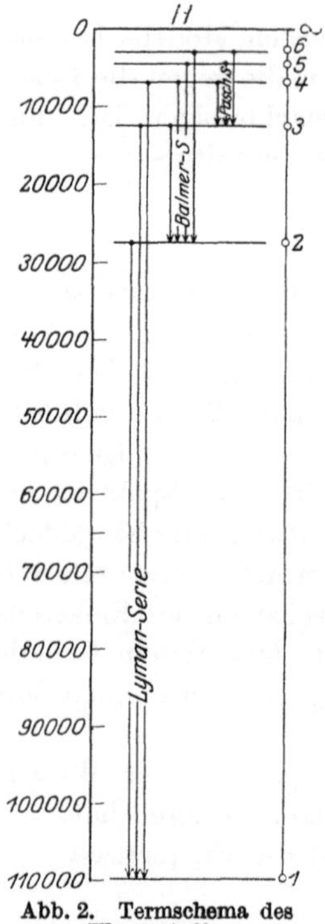

Wir geben das Schema der Wasserstoffterme in Abb. 2 auf eine häufig gebrauchte Art an, die wagrechten Linien bedeuten die Terme, ihre Höhe entspricht den Werten der Energie; die Pfeile entsprechen den Übergängen, ihre Längen geben die Frequenzen an.

Abb. 2. Termschema des Wasserstoffs.

Außer den Linien der hier erwähnten Serien hat der Wasserstoff noch ein zweites, aus sehr vielen Linien bestehendes Spektrum, das man Viellinienspektrum nennt und er Wasserstoffmolekel zuschreibt.

Für $Z = 2$ erhalten wir das Spektrum des einfach ionisierten *Heliums*. Die Schreibweise

$$\nu = \frac{4R}{n^2} - \frac{4R}{m^2} = \frac{R}{\left(\frac{n}{2}\right)^2} - \frac{R}{\left(\frac{m}{2}\right)^2}$$

zeigt, daß für geradzahliges n und m die Heliumlinien dicht bei den Wasserstofflinien liegen; der Unterschied besteht nur in der geringfügigen Abweichung der Werte von R. Die Serie

$$\nu = \frac{4R}{4^2} - \frac{4R}{m^2}$$

hat Linien in großer Nähe der Balmer-Linien und zwischen je zwei solchen eine weitere Linie. Bohr hat eine in Sternspektren beobachtete Serie mit dieser Eigenschaft, die man vorher dem Wasserstoff zugeschrieben hatte, als eine Serie des Heliumspektrums erklärt.

Im ganzen hat das He^+ dasselbe Spektrum wie der Wasserstoff, nur sind alle Frequenzen auf das Vierfache vergrößert. Wir haben hier einen Fall des *spektroskopischen Verschiebungssatzes* vor uns, der besagt, daß das Spektrum eines ionisierten Atoms große Ähnlichkeit mit dem des im periodischen System vorangehenden neutralen Atoms hat; beide haben ja die gleiche Zahl Elektronen, nur eine um 1 verschiedene Kernladung.

Für $Z = 3$ müssen wir das Spektrum des zweifach ionisierten Lithiums (Li^{++}) erhalten. Es sind noch keine Linien dieses Spektrums beobachtet.

Die genauere Messung der Spektren von H und He^{+} zeigte, daß die Linien eine Feinstruktur zeigen, d. h. aus mehreren Linien zusammengesetzt sind. Die Mehrfachheit der Linien und damit der Terme beruht z. T. auf dem Einfluß der großen Geschwindigkeit des Elektrons und der dadurch bedingten Abänderung der Mechanik im Sinne der Relativitätstheorie. Zur vollständigen Erklärung brauchen wir jedoch (wie schon gesagt) noch eine neue Eigenschaft des Elektrons, die wir erst bei den Alkalispektren (§ 13) behandeln können.

§ 6. Das Modell des Leuchtelektrons.

Entsprechend unserem bisherigen Verfahren hätten wir jetzt nach der klassischen Mechanik die Bewegungen eines Systems zu untersuchen, das aus einem Kern und mehreren Elektronen, zunächst zwei, besteht und das keine Energie durch Ausstrahlung verliert. Wir treffen hier auf die Schwierigkeiten des Dreikörperproblems der Astronomie, das sich nur durch Näherungsmethoden angreifen läßt.

Solche Rechnungen sind für das *Heliumatom* ausgeführt worden und von großer Bedeutung für die Entwicklung der Theorie gewesen. Vor Aufstellung der neuen Quantenmechanik führte KRAMERS (*80*) Rechnungen für den Normalzustand aus; die angeregten Zustände versuchten BORN und HEISENBERG (*81*) zu berechnen. In diesen Rechnungen wurde noch die Energiefunktion des Atoms gleich der Energiefunktion $W(J_1 J_2 \ldots)$ des klassischen Modells gesetzt. Da sich keine Übereinstimmung mit der Erfahrung ergab, war die Unzulänglichkeit der bisherigen Methode dargetan. Eine exakte Berechnung der Zustände des Heliumatoms auf Grund der neuen Quantenmechanik führte HEISENBERG (*86*) aus.

Solche Rechnungen sind schon für das Heliumatom sehr verwickelt, für die übrigen Atome wohl kaum noch durchführbar. Für die Deutung der Spektren müssen wir uns daher mit einfacheren Methoden begnügen, die dann eben nur zu einem qualitativen Verständnis ausreichen. Die Hauptaufgabe dieses Buches soll ja gerade sein, solche einfachen Vorstellungen anzugeben.

Bohr konnte eine gewisse Zahl der Eigenschaften der Spektren mit Hilfe einer *einfachen Modellvorstellung* erklären. Sie knüpft an die Tatsache an, daß die Serienordnung der Linien und der Terme in vielen Spektren eine gewisse Ähnlichkeit mit der beim Wasserstoff hat. Dies führt dazu, für das Spektrum im wesentlichen nur ein Elektron verantwortlich zu machen. Man sondert also ein Elektron als „*Leuchtelektron*" aus der Schar der übrigen aus; seine stationären Bahnen sollen den Termen des Spektrums entsprechen. Diese Vorstellung ist nur durchführbar, wenn das Leuchtelektron im klassischen Modell eine periodische Bewegung ausführt. Dies ist nun im allgemeinen nicht der Fall, vielmehr wird das Elektron beim Durchqueren des Atom„rumpfes" Energie abgeben oder aufnehmen. Wir müssen daher unser Modell noch weiter vereinfachen, damit die Bewegung des Leuchtelektrons periodisch wird. Wir erhalten ein solches Modell, indem wir den Atomrumpf durch ein zentralsymmetrisches Kraftfeld ersetzen.

Bewegung und Energie dieses Modells lassen sich berechnen. Das Elektron führt eine ebene Rosettenbewegung aus; wir können sie entstanden denken durch Übereinanderlagerung einer Bewegung auf einer ellipsenähnlichen Kurve und einer gleichförmigen Drehung des Perihels dieser Bahn. Die eine Winkelvariable nimmt von Perihel zu Perihel gleichförmig um 1 zu, die andere gibt das Azimut des Perihels in Einheiten des vollen Winkels an. Der letzteren ist das 2π-fache des Drehimpulses als Wirkungsvariable zugeordnet. Die Energie hängt von beiden Wirkungsvariabeln ab, $W = W(J_1 J_2)$; nur im Falle des Coulomb-Feldes fallt J_2 heraus, und das Perihel steht fest. Die Theorie liefert $J_2 \leqq J_1$.

Wegen der beiden unabhängigen Frequenzen des klassischen Modells existieren im wirklichen Atom zwei Größen J_1 und J_2, die sich nur um ganzzahlige Vielfache von h ändern. Da das Perihel im klassischen Modell gleichförmig umläuft, kann sich die entsprechende Wirkungsvariable J_2 nur um $\pm h$ ändern.

Die Energie wird eine Funktion zweier ganzer Zahlen n und l, die Frequenzen sind

$$\nu = \frac{1}{h}\left[W(n, l) - W(n-\tau, \ l \mp 1)\right].$$

Wir nennen n Haupt-, l Nebenquantenzahl; l entspricht dem Drehimpuls der Bahn des Leuchtelektrons[1]).

Die Terme des Spektrums sind doppelt geordnet. Sie bilden Serien, die nach n fortschreiten; Glieder einer Serie kombinieren nicht miteinander. Die Folge der Serien schreitet nach l fort, es kombinieren nur Terme aus benachbarten Serien miteinander. Wenn l groß ist, verlaufen die Bahnen des klassischen Modells weit außerhalb des Rumpfes, die Energien sind also nahezu die einer Bahn im Coulomb-Feld. Die genannten Termserien müssen also mit wachsendem l immer wasserstoffähnlicher werden und die Energien sich dem Wert $-\frac{RhZ^2}{n^2}$ annähern, wo Z die Ladung des Atomrumpfes ist.

Es liegt nahe, die Energieformel $W(n, l)$ nach kleinen Abweichungen des Feldes vom Coulomb-Feld zu entwickeln, die Rechnung liefert

$$W = -\frac{RhZ^2}{\left[n + \delta_1(l) + \bar{\delta}_2(l)\,\frac{1}{n^2}\right]^2}$$

oder

$$W = -\frac{RhZ^2}{[n + \delta_1(l) + \delta_2(l)\,|W|]^2}.$$

Eine solche Formel ist schon von Ritz auf Grund des empirischen Materials angegeben worden. Wir schreiben dafür auch

$$W = -\frac{RhZ^2}{n^{*2}}$$

und nennen n^* die effektive Quantenzahl. Für das Spektrum der neutralen Atome ist $Z = 1$ zu setzen, für das der einfach ionisierten Atome $Z = 2$ usw.

---

[1]) Statt l schrieben Bohr und Sommerfeld k. Die abweichende Bezeichnung ist gewählt, da hier eine andere Zählung der Nebenquantenzahl eingeführt wird (es ist $l = k - 1$).

§ 7. Das Termschema der einfachen Spektren.

Wir vergleichen das aus dem Modell des Leuchtelektrons gefolgerte Termsystem mit dem früher (§ 1) betrachteten der

Tabelle 2.

..	..	..	..	..
6 *s*	6 *p*	6 *d*	6 *f*	..
5 *s*	5 *p*	5 *d*	5 *f*	..
4 *s*	4 *p*	4 *d*	4 *f*	
3 *s*	3 *p*	3 *d*		
2 *s*	2 *p*			
1 *s*				

Alkalien. In dem Schema (Tabelle 2) kombinieren nur Terme benachbarter Spalten miteinander. Die *d*-Terme unterscheiden sich bei den leichteren Alkalien wenig von den Wasserstofftermen; die *f*-Terme sind durchweg wasserstoffähnlich.

Dies zeigt weitgehende Ähnlichkeit mit unserem Modell. Die zunehmende Wasserstoffähnlichkeit der aus dem Modell gefolgerten Terme mit wachsendem l und der Umstand, daß wenigstens asymptotisch $l \leqq n$ sein muß, weisen darauf hin, daß die mit $s, p, d, f \ldots$ bezeichneten Termserien steigenden Werten der Nebenquantenzahl l entsprechen[1]). Die Laufzahl m der empirischen Serien entspricht der Hauptquantenzahl n.

Die Hauptquantenzahl n wollen wir bei wasserstoffähnlichen Termen so zählen, daß der Termwert $\frac{RZ^2}{n^2}$, also $n = n^*$ ist; auf die Zählung bei anderen Termen gehen wir später ein. Die Zählung von l wollen wir aus später (§ 13) zu erörternden Gründen mit 0 beginnen, so daß für s-Terme $l = 0$, für p-Terme $l = 1$, für d-Terme $l = 2$ usw. ist und $n \geqq l + 1$ gilt[2]).

Das oben gegebene empirische Termschema der Alkalien enthält noch eine kleine Vereinfachung; in Wirklichkeit sind alle Terme, außer den s-Termen, doppelt. Zur Erklärung dieses Umstandes müssen wir später (§ 13) unser Modell erweitern[3]). Vorläufig wollen wir jedoch davon absehen.

---

[1]) Die Deutung der verschiedenen Termserien mit Hilfe der Nebenquantenzahl ist zuerst von A. SOMMERFELD (*29*) angegeben.

[2]) l ist um 1 kleiner als k bei BOHR und SOMMERFELD.

[3]) Mit unserer Modellvorstellung des Leuchtelektrons könnten wir ihn im Prinzip dadurch erklären, daß wir beim Kraftfeld des Atomrumpfes eine kleine Abweichung von der Kugelsymmetrie annehmen. Hat das Feld

Abb. 3 gibt eine häufig gebrauchte anschauliche Darstellung eines Alkalispektrums. Die Punkte stellen die Terme des empirischen Na-Spektrums dar; die Höhe entspricht dem Energiewert. Die *d*- und *f*-Terme sind einfach gezeichnet, da die Auflösung der Linien, an denen sie beteiligt sind, nur bei stark auflösenden Spektrographen gelingt. Einige der wichtigsten Linien des Na-Spektrums sind durch Verbindungslinien bezeichnet; die senkrechte Komponente ihrer Länge ist der Wellenzahl proportional. ——— sind Linien der Hauptserie; sie treten auch in Absorption bei unangeregtem Na-Dampf auf, da sie Kombinationen mit dem Grundzustand darstellen. —·—·—·— sind Linien der „scharfen" Nebenserie, ... solche der „diffusen" Nebenserie und — — — — — — solche der Bergmann-Serie. Will man statt der graphischen eine zahlenmäßige Darstellung des Spektrums, so kann man z. B. direkt die Termwerte in cm^{-1} angeben. Eine andere Darstellung erhält man, wenn man die Terme in der Form $\frac{R}{n^{*2}}$ schreibt und die Werte von n^* angibt. In einer wasserstoffähnlichen Termserie liegen die Werte von n^* nahe bei den ganzen Zahlen. Die n^*-Werte des Na-Spektrums sind folgende:

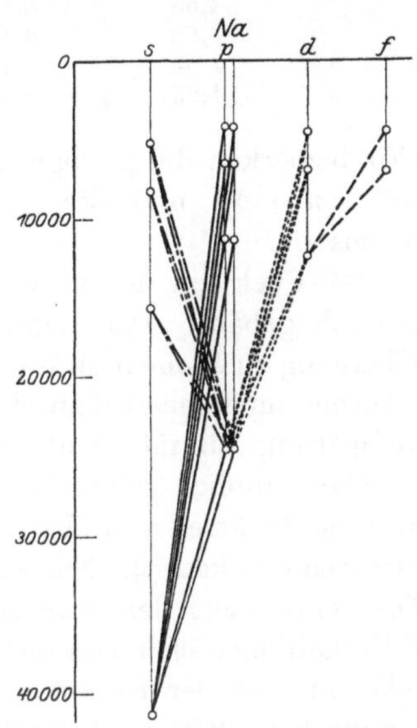

Abb. 3. Termschema des Natriums.

---

z. B. eine Symmetrieachse, so ist außer den Wirkungsvariabeln J_1, J_2 auch J_3, das 2π-fache der Komponente des Drehimpulsvektors in der Richtung der Symmetrieachse, zu quanteln. Der einzelne Term erhält dann drei Quantenzahlen n, l, j. Statt eines einzelnen Terms (n, l) erhalten wir soviel Terme, als es Einstellungsmöglichkeiten des Rumpfes gegen die Bahnebene des Leuchtelektrons gibt. Landé konnte mit diesem Modell einige Eigenschaften der Spektren deuten (*44*, *46*), doch zeigten sich auch erhebliche Schwierigkeiten. Ihre Überwindung durch Abänderung des Modells kann erst später (§ 13ff.) gezeigt werden.

Tabelle 3.

s	p	d	f
6,65	7,14	6,98	
5,65	6,14	5,99	6,00
4,65	5,14	4,99	5,00
3,65	4,14	3,99	4,00
2,64	3,13	2,99	
1,63	2,12		

Wir bemerken die geringe Abweichung von der RYDBERG-Formel ($n^* = n + \delta_1$) und die Wasserstoffähnlichkeit der *d*- und *f*-Termserie.

Die Spektren der übrigen Alkalien Li, K, Rb, Cs sind ganz ähnlich gebaut. Der tiefste Term ist stets ein *s*-Term. Beim Übergang zu Elementen mit höherer Atomnummer werden *d*- und *f*-Terme zunehmend dem Wasserstoff unähnlicher. Die Dublettaufspaltung nimmt ebenfalls mit der Atomnummer zu.

Ganz ähnlich gebaut sind die *Funkenspektren der Erdalkalien*, also die Spektren von Mg^+, Ca^+, Sr^+, Ba^+ (vom Be^+-Spektrum ist nur wenig bekannt). Nur sind alle Termwerte wesentlich größer. Dies entspricht der Tatsache, daß das Modell der einwertigen Erdalkaliionen sich von dem der Alkaliatome nur dadurch unterscheidet, daß der Rumpf eine um 1 größere positive Überschußladung hat. Mit zunehmendem Abstand vom Atomrumpf nähert sich das Potential des Kraftfeldes dem COULOMBschen Potential

$$-\frac{Ze^2}{r} \text{ für } Z = 2\,.$$

Wir schreiben daher allgemein die Terme in der Form

$$\frac{4R}{n^{*2}}$$

und geben die Werte von n^* an. Für das Mg^+-Spektrum sind es die Zahlen:

Tabelle 4.

s	p	d	f
6,93		6,96	7,00
5,93		5,96	6,00
4,93		4,96	5,00
3,93	4,29	3,96	4,00
2,92	3,29	2,97	
1,90	2,27		

In der s- und d-Serie sind die n^*-Werte etwas größer geworden als beim Na; in der d-Serie (und wie eine genauere Rechnung zeigen würde, auch in der f-Serie) sind sie etwas niedriger. Ein ähnliches Verhalten zeigt sich auch bei den anderen Funkenspektren der Erdalkalien.

Das von PASCHEN gemessene Spektrum von Al^{++} zeigt, wie zu erwarten, dieselben Züge; die wasserstoffähnlichen Terme haben hier Werte in der Nähe von $\frac{9R}{n^2}$. In neuester Zeit haben MILLIKAN und BOWEN (*98*) weit im Ultraviolett liegende Spektren von Be, B, C, N, O gemessen, die die Eigenschaften von Alkalispektren hatten. Sie schrieben sie den alkaliähnlichen Ionen Be^+, B^{++}, C^{+++} ... zu. Wir werden später (§ 16) bei der Betrachtung der feineren Züge der alkaliähnlichen Spektren näher auf diese Ergebnisse eingehen.

Die allgemeinen Züge des Alkalispektrums finden sich nun in einer großen Zahl anderer Spektren wieder, die wir *einfache Spektren* nennen wollen.

Wir betrachten zunächst die *Erdalkalispektren*, als Vertreter ist in Abb. 4 das Spektrum des Mg dargestellt. Wir finden hier

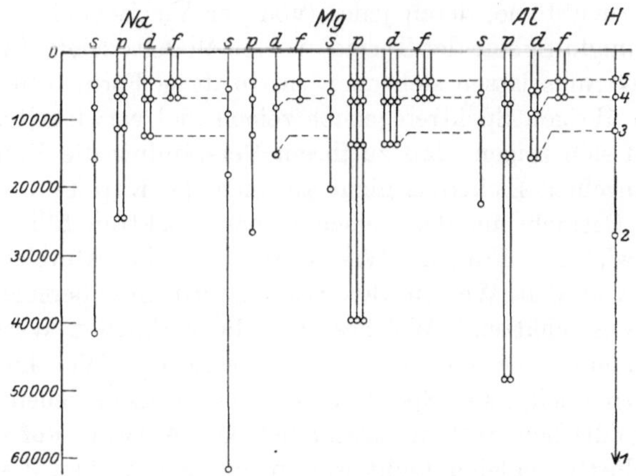

Abb. 4. Spektren aus den drei ersten Spalten des periodischen Systems.

zwei s-, zwei p-, zwei d- usw. Serien. Die s-Serien bestehen aus einfachen Termen; von den p-, d- ... Serien besteht je eine aus einfachen Termen (Singuletts) und eine aus dreifachen Termen (Tripletts). Rechnen wir die eine der s-Serien zum Singulett-, die andere zum Triplettsystem, so haben wir zwei vollständige Termsysteme, deren jedes (wenn wir auch hier von der Vielfachheit absehen) dem am Anfang erwähnten Schema und damit dem Modell des Leuchtelektrons entspricht. Das Auftreten mehrerer Termsysteme vermag unser Modell noch nicht zu erklären, dazu sind noch Erweiterungen nötig[1]).

Die Spektren der *Erden* Al, Ga, In, Tl haben wieder Dublettterme, der s-Term ist stets einfach. Der tiefste Term ist aber ein p-Term (vgl. Abb. 4, die das Al-Spektrum darstellt). Hier treten also die Nebenserien in Absorption auf.

Wir haben jetzt im wesentlichen *drei Typen von Spektren* kennengelernt: Ein Dublettspektrum mit einem s-Term als Grundterm haben die *Alkalien*, außerdem finden wir ein solches bei Cu, Ag, Au. Ein Singulett-Triplett-Spektrum haben die *Erdalkalien*, sowie Zn, Cd, Hg. Ein Dublettspektrum mit einem p-Term als Grundterm haben die *Erden* Al, Ga, In, Tl. Dagegen zeigen Sc, Y, La viel verwickeltere Spektren.

Außer den hier genannten haben nur noch einige wenige Spektren einfachen Bau. So hat das O- und das S-Spektrum zwei Termsysteme, deren jedes (von der Vielfachheit abgesehen) die Mannigfaltigkeit der Terme unseres Modells zeigt. Stücke des Mn-Spektrums lassen sich ebenfalls in diese Form bringen. Die meisten übrigen Spektren jedoch zeigen viel verwickelteren Bau. Es wird sich zeigen, daß zu ihrem Verständnis die Betrachtung eines einzelnen Elektrons nicht ausreicht (s. Kap. IV).

Die Betrachtung der verschiedenen Spektren führt uns auf einige wichtige Fragen: Wie kann man die Abweichung der Terme von den Werten der Wasserstoffterme berechnen oder wenigstens schätzen? Welches sind die wirklichen Werte von n bei den einzelnen Gliedern einer Termserie? Wie kommt die Verschiedenheit der Spektren in den verschiedenen Spalten des periodischen Systems zustande? Die Antwort auf die letzte Frage dürfte zugleich Licht werfen auf den Aufbau des periodischen Systems selbst.

---

[1]) Man kann das Auftreten verschiedener Termsysteme im Prinzip dadurch erklären, daß man verschiedene Zustände des Rumpfes annimmt. Die Annahme hat sich aber nicht als geeignet erwiesen.

§ 8. Abschätzung von Termwerten.

In den oben genannten Beispielen des Na- und Mg^+-Spektrums (Tabelle 3 und 4) zerfallen die Terme deutlich in wasserstoffähnliche und -unähnliche. Den ersteren entsprechen im klassischen Modell Bahnen des Leuchtelektrons, die in einigem Abstand vom Rumpf verlaufen, wo das Kraftfeld nur wenig von einem COULOMBschen Kraftfeld mit dem Potential

$$-\frac{Ze^2}{r}$$

abweicht. Die Abweichung rührt einmal davon her, daß die Rumpfelektronen nicht mit dem Kern zusammenfallen, und zweitens davon, daß das Leuchtelektron auf den Rumpf eine *polarisierende Wirkung* ausübt, indem es durch Verschiebung des Schwerpunktes der negativen Elektronen gegen den positiven Kern ein elektrisches Moment des Rumpfes induziert[1]). Da die Rumpfelektronen sich sehr rasch bewegen, ist anzunehmen, daß sie (von der Polarisation abgesehen) im ganzen ein ziemlich symmetrisches Kraftfeld liefern, das mit einer hohen Potenz von r nach außen abnimmt, so daß für die äußeren Bahnen nur der Einfluß der Rumpfpolarisation wesentlich sein dürfte. Ist α die Polarisierbarkeit des Rumpfes, d. h. das von der Feldstärke 1 induzierte elektrische Moment, so induziert das Leuchtelektron im Abstande r das Moment $\frac{e\alpha}{r^2}$; dieses wirkt auf das Leuchtelektron zurück mit der anziehenden Kraft $\frac{2e^2\alpha}{r^5}$. Der Einfluß der Polarisation des Atomrumpfes auf die Bewegung des Leuchtelektrons läßt sich also durch ein kugelsymmetrisches Zusatzglied

$$-\frac{e^2\alpha}{2r^4}$$

im Potential darstellen.

Der Einfluß eines solchen Gliedes auf den Spektralterm läßt sich abschätzen. Wir geben die Abschätzung etwas allgemeiner an, indem wir auch Zusatzglieder berücksichtigen, die mit anderen Potenzen von $\frac{1}{r}$ gehen. Wir schreiben also das Potential

[1]) Der Einfluß der Polarisation des Atomrumpfes auf die äußeren Elektronenbahnen ist quantitativ zuerst von M. BORN und W. HEISENBERG (*38*) untersucht.

in der Form

$$U(r) = -\frac{Ze^2}{r}\left[1 + c_1\left(\frac{a}{r}\right) + c_2\left(\frac{a}{r}\right)^2 + c_3\left(\frac{a}{r}\right)^3 + \ldots\right]; \qquad (1)$$

a ist dabei eine Länge von der Größenordnung des Atomradius. Die Störungstheorie[1]) lehrt, daß die dem nicht-COULOMBschen Zusatzglied entsprechende Zusatzenergie in erster Näherung gleich ist dem Mittelwert, den das Zusatzpotential bei einem Umlaufe des Elektrons auf der „ungestörten" KEPLER-Ellipse hat. Dies gibt für das klassische Modell die Energiefunktion

$$W(n, l) = W_0(n) + W_1(n, l),$$

wo

$$W_0 = -\frac{Z^2 Rh}{n^2},$$

$$W_1 = -Ze^2 \cdot \sum_{\nu=1}^{\infty} c_\nu a^\nu \overline{\frac{1}{r^{\nu+1}}}$$

ist (das Überstreichen deutet den zeitlichen Mittelwert an). Die Berechnung der Mittelwerte läßt sich ausführen[2]). Schreiben wir die Energie in der Form

$$W = -\frac{Z^2 Rh}{n^{*2}},$$

so läßt sich n^* in der RITZschen Form

$$n^* = n + \delta_1(l) + \delta_2(l)\frac{1}{n^2}$$

angeben; dabei ist

$$\begin{aligned} \delta_1 &= -c_1\frac{Z}{l} - c_2\frac{Z^2}{l^3} - c_3\frac{3Z^3}{2l^5} - c_4\frac{5Z^4}{2l^7} - \ldots \\ \delta_2 &= c_3\frac{Z^3}{2l^3} + c_4\frac{3Z^4}{2l^5} + \ldots \end{aligned} \qquad (2)$$

Die RYDBERG-Korrektion ist negativ, die RITZ-Korrektion ist positiv. Dies finden wir bei wasserstoffähnlichen Termserien stets bestätigt (vgl. die Beispiele Na und Mg^+ S. 30). Für die quantitative Anwendung der Formeln (2) ist natürlich zu beachten, daß sie nur für das klassische Modell gelten. Die Ab-

[1]) Vgl. z. B. M. BORN: Atommechanik I, § 18.

[2]) M. BORN: Atommechanik I, § 25.

weichungen im wirklichen Atom sind nur asymptotisch für große l die gleichen[1]).

Die Polarisierbarkeit α führt zu folgenden Werten:

$$\begin{aligned} \delta_1 &= -\frac{3}{4}\frac{\alpha}{a_H{}^3}\frac{Z^2}{l^5}, \\ \delta_2 &= \frac{1}{4}\frac{\alpha}{a_H{}^3}\frac{Z^2}{l^3}, \end{aligned} \qquad (3)$$

wo a_{H} der Radius der einquantigen Kreisbahn im Modell des H-Atoms ist.

Berechnet man aus den empirisch bekannten Rydberg-Korrektionen der Alkaliterme α-Werte für die Atomrümpfe, so erhält man die richtige Größenordnung[2]). Die Rümpfe von Li, Na, K, Rb, Cs müssen nämlich ähnlich gebaut sein wie die neutralen Atome He, Ne, A, Kr, X, nur etwas kleiner. Ihre α-Werte müßten also auch etwas kleiner sein als die aus der Dielektrizitätskonstanten bestimmbaren α-Werte der Edelgase. Was nun eine genauere Berechnung der α aus den Rydberg- und Ritz-Korrektionen anlangt, so zeigt sich, daß man bei Benutzung verschiedener l verschiedene α-Werte erhält und daß auch innerhalb einer Serie der berechnete α-Wert oft noch von der Laufzahl abhängt[3]). Der erste Punkt scheint darauf zu beruhen, daß die benutzten Bahnen noch zu nahe am Rumpfe verlaufen. Es bestehen Anzeichen dafür, daß bei Benutzung größerer l die Werte sich nicht mehr ändern. Der zweite Punkt beruht nach Schrödinger (*41*) auf einer Resonanz des Rumpfes mit einer Frequenz des Leuchtelektrons. Sehen wir von solchen Unregel-

---

[1]) Für das Glied mit $\frac{c_3}{r^4}$ hat I. Waller (*85*) die exakte Formel berechnet, er erhält

$$\delta_1 = -c_3 \frac{3 \cdot Z^3}{2\left(l-\frac{1}{2}\right) l \left(l+\frac{1}{2}\right)(l+1)\left(l+\frac{3}{2}\right)},$$

$$\delta_2 = c_3 \frac{Z^3}{2\left(l-\frac{1}{2}\right)\left(l+\frac{1}{2}\right)\left(l+\frac{3}{2}\right)}.$$

[2]) M. Born u. W. Heisenberg (*38*), vgl. auch D. R. Hartree (*40*).

[3]) E. Schrödinger (*41*) gibt eine ausführliche Untersuchung der auftretenden Unregelmäßigkeiten.

mäßigkeiten ab, so kommen die mit den Formeln (3) berechneten α-Werte der Alkalirümpfe etwas zu klein heraus, verglichen mit denen der Edelgase. Diese Abweichung dürfte aber an der ungenauen Gültigkeit der Formeln (3) liegen: benutzt man nämlich die Formel der strengen Quantentheorie (I. WALLER (*85*)), so erhält man bessere Übereinstimmung[1]).

UNSÖLD (*43*) hat neuerdings die Polarisierbarkeit der Atomrümpfe mit Hilfe der Dispersionstheorie aus einer als plausibel angenommenen Zahl von Dispersionselektronen des Rumpfes berechnet und einigermaßen gute Übereinstimmung mit der aus den RYDBERG-Korrektionen berechneten Polarisierbarkeit gefunden.

Die eben gemachten Überlegungen haben gezeigt, wie man die Termwerte in wasserstoffähnlichen Spektren im Prinzip verstehen kann. Die nicht mehr wasserstoffähnlichen Terme hat man nach BOHR so aufzufassen, daß die Bahn des Leuchtelektrons im Modell zum Teil in Gebieten läuft, wo das Potential schon erheblich vom COULOMBschen abweicht. Eine Reihenentwicklung von $U(r)$ nach Potenzen von $\frac{1}{r}$ reicht da nicht mehr aus. Bei Termen, die sehr von den Wasserstofftermen abweichen, müssen wir annehmen, daß das Leuchtelektron tief in den Rumpf eintaucht.

Eine Vorstellung vom Verlauf solcher „*Tauchbahnen*" und eine Abschätzung der Größenordnungen, die wir für die RYDBERG-Korrektionen zu erwarten haben, gibt ein Verfahren von E. SCHRÖDINGER (*31*). Er denkt sich den Atomrumpf ersetzt durch eine gleichmäßig mit negativer Ladung bedeckte Kugelschale, in deren Äußerem dann ein COULOMBsches Feld herrscht, das der Kernladung $Z^{(a)}$ (1 beim neutralen, 2 beim einfach ionisierten Atom) entspricht, und in deren Innerem auch ein COULOMBsches Feld, aber mit höherer Kernladung $Z^{(i)}$, besteht. Sobald der Perihelabstand einer als Ellipse im Kraftfeld mit der Kern-

[1]) BORN und HEISENBERG berechnen die α-Werte unter Annahme einer ganzzahligen Nebenquantenzahl k, die um 1 größer ist als unser l, und erhalten damit zu große α. Ferner benutzen sie ein halbzahliges k $\left(= l + \frac{1}{2}\right)$ und erhalten damit bessere Übereinstimmung. Die mit WALLERS Formel berechneten α weichen von den mit $k = l + \frac{1}{2}$ berechneten nicht wesentlich ab, so daß tatsächlich die BORN-HEISENBERGsche Annahme, zur Berechnung des Verhaltens des Leuchtelektrons k halbzahlig anzunehmen, eine gute Annäherung darstellte.

ladung $Z^{(a)}$ berechneten Quantenbahn kleiner ist als der Radius jener Kugelschale, dringt die Bahn in das Innere ein; sie besteht dann aus zwei Ellipsenbogen, die sich auf der Kugelschale ohne Knick aneinanderschließen. Bei gegebenen Quantenzahlen n und l, Schalenradius und Ladungen von Schale und Kern läßt sich die effektive Quantenzahl n^* oder die Korrektion δ berechnen (ohne die neue Quantenmechanik natürlich nur angenähert). Die Rechnung ergibt, daß die RYDBERG-Korrektion δ nur wenig von n abhängt. Wie zu erwarten, wird sie negativ, und ihr Betrag ist um so größer, je größer der Schalenradius und je größer $Z^{(i)}$ ist.

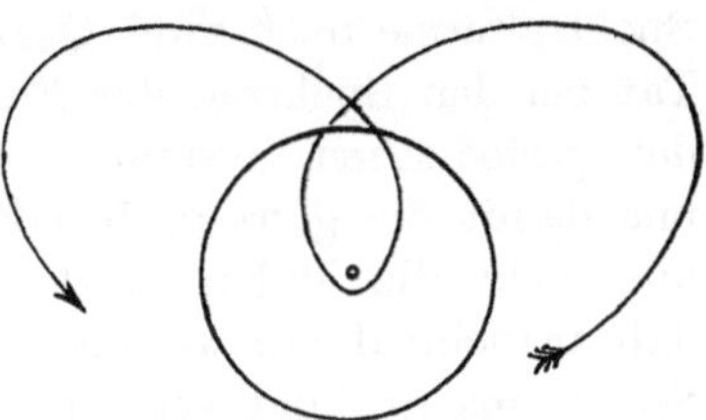
Abb. 5. Tauchbahn.

Wenn wir den Schalenradius hinreichend groß annehmen und die Bahnen für $n = 1, 2 \ldots$ betrachten, so verlaufen die Bahnen für hinreichend kleine n ganz im Innern der Schale. BOHR hat eine Überlegung angestellt, die eine Beziehung liefert zwischen dem (nicht notwendig ganzzahligen) Wert $n^{(i)}$ von n, der bei gegebenem l gerade noch eine Bahn liefert, die im Schaleninnern verläuft, und der RYDBERG-Korrektion der Tauchbahnen, die dieses l haben[1]). Er erhält

$$\delta = n^* - n \approx -[n^{(i)} - l]. \tag{4}$$

Die RYDBERG-*Korrektion bei Tauchbahnen mit gegebenem l unterscheidet sich wenig von der Differenz zwischen l und dem n der größten ganz im Rumpfe verlaufenden Bahn mit diesem l.*

Diese Formel ist wesentlich unabhängig von dem SCHRÖDINGERschen Modell der geladenen Kugelschale und beruht nur darauf, daß der Aphelabstand der äußeren Bahn groß gegen den Radius des Rumpfes ist und daß das in den Rumpf eindringende Elektron bald in Gebiete hoher effektiver Kernladungen kommt.

E. FUES (*35*) versuchte mit gutem Erfolg, die empirischen Termwerte der eindringenden Bahnen der Alkaliatome und ähnlich gebauten Ionen durch ein allgemeines zentralsymmetrisches Kraftfeld darzustellen. Die gleiche Aufgabe behandeln ausführlicher D. R. HARTREE (*40*) und K. B. LINDSAY (*42*).

[1]) Vgl. z. B. M. BORN: Atommechanik I. § 28.

§ 9. Wahre und effektive Quantenzahlen des Leuchtelektrons.

Das Modell des Leuchtelektrons gab uns eine Ordnung der Spektralterme nach zwei Quantenzahlen n und l, wie sie in der Tat bei den Spektren der Elemente in den drei ersten Spalten des periodischen Systems vorhanden ist. Das Modell erklärt uns damit die ganz groben Züge dieser Spektren. Es erklärt uns nicht die Multiplizität vieler Terme, nicht die Tatsache, daß manchmal ein s-, manchmal ein p-Term Grundterm des Spektrums ist, und vor allem nicht die periodische Wiederkehr ähnlich gebauter Spektren.

Alle Alkalispektren gleichen sich weitgehend, ebenso alle Erdalkalispektren und ebenso die Spektren von Al, Ga, In, Tl. Doch zeigen sich auch charakteristische Unterschiede. Diese lassen sich zum Teil auf Grund unseres Modells verstehen.

Wir vergleichen also jetzt alle einfach gebauten, d. h. nach s-, p-, d- usw. Serien geordneten *Spektren miteinander*. Zu diesem

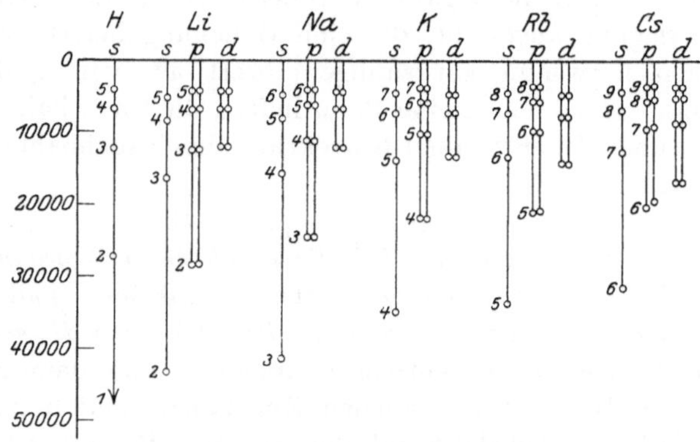

Abb. 6. Termschema der Alkalien.

Zweck seien in Abb. 6 die Termschemata der Alkalien nebeneinandergestellt und in Tabelle 5 einige wichtige Eigenschaften der Spektren angegeben. Die Zahlen geben die effektive Quantenzahl des jeweils tiefsten s-, p-, d- und f-Terms[1]) und spiegeln so den Gang der Lage der Terme mit der Atomnummer wieder.

[1]) Die Angaben meist nach Paschen-Götze [Seriengesetze der Linienspektren. Berlin 1922 (*87*)] berechnet. Für neuere Quellen vgl. das Literaturverzeichnis am Schluß des Buches. — In den Fällen, wo mehrere Term-

Die Tabelle zeigt, daß bei fast allen Elementen die *f-Terme* noch wasserstoffähnlich sind. Die RYDBERG-Korrektionen sind hier, von den leichten Elementen abgesehen, am kleinsten bei Cu

Tabelle 5.

	n^* des tiefsten			
	s-	*p-*	*d-*	*f-*
	Terms			
1 H	1,00	2,00	3,00	4,00
2 He	0,74	2,01	3,00	4,00
3 Li	1,59	1,96	3,00	4,00
8 O	1,82	1,00	2,98	
10 Ne	1,66	0,79	2,97	
11 Na	1,63	2,12	2,99	4,00
12 Mg	1,33	2,03	2,68	(3,96)
13 Al	2,19	1,51	2,63	3,97
16 S	1,97	1,15		
18 A	1,71			
19 K	1,77	2,23	2,85	3,99
20 Ca	1,49	2,07	2,00	3,97
24 Cr	1,42	1,87		
25 Mn	1,36	1,85		
29 Cu	1,33	1,86	2,98	4,00
30 Zn	1,20	1,94	2,87	(3,98)
31 Ga	2,16	1,51	2,84	
37 Rb	1,80	2,28	2,77	3,99
38 Sr	1,54	2,13	2,06	4,14
47 Ag	1,34	1,87	2,98	3,99
48 Cd	1,23	1,95	2,87	(3,97)
49 In	2,21	1,53	2,82	
55 Cs	1,87	2,33	2,55	3,98
56 Ba	1,62	2,14	1,89	2,85
79 Au	1,21	1,72	2,98	
80 Hg	1,14	1,91	2,92	(3,97)
81 Tl	2,19	1,49	2,89	3,97
82 Pb	2,12	1,35	2,76	
83 Bi	2,05	1,37	2,72	

und Ag; sie sind am größten bei den Erdalkalien und steigen da in der Reihenfolge der Atomnummern an. Die *d-Terme*

---

systeme existieren, ist nur eines angegeben, bei den Erdalkalien, Zn, Cd, Hg das Singulettsystem, beim Helium das Parhelium, bei O das Triplettsystem. Dort, wo Terme des einen Systems nicht bekannt sind, sind Werte des anderen in Klammern angegeben. Von den Komponenten eines Multipletts ist jeweils die tiefste berücksichtigt.

sind nur bei den leichtesten Elementen (bis Na) wasserstoffähnlich; bei den Alkalien ist die RYDBERG-Korrektion noch relativ gering und steigt deutlich mit der Atomnummer; bei den Erdalkalien ist sie wesentlich größer. Weiter hat es den Anschein, als läge die Korrektion bei Cu und Ag wieder nahe bei 0 (nicht bei einer anderen ganzen Zahl). Die *p- und s-Terme* endlich weichen stark von den Werten beim Wasserstoff ab. Es sieht also so aus, als verliefen die f-Bahnen noch im allgemeinen außerhalb des Rumpfes, als tauchten die d-Bahnen bei vielen Elementen ein, bei anderen noch nicht, und als seien die p- und s-Bahnen, außer bei den leichtesten Elementen, stets Tauchbahnen.

Die Auffassung wird gestützt durch Betrachtungen über die Größe der Atomrümpfe. Die Radien der Erdalkali-Ionen können aus dem Funkenspektrum entnommen werden. Für die Radien der Alkali-Ionen und der Ionen von Cu und Ag erhält man obere Grenzen aus ihren Abständen in Kristallgittern und für die Alkalien außerdem aus den gaskinetischen Radien der benachbarten Edelgase. Es zeigt sich, daß die Rumpfradien homologer Elemente mit der Atomnummer zunehmen und daß die Radien der Erdalkalirümpfe verhältnismäßig groß, die von Cu und Ag recht klein sind.

Wir sehen, eine *f-Bahn* kann am ehesten bei den schweren Erdalkalien in Rumpfnähe kommen; wir verstehen die große RYDBERG-Korrektion bei Ba und die noch verhältnismäßig große bei Sr und Ca; überhaupt finden wir ein vollkommenes Entsprechen der Rumpfradien mit den RYDBERG-Korrektionen. Dieser Zusammenhang erlaubt uns auch, bei den wenigen anderen Elementen, deren RYDBERG-Korrektionen bekannt sind, auf den Ionenradius zu schließen; so nehmen wir an, daß er bei Al, Hg und Tl die gleiche Größenordnung hat wie bei Zn und Cd.

Die *d-Bahnen* kommen dem Rumpf bedeutend näher. Bei Cu und Ag verstehen wir die geringe RYDBERG-Korrektion durch die kleinen Rumpfradien. Bei den schwereren Erdalkalien Ca, Sr, Ba müssen wir ein Eintauchen annehmen. Dabei ist auffallend, daß trotz der Zunahme des Rumpfradius von Ca bis Ba die n^*-Werte zunehmen. (Für das n^* des in der Tabelle angegebenen tiefsten Terms gilt es noch nicht, wohl aber für die höheren Serienglieder.) Es führt dies zu der Annahme, daß die Quantenzahl der tiefsten d-Bahn nicht immer $n = 3$ ist, sondern 3 bei Ca. 4 bei Sr, 5 bei Ba.

Die *p-Bahnen* verlaufen bei den ganz leichten Elementen noch außen. Dagegen ist anzunehmen, daß sie schon in der dritten Periode eintauchen. Die Hauptquantenzahl des tiefsten p-Terms ist 2 bei H, He, Li und den folgenden, n^* nimmt ab wegen der zunehmenden Rumpfgröße; bei Na ist n mindestens gleich 3. Beachtet man, daß die n^*-Werte in der Reihe der Alkalien und in der der Erdalkalien zunehmen (trotz des zunehmenden Rumpfradius), so kommt man zu der Annahme, daß die wahren n-Werte 3 bei Na und Mg, 4 bei K und Ca, 5 bei Rb und Sr, 6 bei Cs und Ba sind. Die Werte der RYDBERG-Korrektion $n - n^*$ bilden dann eine nahezu monotone abnehmende Reihe, entsprechend der Zunahme des Rumpfradius.

Die *s-Bahnen* tauchen offenbar schon von der zweiten Periode ab ein. Damit die Beträge der RYDBERG-Korrektionen mit steigendem Atomradius zunehmen, müssen wir die wahren Quantenzahlen 2 bei Li, 3 bei Na und Mg, 4 bei K und Ca, 5 bei Rb und Sr, 6 bei Cs und Ba annehmen. Bemerkenswert ist der Sprung des n^*-Wertes des tiefsten s-Terms zwischen Erdalkali und Erde, ebenso zwischen Zn und Ga, Cd und In, Hg und Tl, während überall sonst das n^* der zunehmenden Rumpfgröße entsprechend monoton abnimmt. Der Sprung in der RYDBERG-Korrektion $n - n^*$ verschwindet, wenn wir jedesmal bei der Erde bzw. bei Ga, In, Tl die wahre Quantenzahl nur 1 größer annehmen als beim vorhergehenden Element, also 4 bei Al, 5 bei Ga, 6 bei In, 7 bei Tl.

Als Zusammenfassung dieser Ergebnisse geben wir in Tabelle 6 die wahren Quantenzahlen n der tiefsten Glieder der Termserien. Der Grundzustand des Spektrums ist dabei durch Fettdruck angegeben; er ist dadurch bestimmt, daß die von ihm ausgehenden Linien in Absorption auftreten. Bei den Elementen, die in Analogie zu homologen Elementen einfache Spektren haben müssen, bei denen diese aber noch nicht genügend bekannt sind, sind die zu erwartenden n-Werte in Klammern gesetzt.

Die weggelassenen Elemente haben, soweit bekannt, verwickelte Spektren. Für sie muß erst der dem s-, p-, d- usw. Term entsprechende Begriff festgelegt werden.

In Abb. 6 sind den s- und p-Termen die wahren n-Werte beigefügt.

Tabelle 6.

	Hauptquantenzahl des tiefsten			
	s-	*p*-	*d*-	*f*-
	Terms			
1 H	1	2	3	4
2 He	1	2	3	4
3 Li	2	2	3	4
4 Be	(2)	(2)	(3)	(4)
5 B	(3)	(2)	(3)	(4)
.				
10 Ne	3	2	3	(4)
11 Na	3	3	3	4
12 Mg	3	3	3	4
13 Al	4	3	3	4
.				
18 A	(4)	(3)	(3)	(4)
19 K	4	4	3	4
20 Ca	4	4	3	4
.				
29 Cu	4	4	3	4
30 Zn	4	4	3	4
31 Ga	5	4	3	4
.				
36 Kr	(5)	(4)	(3)	(4)
37 Rb	5	5	3	4
38 Sr	5	5	4	4
.				
47 Ag	5	5	3	4
48 Cd	5	5	3	4
49 In	6	5	3	4
.				
54 X	(6)	(5)	(3)	(4)
55 Cs	6	6	3	4
56 Ba	6	6	5	4
.				
79 Au	6	6	3	(4)
80 Hg	6	6	3	4
81 Tl	7	6	3	4
.				

§ 10. Die Röntgenspektren.

Die Überlegungen des § 9 haben uns gezeigt, daß die Bahnen, die dem Leuchtelektron zur Verfügung stehen, nicht mit $n = 1$ beginnen. Dies legt die Vermutung nahe, daß die Elektronen des Atomrumpfes die Quantenzahlen einnehmen. die für das Leuchtelektron nicht mehr möglich sind. Die Vermutung wird durch das Studium der Röntgenspektren bestätigt.

Von dem kontinuierlichen Röntgenspektrum sehen wir ab. Das *Linienspektrum* zeigt bei jedem Element die gleiche Anordnung der Linien, nur wandern diese mit wachsender Atomnummer nach kürzeren Wellenlängen. Dieses Linienspektrum enthält mehrere Liniengruppen: Eine kurzwellige Gruppe (genannt K-Strahlung) ist schon bei leichten Elementen (etwa vom Na ab) nachgewiesen. Während sie bei schwereren Elementen immer kurzwelliger wird, rückt ihr eine Gruppe längerer Wellen nach (L-Strahlung); hinter ihr kommt bei noch schwereren Elementen eine noch langwelligere (M-Strahlung).

Sollen diese Spektrallinien mit den Bewegungen der Elektronen im Atom nach den Gesetzen der Quantentheorie zusammenhängen, so müssen sich die Röntgenfrequenzen nach der Gleichung

$$h\tilde{\nu} = W_1 - W_2$$

durch die Energien zweier stationärer Zustände der Elektronenanordnung ausdrücken lassen. Die hohen Werte von $\tilde{\nu}$ (rund 1000 mal so groß als im sichtbaren Spektrum) sprechen dafür, daß es sich um Veränderungen in den Bahnen der *inneren Elektronen* handelt, wo wegen der hohen Kernladung bei der Verlagerung eines Elektrons eine große Arbeit zu leisten ist.

Die Tatsache, daß die Röntgenlinien sich in einfache Serien ordnen und durch wenige ganze Zahlen kennzeichnen lassen, war der Grund dafür, daß man analog zur Optik annahm, es handelte sich in der Hauptsache um die Bewegung eines einzigen „Leuchtelektrons“. Wir werden später (§ 37) sehen, daß diese Vorstellung nur gewisse Züge der Röntgenspektren wiedergeben kann. Für die energetische Anordnung der Terme jedoch erweist sie sich als fruchtbar. Wir ersetzen daher zunächst auch hier die Wirkung der übrigen Elektronen und des Kerns durch die eines zentralsymmetrischen Kraftfeldes.

Das Röntgenspektrum zeigt nur in Emission einzelne Linien. Sie kommen dadurch zustande[1]), daß durch das Auftreffen der Kathodenstrahlen auf die „Antikathode“ aus den Atomen Elektronen herausgeschleudert werden und dann an die Stellen dieser andere Elektronen aus höherquantigen Bahnen fallen. An eine solche freiwerdende Stelle kann wiederum ein Elektron von einer

---

[1]) Diese Deutung verdankt man W. KOSSEL (*17*).

noch höheren Quantenbahn fallen, bis schließlich die letzte Lücke durch ein freies Elektron ersetzt wird.

Die Emissionsspektren der Röntgenstrahlen entstehen also bei der Wiederherstellung des stabilen Atomzustandes nach einer durch Herauswerfen eines inneren Elektrons entstandenen Störung.

Wir können diese KOSSELsche Deutung, die sich vollständig bewährt hat, auch folgendermaßen aussprechen: *Es gibt für jedes System von Quantenzahlen, die inneren Bahnen entsprechen, eine Höchstzahl von Elektronen.* Im stabilen Zustand ist diese erreicht. Ein Platzwechsel findet nur statt, wenn aus einer inneren Bahn ein Elektron entfernt wird. Man faßt alle Elektronen, die zu den gleichen Quantenzahlen gehören, zu einer „*Schale*“ zusammen; auf dieses Bild vom schalenförmigen Aufbau der Atome werden wir nachher durch ganz andere, hauptsächlich dem Gebiet der Chemie entnommene Überlegungen geführt werden (§ 11).

Wir werden jetzt versuchen, diese Betrachtungen *quantitativ* zu fassen.

Unser Modell, bei dem sich das betrachtete Elektron in einem Zentralfeld bewegt, ergibt als Elektronenbahnen Rosetten, die durch zwei Quantenzahlen n und l bestimmt sind. Bei den Elementen mit hoher Atomnummer stehen die innersten Bahnen im wesentlichen unter der anziehenden Wirkung des Kernes, während der Einfluß der übrigen Elektronen verhältnismäßig klein ist. Die Energie dieser Elektronenbahnen erhält man also näherungsweise aus

$$W = -\frac{RhZ^2}{n^2},$$

die der innersten ($n = 1$) ist also $W = -RhZ^2$. Nach außen hin nimmt die Energie rasch ab, einmal wegen der Zunahme von n, dann auch wegen der die Kernladung abschirmenden Wirkung der übrigen Elektronen. Unter den Linien von größter Frequenz ist eine Linie zu erwarten, für die ungefähr

$$\nu = RZ^2\left(\frac{1}{1^2} - \frac{1}{2^2}\right) = \frac{3}{4}RZ^2 \tag{1}$$

ist. Die Formel fordert, daß $\sqrt{\nu}$ linear mit der Kernladung ansteigt. MOSELEY (*6*), der zuerst systematisch die Röntgenspektren untersucht hat, fand, daß für die K-Serie $\sqrt{\nu}$ tatsächlich eine nahezu lineare Funktion der *Atomnummer* ist; dabei versteht man unter Atomnummer die Ordnungszahl eines Atoms in der Reihenfolge des periodischen Systems (1 H, 2 He, 3 Li ...), also im wesentlichen in der Reihenfolge des Atomgewichts; die von der Chemie geforderten Lücken sind dabei mitzuzählen und die durch das chemische Verhalten geforderten Umstellungen (z. B. 18 A (Atomgewicht 39,88) und 19 K (39,10)) sind zu berücksichtigen.

Hierdurch ist das schon lange vermutete Gesetz: *Atomnummer gleich Kernladungszahl* aufs glänzendste bestätigt worden. Ferner findet sich gute zahlenmäßige Übereinstimmung zwischen (1) und der empirischen Wellenzahl der K-Linie kleinster Frequenz. Wir lassen daher diese K-Linie dem Übergang eines Elektrons von einer zweiquantigen zu einer einquantigen Bahn entsprechen. Es liegt nun nahe, die übrigen K-Linien durch Übergänge von höherquantigen Bahnen auf eine einquantige zu erklären. Die K-Linien schließen sich in der Tat der theoretisch geforderten Grenze

$$\frac{R Z^2}{1^2}$$

an.

Auch für die L-Linien gilt das Gesetz des linearen Anstiegs von $\sqrt{\nu}$. Wir versuchen diese Linien durch Übergänge auf eine zweiquantige Bahn ($n = 2$) zu deuten und erhalten für die langwelligste L-Linie die angenäherte Frequenz

$$\nu = R Z^2 \left(\frac{1}{2^2} - \frac{1}{3^2}\right) = \frac{5}{36} R Z^2 . \tag{2}$$

Diese Formel gilt nun nicht ganz so gut wie die für die K-Serie; es ist dies verständlich, da wir hier schon weiter vom Kern entfernt sind. Die M-Linien schließlich entsprechen Übergängen auf eine dreiquantige Bahn.

Eine übersichtliche Darstellung der stationären Bahnen der Elektronen im Atom erhalten wir, wenn wir vom System der Röntgenlinien zu dem der *Röntgenterme* übergehen. Den Endterm der K-Linien nennen wir K-Term, ihm kommen (in unserem Modell) die Quantenzahlen $n = 1$, $l = 0$ zu. Für die L-Linien muß man, um ihre Mannigfaltigkeit zu erklären, drei Endterme (L-Terme) annehmen, für sie ist $n = 2$ und $l = 0$

oder 1. Ihre Dreizahl sagt, daß die Quantenzahlen n und l zu ihrer Bezeichnung nicht ausreichen; wir haben hier eine ähnliche Erscheinung vor uns wie die Vielfachheit der optischen

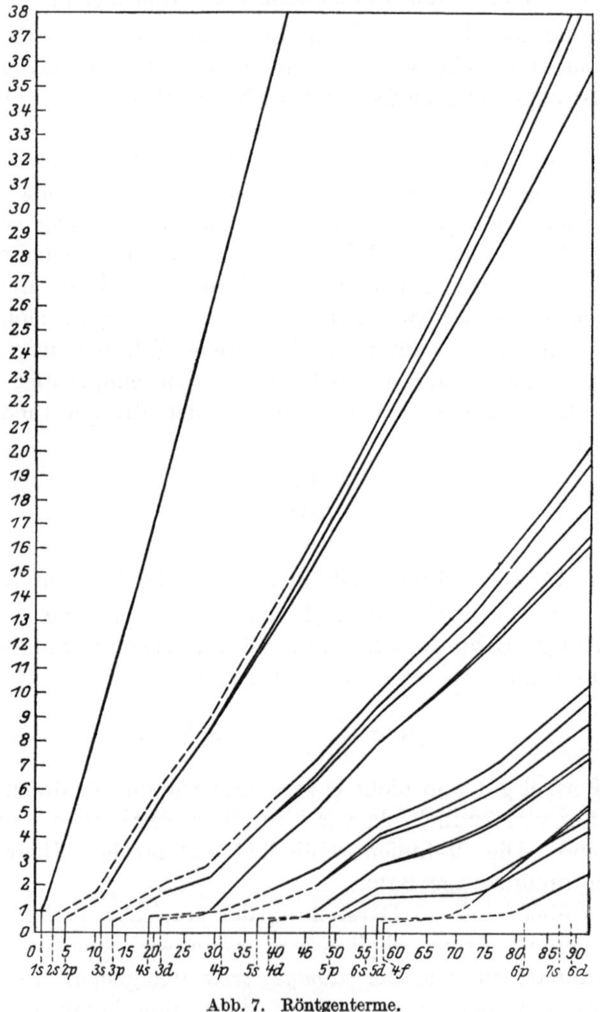

Abb. 7. **Röntgenterme.**

Terme. Eine Theorie dieser Erscheinung können wir erst später (Kapitel III) mit einem erweiterten Modell geben. Weiter ergibt die Untersuchung der Röntgenlinien fünf M-Terme mit $n = 3$

($l = 1, 2, 3$) und sieben N-Terme mit $n = 4$; es sind auch einige O-Terme festgestellt.

Zur Übersicht über das Auftreten dieser verschiedenen Terme sei hier (Abb. 7) die graphische Darstellung der Terme aus der Arbeit von BOHR und COSTER (*37*) wiedergegeben. Wir finden darin den K- und einen L-Term ($n = 1$, $n = 2$) schon bei den leichtesten Elementen; ein M-Term ($n = 3$) erscheint etwa bei der Atomnummer 21, ein N-Term ($n = 4$) etwa bei 39 und ein O-Term ($n = 5$) etwa bei 51. Was die Zahl der Terme jeder Hauptquantenzahl anlangt, so sehen wir zwar die erwähnte Aufspaltung in 3, 5 und 7 Terme; aber sie geschieht nicht gleichmäßig, sondern zunächst finden wir zwei L-, drei M- und vier N-Terme, von denen alle außer jedesmal dem ersten wieder in zwei Terme aufspalten. Sehen wir von dieser letzteren erst bei höherer Atomnummer eintretenden Aufspaltung ab, so haben wir genau so viel Terme, als die Nebenquantenzahl Werte annehmen kann. Die Regel, nach der die Terme kombinieren, entspricht auch genau der Auswahlregel für l ($\Delta l = \pm 1$).

Für späteren Gebrauch sei noch auf die Abweichungen von dem linearen Verlauf der Wurzeln aus den Termwerten hingewiesen. Sie werden an der von BOHR und COSTER angegebenen Abbildung deutlich. In den Gebieten von etwa $Z = 21$ bis $Z = 29$, von $Z = 39$ bis $Z = 47$ und besonders von $Z = 56$ bis $Z = 74$ nimmt die Wurzel aus dem Term langsamer zu als an den andern Stellen. Auf die Deutung dieser Erscheinung werden wir noch zurückkommen.

§ 11. Atombau und chemische Eigenschaften.

Die im § 6 eingeführte Modellvorstellung reicht zur Ableitung der Eigenschaften der Spektren nicht aus. Unsere Aufgabe ist vielmehr, an Hand des empirischen Befundes das Modell immer mehr zu verbessern. Wir folgen dabei zunächst BOHR, der unter Heranziehung aller empirischen Ergebnisse ein großzügiges Bild entwarf vom Zusammenhang der Spektren und der Stellung der Elemente im periodischen System.

Die Ergebnisse der Chemie, die für eine solche Untersuchung in Betracht kommen, hat KOSSEL (*18*) auf eine übersichtliche Form gebracht. Er geht davon aus, daß die Perioden des Systems der Elemente jeweils nach einem Edelgas beginnen, dessen

Atome dadurch ausgezeichnet sind, daß sie keinerlei Verbindungen eingehen und äußerst schwer ionisierbar sind. Die Elektronen der Edelgasatome werden also besonders symmetrische und stabile Konfigurationen bilden, die infolge der hohen Symmetrie nur von geringen Kraftfeldern umgeben sind und wegen der hohen Stabilität weder leicht Elektronen abgeben noch aufnehmen. Die den Edelgasen vorangehenden Atome sind die Halogene (F, Cl, Br, J), die leicht als einwertige negative Ionen auftreten; dies kommt nach Kossel daher, daß ihrem Elektronensystem ein Elektron zur symmetrischen, stabilen Edelgaskonfiguration fehlt und es daher bestrebt ist, das fehlende Elektron unter Energieabgabe (Elektronenaffinität) an sich zu reißen. Umgekehrt treten die auf das Edelgas folgenden Atome, die Alkalien (Li, Na, K, Rb, Cs) stets als einwertige positive Ionen auf, geben also leicht ein Elektron ab; man wird daher anzunehmen haben, daß bei ihnen ein leicht abtrennbares Elektron außerhalb eines stabilen Rumpfes von Edelgascharakter umläuft. In entsprechender Weise läßt sich die positive oder negative Elektrovalenz der übrigen Atome deuten: die erstere beruht auf der Existenz leicht abtrennbarer Elektronen, nach deren Entfernung ein edelgasartiger Rumpf übrigbleibt, die letztere beruht auf dem Bestreben „unvollständiger" Elektronengebilde, durch Einfangen von Elektronen sich zur Edelgaskonfiguration zu ergänzen.

Geht man nun an Hand dieses Prinzips das *periodische System* durch, so gelangt man zu der Vorstellung vom *Schalenbau der Atome* (s. auch § 10, S. 44). Die erste Periode, bestehend aus den Elementen H und He, stellt die Ausbildung der innersten Schale dar. Das System von zwei Elektronen des Edelgases He muß also eine sehr stabile Anordnung sein.

Die zweite Periode beginnt mit Li. Dieses Element wird einen Rumpf vom Charakter des He-Atoms haben, an den außen ein drittes Elektron locker gebunden ist. Beim nächsten Element Be tritt ein weiteres äußeres Elektron hinzu usf., bis beim zehnten Element Ne die zweite Schale zu einer stabilen Edelgaskonfiguration von 8 Elektronen geworden ist. Damit ist die zweite Schale vollständig.

Das erste Element der dritten Periode Na hat wieder das locker gebundene äußere Elektron, das den Anfang der dritten

Schale darstellt; diese schließt mit dem Edelgas A ab, und da dieses die Atomnummer 18 hat, so besteht die vollständige dritte Schale wieder aus 8 Elektronen.

In ähnlicher Weise geht das weiter; nur werden die Perioden jetzt länger (sie enthalten erst 18, nachher 32 Elemente). Dazwischen treten die Elemente Cu, Ag, Au auf, die eine gewisse Analogie zu den Alkalien haben; sie werden also ebenfalls durch ein leicht abtrennbares Elektron und einen relativ stabilen Rumpf gekennzeichnet sein.

Der Weg, auf dem nun BOHR zum *schrittweisen Aufbau der Atome* in der Reihenfolge ihrer Ordnungszahl gelangt, ist der folgende.

Er betrachtet die Einfangung des am lockersten gebundenen Elektrons durch den Atomrest. Dieser Prozeß vollzieht sich auf den stationären Bahnen, von denen das Bogenspektrum des Elements Kunde gibt. Während dieses Prozesses können wir das Atom aus einem Rumpf und einem Leuchtelektron bestehend annehmen. Der Rumpf hat die gleiche Elektronenzahl und eine um 1 höhere Kernladung als das vorhergehende Atom. Die erste Frage ist nun, ob die Elektronen im Rumpf dieselbe Anordnung haben wie im vorhergehenden neutralen Atom; darüber gibt in manchen Fällen das Funkenspektrum Auskunft. Die zweite Frage ist die, in welcher Endbahn das neu eingefangene Elektron läuft: entweder ordnet es sich den im Rumpf vorhandenen äußersten Elektronen gleichwertig ein, oder es läuft auf einer im Rumpf noch nicht vorkommenden Bahn. Im ersten Fall füllt es eine schon vorhandene Schale weiter auf, im letzteren Fall beginnt es eine neue Schale.

Den diesem Verfahren zugrunde liegenden Gedanken nennt BOHR das *Aufbauprinzip*.

§ 12. Das periodische System der Elemente.

Wir wollen jetzt das in den letzten Abschnitten gesammelte Material dazu benutzen, um zu untersuchen, wieweit sich der Aufbau des periodischen Systems aus der Modellvorstellung des Leuchtelektrons verstehen läßt[1]).

[1]) Wir schließen uns dabei an N. BOHR (*21*) an. Noch vor BOHRS Arbeit gab R. LADENBURG (*20*) eine kurze Darstellung des Zusammenhangs des Baues der Elektronenhulle eines Atoms mit dem periodischen System.

Zur Erinnerung an die Ordnung der Elemente im periodischen System geben wir eine auf J. THOMSEN zurückgehende, häufig von BOHR benutzte Darstellung (Abb. 8).

Wasserstoff (1 H) hat im Normalzustand ein Elektron auf einer Bahn mit der Hauptquantenzahl 1. Solange man die Bahn als genaue KEPLER-Ellipse auffaßt, ist die Nebenquantenzahl unbestimmt. Eine Berücksichtigung der Relativitäts-

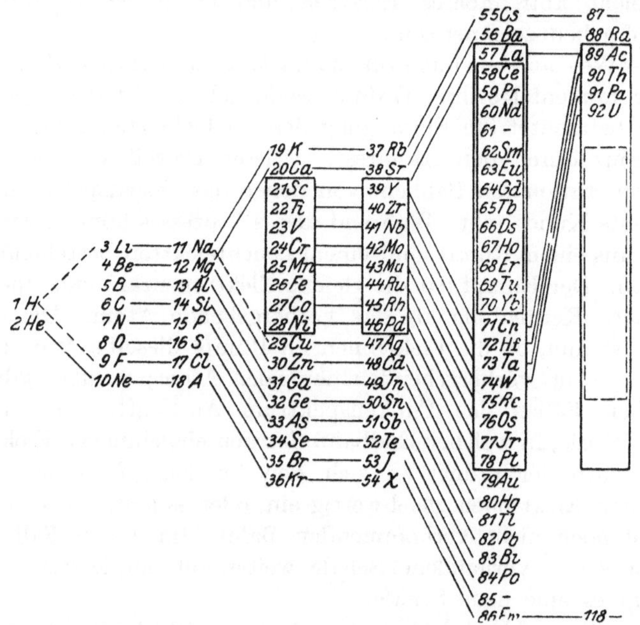

Abb. 8. Periodisches System der Elemente

theorie würde auch sie festlegen; wir hätten $l = 0$ zu setzen. Die Grundbahn des H-Atoms können wir also als 1 s-Bahn ansehen.

Beim *Helium* (2 He) wird in den angeregten Zuständen nach dem BOHRschen Aufbauprinzip der Rumpf bis auf die höhere Kernladung mit dem Wasserstoffatom im Normalzustand übereinstimmen. Nun ist aber die energiereichste oder Grundbahn des Leuchtelektrons ebenfalls eine 1 s-Bahn, daher wird das Helium im Normalzustand zwei (vermutlich gleichwertige) 1 s-Elektronenbahnen haben. Daß man einem solchen System von zwei 1 s-Bahnen eine besondere Stabilität zuschreiben muß, wissen wir, nach KOSSEL, aus chemischen Eigenschaften. Theoretisch verstehen können wir es natürlich noch nicht, da wir uns mit der Wechselwirkung von mehreren Elektronen noch nicht beschäftigt haben (vgl. Kapitel IV). Diese Betrachtungen werden uns dann auch erklären warum das Helium zwei Termsysteme hat. Das aus zwei 1 s-Bahnen bestehende Gebilde heißt in der Terminologie der Röntgenspektren die K-Schale.

Die Konfiguration von zwei 1 s-Bahnen kehrt als Rumpf des angeregten *Lithium*atoms (3 Li) wieder. Nach Ausweis der Spektren ist hier die Grundbahn keine 1 s-, sondern eine 2 s-Bahn. Hieraus müssen wir schließen, daß nach den (noch unbekannten) Gesetzen der Atommechanik ein System von drei 1 s-Bahnen nicht möglich ist.

Vom *Beryllium* (4 Be) ist das Funkenspektrum bekannt (*98*); es ist dem Spektrum des Li ähnlich. Be^+ hat also ein Elektron mit $n = 2$ außerhalb der K-Schale, Be dürfte zwei solche Elektronen haben.

Weiter kennt man das Funkenspektrum des *Kohlenstoffs* (*100*); als tiefster Term tritt darin ein 2 p-Term auf. Da das Boratom (5 B) ähnlich gebaut sein muß wie das einwertige Kohlenstoffion, müssen wir annehmen, daß im Bor außer der K-Schale noch zwei 2 s- und eine 2 p-Bahn vorhanden sind. Wir finden also hier den gleichen Fall wie beim Lithium, daß nicht mehr als zwei gleichwertige Elektronen vorkommen.

Die nächsten Elemente zeigen außer O komplizierte Spektren. Aus der chemischen Wertigkeit schließen wir, daß bei jedem Element ein neues Elektron mit $n = 2$ hinzukommt.

Beim Edelgas *Neon* (10 Ne) muß die von den KOSSELschen Vorstellungen geforderte Achterschale erreicht sein; wir können also annehmen, daß die 8 seit dem Li hinzugekommenen Elektronen auf Bahnen mit der Hauptquantenzahl 2 gebunden sind. Spätere Betrachtungen werden zeigen, daß es zwei 2 s- und sechs 2 p-Bahnen sind.

Die Auffassung von der vollbesetzten Achterschale wird bestätigt durch das gutbekannte Spektrum des *Natriums* (11 Na). Die Grundbahn des Leuchtelektrons ist eine 3 s-Bahn, die energiereichste p-Bahn eine 3 p-Bahn. Außerhalb des Rumpfes kommen also keine Bahnen mit $n = 2$ mehr vor. Wir schließen daraus, daß die Schar der Elektronen, für die $n = 2$ ist, mit der beim Neon erreichten Zahl 8 abgeschlossen ist. Wir nennen dieses Gebilde mit der Bezeichnung der Röntgenspektren die L-Schale. Der Aufbau dieser L-Schale erfüllt also die zweite Periode des Systems der Elemente, während die K-Schale in der ersten aufgebaut wurde.

Da beim *Magnesium* (12 Mg) die Grundbahn des Leuchtelektrons wieder eine 3 s-Bahn ist, nehmen wir in Übereinstimmung mit der Zweiwertigkeit an, daß das Magnesiumatom im Normalzustand außer der K- und L-Schale noch zwei gleichwertige 3 s-Elektronen hat.

Beim *Aluminium* (13 Al) tritt eine 3 p-Bahn als Grundbahn auf. Wir sehen also, daß ein System von drei 3 s-Bahnen nicht vorkommen kann. Wir fanden bei Li und C^+ etwas Entsprechendes, nämlich die Unmöglichkeit der Existenz dreier 1 s- oder 2 s-Bahnen.

Die folgenden Elemente zeigen außer S wieder komplizierte Spektren. Das letzte Element der Periode ist das Edelgas *Argon* (18 A), bei dem wieder eine abgeschlossene Schale von 8 Elektronen vorliegen muß. Den näheren Aufbau dieser Schale diskutieren wir am besten durch die Betrachtung des folgenden Elements *Kalium* (19 K), dessen Rumpf dieselbe Struktur haben muß.

Das Spektrum des Kaliums zeigt als Grundbahn des Leuchtelektrons eine 4 s-Bahn und als energiereichste p-Bahn eine 4 p-Bahn; die Schar der 3 s- und 3 p-Bahnen ist also mit der Erreichung der Achterschale des Argons abgeschlossen. Die 3 d-Bahn ist beim Kalium lockerer gebunden als die 4 s- und selbst als die 4 p-Bahn, sie hat nämlich eine größere effektive Quantenzahl (2,85 im Vergleich zu 2,23 bei der 4 p- und 1,77 bei der 4 s-Bahn). Die im Argon abgeschlossene Schale enthält also nicht alle Bahnen mit der Hauptquantenzahl 3, sondern nur die 3 s- und 3 p-Bahnen.

Beim zweiwertigen *Kalzium* (20 Ca) tritt nach übereinstimmender Aussage der Chemie und des Spektrums ein zweites auf einer 4 s-Bahn gebundenes Elektron hinzu.

Die nun folgenden Elemente zeigen wieder verwickelte Spektren. Auch chemisch bilden die Elemente von *Skandium* bis *Nickel* eine besondere Gruppe. In ihrer chemischen Wertigkeit setzen sie die Reihe K, Ca, Sc nicht einfach fort, vielmehr haben sie stark wechselnde Wertigkeiten, die in ihren Höchstwerten im allgemeinen ihrer Stellung im gewöhnlichen Schema des periodischen Systems entsprechen (Ti 4-, V 5-, Cr 6-, Mn 7-wertig), die aber bis 2 heruntergehen können. Ein weiterer Unterschied dieser Elemente von den vorangegangenen beruht auf dem *magnetischen Verhalten* und der *Färbung der heteropolaren Verbindungen*, in welchen die Elemente als Ionen vorhanden sind.

Nach LADENBURG (*20*) sind nämlich diese Verbindungen für die Gruppe Ti bis Cu (letzteres nur in der zweiwertigen Form) paramagnetisch und zeigen charakteristische Färbung, d. h. es existieren Elektronensprünge von so kleiner Energiedifferenz, daß sie sichtbares Licht absorbieren. LADENBURG hat noch vor der BOHRschen Systematik der Quantenzahlen dieses Verhalten so gedeutet, daß er in der Gruppe der Elemente von Sc bis Ni die Ausbildung einer „Zwischenschale" annahm. Die neu hinzukommenden Elektronen sollen sich nicht außen anlagern, sondern auch im Innern, während zunächst die beiden äußeren Elektronen des Ca erhalten bleiben.

BOHR hat diese Vorstellung so präzisiert, daß er annahm, daß in der Gruppe Sc bis Ni die Schar der 3 s- und 3 p-Bahnen durch 3 d-Bahnen vervollständigt wird. Inwiefern eine solche Vervollständigung innerer Gruppen eintreten muß, werden wir später im Zusammenhang betrachten. Daß eine 3d-Bahn bei den nun folgenden Elementen im Atominnern tatsächlich vorhanden ist, zeigt das Auftreten des letzten M-Terms der Röntgenspektren bei Cu (vgl. Abb. 7, S. 46). Tabelle 6 (S. 42) zeigt, daß bei Cu, Zn, Ga, Rb außer den im Rumpfe verlaufenden 3d-Bahnen auch angeregte 3d-Bahnen im Äußeren auftreten können. Die Bezeichnung $n = 3$ ist vom Standpunkt des Modells mit nahezu COULOMBschem Kraftfeld gewählt und auch maßgebend für eine Abschätzung des Termwertes. Wählt man jedoch die Numerierung so, daß n in der Reihe der d-Bahnen jedesmal um 1 steigt, so hat man jene äußeren Bahnen mit 4d zu bezeichnen.

Die Elemente *Kupfer* (29 Cu) und *Zink* (30 Zn) ähneln in ihren Spektren den Alkalien und Erdalkalien. Wir haben bei Cu ein äußeres auf einer 4 s-Bahn gebundenes Elektron anzunehmen, bei Zn zwei solche 4 s-Elektronen. Entsprechend dem Al tritt das Leuchtelektron bei *Gallium* (31 Ga) auf einer 4p-Bahn auf. An achter Stelle hinter dem Ni kommt das Edelgas *Krypton* (36 Kr), so daß die Gruppe Cu bis Kr sehr der zweiten und dritten Periode ähnelt. Wir nehmen daher an, daß in dieser acht vierquantige Elektronenbahnen ($4s$- und $4p$-Bahnen) an die dreiquantige Schale angebaut werden.

Daß bei Kr die N-Schale ($n = 4$) zunächst abgeschlossen ist, zeigen die Spektren des *Rubidiums* (37 Rb) und *Strontiums* (38 Sr); sie beweisen im Verein mit dem chemischen Verhalten dieser Elemente, daß wir im Normalzustand ein bzw. zwei äußere Elektronen auf $5s$-Bahnen haben. Die folgenden Elemente *Yttrium* (39 Y) bis *Palladium* (46 Pd) setzen wieder (wie die Gruppe Sc bis Ni) die Reihe nicht einfach fort, sondern zeigen stark veränderliche Wertigkeit. Es liegt nahe, anzunehmen, daß bei diesen Elementen die noch fehlenden $4d$-Bahnen zum erstenmal auftreten; in der Tat sehen wir bei *Silber* (47 Ag) einen entsprechenden Röntgenterm. Das Auftreten von $4d$-Bahnen im Rumpf und die Möglichkeit von $3d$-Bahnen im Äußeren, wie sie bei Ag, Cd, In der Fall ist, ist ähnlich zu verstehen, wie das doppelte Auftreten der $3d$-Bahnen bei Cu, Zn, Ga, Rb. Wählt man die Numerierung so, daß n in der Reihe der d-Bahnen jedesmal um 1 wächst, so hat man jene äußeren Bahnen bei Ag, Cd, In mit $5\,d$ zu bezeichnen; für die Abschätzung der Termwerte ist jedoch $n = 3$ maßgebend.

Die Elemente *Silber* (47 Ag), *Cadmium* (48 Cd) und *Indium* (49 In) entsprechen in ihrem Spektrum und ihrem chemischen Verhalten den Elementen Cu, Zn, Ga. Bei ihnen werden der vierquantigen Schale ($4\,s$-, $4\,p$-, $4\,d$-Bahnen) zwei $5\,s$- und eine $5\,p$-Bahn angelagert. Bei *Xenon* (54 X) müssen wir die $5\,s$- und $5\,p$-Gruppe als vorläufig abgeschlossen ansehen.

Die sechste Periode beginnt mit *Cäsium* (55 Cs) und *Barium* (56 Ba) in Analogie zur fünften; die Grundbahnen des Leuchtelektrons sind $6s$-Bahnen. Das *Lanthan* (57 La) und die Elemente vor *Platin* (78 Pt) ähneln der Gruppe Y bis Pd. Wir dürfen dort den Aufbau der $5d$-Gruppe annehmen; in der Tat tritt ein $5d$-Röntgenterm bald hinter Platin auf. In diese Gruppe hinein fällt aber noch eine weitere Gruppe von Elementen ziemlich gleichartigen chemischen Verhaltens, die *seltenen Erden*; wir dürfen sie der Ausbildung der noch fehlenden $4f$-Bahnen entsprechen lassen; ein $4f$-Röntgenterm ist bei *Tantal* (73 Ta) beobachtet. Die Elemente *Gold* (79 Au) bis *Niton* (86 Nt) ent-

Zu Seite 55. Tabelle 7.

	1s	2s 2p	3s 3p 3d	4s 4p 4d 4f	5s 5p 5d 5f 5g	6s 6p 6d 6f 6g 6h	7s 7p
1 H	1						
2 He	2						
2 Li	2	1					
4 Be	2	2					
5 B	2	2 (1)					
6 C	2	2 (2)					
— —	—	— —					
10 Ne	2	8					
11 Na	2	8	1				
12 Mg	2	8	2				
13 Al	2	8	2 1				
14 Si	2	8	2 (2)				
— —	—	— —	— —				
18 A	2	8	8				
19 K	2	8	8	1			
20 Ca	2	8	8	2			
21 Sc	2	8	8 1	(2)			
22 Ti	2	8	8 2	(2)			
— —	—	— —	— — —	—			
29 Cu	2	8	18	1			
30 Zn	2	8	18	2			
31 Ga	2	8	18	2 1			
— —	—	— —	— — —	— —			
36 Kr	2	8	18	8			
37 Rb	2	8	18	8	1		
38 Sr	2	8	18	8	1		
39 Y	2	8	18	8 1	(2)		
40 Zr	2	8	18	8 2	(2)		
— —	—	— —	— — —	— — —	—		
47 Ag	2	8	18	18	1		
48 Cd	2	8	18	18	2		
49 In	2	8	18	18	2 1		
— —	—	— —	— — —	— — —	— —		
54 X	2	8	18	18	8		
55 Cs	2	8	18	18	8	1	
56 Ba	2	8	18	18	8	2	
57 La	2	8	18	18	8 1	(2)	
58 Ce	2	8	18	18 1	8 1	(2)	
59 Pr	2	8	18	18 2	8 1	(2)	
— —	—	—	— — —	— — — —	— — —	—	
71 Cp	2	8	18	32	8 1	(2)	
72 Hf	2	8	18	32	8 2	(2)	
— —	—	—	— — —	— — — —	— — —	—	
79 Au	2	8	18	32	18	1	
80 Hg	2	8	18	32	18	2	
81 Tl	2	8	18	32	18	2 1	
— —	—	— —	— — —	— — — —	— — —	— —	
86 Nt	2	8	18	32	18	8	
87 —	2	8	18	32	18	8	1
88 Ra	2	8	18	32	18	8	2
89 Ac	2	8	18	32	18	8 1	(2)
90 Th	2	8	18	32	18	8 2	(2)
— —	—	— —	— — —	— — — —	— — —	— — —	—
— —	—	— —	— — —	— — — —	— — — — —	— — —	— —
118 —	2	8	18	32	32	18	8

sprechen wieder den Elementen Ag bis X und bringen den vorläufigen Ausbau der $6s$- und $6p$-Bahnen. Die letzte Periode bringt dann die Anlagerung von $7s$-Bahnen.

Überblicken wir noch einmal das periodische System und lassen wir die (in der Abb. 8 eingerahmten) Gruppen besonderen chemischen und spektroskopischen Verhaltens vorläufig weg, so werden in der ersten Periode zwei $1s$-Elektronen, in jeder folgenden acht s- und p-Elektronen angebaut. Die „Eisenreihe" (Sc bis Ni) bringt zehn weitere Elektronen in dreiquantiger Bahn, so daß wir im ganzen 18 dreiquantige Bahnen bekommen. Die „Palladiumreihe" (Y bis Pd) bringt 10 und die Gruppe der seltenen Erden 14 weitere vierquantige Bahnen, deren Zahl damit auf 32 erhöht wird.

Zur Übersicht geben wir hier eine Tabelle der Besetzungszahlen wieder (Tabelle 7). Die Zahlen sind nur soweit angegeben, als sie von unserem hier eingenommenen Standpunkt verständlich sind. Wir werden später (Kapitel V) die Tabelle noch bedeutend erweitern.

Um den Aufbau des periodischen Systems deduktiv ableiten zu können, müßte man theoretisch verstehen, mit höchstens wieviel Elektronen eine bestimmte Quantenbahn besetzt werden kann. Vorläufig können wir hierfür nur Regeln aufstellen, die wir nachträglich aus dem periodischen System entnehmen. So scheint eine s-Bahn höchstens zwei Elektronen aufnehmen zu können. Die zweiquantigen Bahnen ($2s$ und $2p$) scheinen zusammen höchstens 8, die dreiquantigen unter dem Einfluß geringer Anziehung (in der dritten Periode) auch höchstens 8, weiter im Atominnern (von der Eisenreihe ab) jedoch 18; die vierquantigen Bahnen scheinen ebenfalls zunächst bis 8, weiter im Innern aber bis zu 32 Elektronen aufnehmen zu können. Stoner (*22*) verteilte diese Zahlen so auf die durch n und l bestimmten Bahnen, daß er jeder ns-Bahn 2, jeder np-Bahn 6, jeder nd-Bahn 10 und jeder nf-Bahn 14 Elektronen gab.

Für diese Höchstbesetzungszahlen werden wir später eine Begründung angeben. Wenn wir sie vorläufig einfach als gegeben hinnehmen, so ist die *Reihenfolge der Quantenbahnen* in ihrer Anlagerung einigermaßen zu verstehen. Man muß fordern: An eine vorhandene Elektronenkonfiguration lagert sich ein neu hinzukommendes Elektron in einer solchen Quantenbahn an, in der es die geringste Energie hat (in der es am starksten gebunden ist). Dabei hat man zu beachten, daß ein Atom nicht aus dem vorangehenden Atom durch Hinzutreten eines Elektrons entsteht, sondern aus seinem eigenen positiven Ion. Dieses hat zwar dieselbe Elektronenzahl wie das vorangehende Atom, aber eine etwas höhere Kernladung. Daß diese Kernladung gelegentlich wesentlich sein kann, zeigen die folgenden Überlegungen.

Wir nehmen an, ein Ion enthielte eine Anzahl vollbesetzter Quantenbahnen, und wir fragen nun, welche von den nicht besetzten ist die stärkst gebundene. Die Antwort darauf können wir in zwei Grenzfällen erteilen. Wenn die Kernladung sehr viel größer ist als die Elektronenzahl, so ist das Kraftfeld im Ion und in seiner Umgebung nahezu ein COULOMBsches, und die Bahnen haben ihrer Energie nach die gleiche Reihenfolge wie beim Wasserstoff, nur daß die p-, d- usw. Bahnen ein klein wenig hinter der entsprechenden s-Bahn kommen, also: $1s$, $2s$, $2p$, $3s$, $3p$, $3d$, $4s\ldots$.

Denken wir uns nun etwa das Uranatom so entstehen, daß ein 92-fach geladener Kern der Reihe nach sich 92 Elektronen anlagert, so wird er (wenn die BOHRschen Besetzungszahlen richtig sind) zuerst zwei $1s$-, dann im ganzen acht $2s$- und $2p$-Elektronen einfangen, weiter achtzehn $3s$-, $3p$-, $3d$-Elektronen usw. Da jetzt allmählich die Elektronenzahl mit der Kernladung vergleichbar wird, ist die Reihenfolge nicht mehr ganz sicher. Die Röntgenspektren zeigen uns aber, daß die Energien der Bahnen wenigstens im fertigen Atom die Reihenfolge $4s$, $4p$, $4d$, $4f$, $5s\ldots$ haben.

Wenn die Elektronenzahl nur noch um 1 kleiner als die Kernladung ist, es sich also um die Anlagerung des *letzten* Elektrons und um die Bildung des neutralen Atoms handelt, gibt die rohe Abschätzung der effektiven Quantenzahl, die wir in (4) § 8 kennenlernten, einen Anhalt, sobald es sich um Tauchbahnen handelt. Für s-Bahnen erhalten wir

$$n^* \approx n - n^{(i)};$$

$n^{(i)}$ ist die Hauptquantenzahl der größten im Rumpf verlaufenden s-Bahn, also $n^{(i)} = n - 1$. Mit roher Annäherung wird also

$$n^* = 1.$$

Bei den p-Bahnen erhalten wir

$$n^* \approx n - (n^{(i)} - 1),$$

also ungefähr

$$n^* = 2.$$

Diese Werte liegen in der Nachbarschaft der empirischen Werte. Die d-Bahnen dringen im allgemeinen so wenig ein, daß die Gleichung (4) § 8, nicht anwendbar scheint. Die am festesten gebundene d-Bahn ist die $3d$-Bahn und n^* wird etwas unter 3 liegen. Nur bei Sr und Ba scheinen d-Bahnen tiefer einzudringen. Die Abschätzung würde

$$n^* \approx 3$$

liefern; der empirische Wert liegt bei 2, aber immer noch höher als bei den s-Bahnen.

Diese Abschätzung macht es verständlich, daß nach dem Ausbau einer ns- und np-Gruppe ein äußeres Elektron in einer $(n + 1)$ s-Bahn gebunden wird, daß also nach dem Abschluß der $3s$- und $3p$-Gruppe beim A oder K^+ das nächste Elektron beim K in einer $4s$- (nicht $3d$-) Bahn läuft oder daß nach Abschluß der $4s$- und $4p$-Gruppe mit Kr oder Rb^+ beim Rb eine $5s$- (nicht $4d$- oder $4f$-) Gruppe beginnt. Während so an der Atomoberfläche auf die $3p$- die $4s$-Bahn folgt, folgt im tiefen Innern der hochnumerierten Atome auf die $3p$-Bahn die $3d$-Bahn. Wenn wir also die Reihe der kaliumähnlichen Ionen K, Ca^+, Sc^{++}, Ti^{+++}, V^{4+} ... U^{73+} durchgehen, so müssen wir einmal an die Stelle kommen, wo das äußerste Elektron in einer $3d$-Bahn angelagert ist. In der Tat ist im Spektrum des K die $3d$-Bahn ($n^* = 2{,}85$) noch wesentlich schwächer gebunden als die $4s$-Bahn ($n^* = 1{,}77$), bei Ca^+ ist der Unterschied schon viel kleiner ($n^* = 2{,}31$; $2{,}14$); bei Sc^{++} dürfte das n^* des s-Terms noch größer sein als bei Ca^+ (entsprechend dem allgemeinen Verhalten von Tauchbahnen), so daß die d-Bahn stärker gebunden sein könnte als die s-Bahn. Man könnte also annehmen, daß beim Aufbau des Sc-Atoms zur argonähnlichen Anordnung des Sc^{+++} eine $3d$- und dann noch zwei $4s$-Bahnen kommen, beim Ti auf die argonähnliche Anordnung des Ti^{4+} zwei $3d$- und zwei $4s$-Bahnen.

Unsere späteren Betrachtungen über verwickelte Spektren werden diese Annahme vollauf bestätigen.

Die Betrachtungen dieses Abschnittes zeigen uns, daß zum Verständnis des Baues des periodischen Systems im wesentlichen zwei Gesichtspunkte notwendig sind. Die *Periodizität* rührt davon her, daß eine Quantenbahn nicht beliebig viele, sondern eine genau begrenzte Zahl von Elektronen aufnehmen kann. Die *Abweichungen von der Periodizität* lassen sich energetisch verstehen und qualitativ mit Hilfe unseres Modells vom Leuchtelektron deuten.

Wollen wir zu einem vollen Verständnis des periodischen Systems gelangen, so müssen wir die Höchstbesetzungszahlen verstehen lernen. Ferner müssen wir die Fragen der Multiplizität und der mehrfachen Termsysteme angreifen und auch an die Deutung der verwickelteren Spektren herangehen.

Drittes Kapitel.

Das Modell des Kreiselelektrons.

§ 13. Das Termschema der Alkalien.

Wir müssen jetzt dazu übergehen, die *feineren Züge der einfachen Spektren* zu betrachten und wählen zunächst die Atome, bei denen wir weitgehend von der Wechselwirkung der Elektronen untereinander absehen können, also die der *Alkalien*. Die in Tabelle 2, S. 28 angegebenen Terme der Alkalien mit Ausnahme der s-Terme sind doppelt; die s-Terme dagegen sind (wie alle s-Terme) einfach. Wir können mit SOMMERFELD (*45*) die Mehrfachheit der Terme zunächst dadurch formal darstellen, daß wir außer n und l eine *dritte Quantenzahl* j einführen, die „innere Quantenzahl", die bei den beiden Termen eines Dubletts verschieden ist. Weiter haben wir mit LANDÉ (*44*) das Modell des Alkaliatoms so zu erweitern, daß das Leuchtelektron eine *Bewegung mit drei Frequenzen* ausführt. Eine solche tritt auf, wenn der Gesamtdrehimpuls des Atoms nicht mit dem Drehimpuls der Elektronenbahn zusammenfällt, wenn also das Modell außer diesem noch einen anderen Drehimpuls hat. LANDÉ schrieb diesen neuen Drehimpuls zunächst dem *Rumpfe* zu. Neben dieser Möglichkeit besteht noch die andere, daß er dem *Elektron* selbst zukommt. Wir werden später auf Grund des Verhaltens der Alkaliterme im Magnetfeld und vor allem der Wechselwirkungsregeln für mehrere Elektronen uns für diese zweite von UHLENBECK und GOUDSMIT (*74*) zur Deutung von Spektren herangezogene Annahme entscheiden. Da aber ein Teil der Eigenschaften der Spektren von einer genaueren Vorstellung von diesem Zusatzdrehimpuls unabhängig ist, wollen wir seine Natur auch vorläufig unbestimmt lassen.

Wenn der Einfluß des neu hinzugekommenen Drehimpulses auf die Rosettenbewegung des Leuchtelektrons im klassischen Modell klein ist, so wird die Bewegung nur insofern abgeändert, als die Ebene der Rosette eine langsame Präzession um die Achse des Gesamtdrehimpulses ausführt. Das 2π-fache des Bahndrehimpulses bleibt in erster Näherung Wirkungsvariable, ihm entspricht weiterhin die Nebenquantenzahl l; das 2π-fache des Gesamtdrehimpulses ist ebenfalls Wirkungsvariable, ihm entspricht die neue Quantenzahl j. Von diesem Modell erwarten wir, daß es die Eigenschaften der Alkaliterme in der Grenze großer Quantenzahlen richtig wiedergibt.

Damit wir die durch die Erfahrung gegebene Zahl der Terme erhalten, müssen wir den neu hinzugekommenen Drehimpuls $s = \frac{1}{2}$ (in Einheiten $\frac{h}{2\pi}$) setzen. Durch Zusammensetzung der Vektoren $\mathfrak{l}$ (vom Betrag l) und $\mathfrak{s}$ (Betrag $s = \frac{1}{2}$) zur Resultierenden $\mathfrak{j}$ (Betrag j) erhalten wir für jeden Wert von l, der nicht Null ist, zwei Werte von j, nämlich $j = l + \frac{1}{2}$ und $l - \frac{1}{2}$. Der Einfachheit des s-Termes tragen wir Rechnung, indem wir bei ihm $l = 0$ setzen, dann ist nur $j = s = \frac{1}{2}$ möglich. Damit haben wir die früher (§ 7) willkürlich eingeführte Zählung begründet; beim p-Term wird $l = 1$, beim d-Term $l = 2$ usw. Tabelle 8 gibt das Schema der inneren Quantenzahlen eines Alkalispektrums.

Tabelle 8.

	l	j			
s	0	$\frac{1}{2}$			
p	1	$\frac{1}{2}$	$\frac{3}{2}$		
d	2		$\frac{3}{2}$	$\frac{5}{2}$	
f	3			$\frac{5}{2}$	$\frac{7}{2}$

Die Zuordnung der inneren Quantenzahl j zum Gesamtdrehimpuls des Modells erklärt auch die *Art, in der die Multiplett-*

komponenten kombinieren. Die Bewegung der Bahnebene des Leuchtelektrons im Modell um die Richtung des Gesamtdrehimpulses erfolgt gleichförmig. In die Bewegung des Leuchtelektrons geht also nur die Grundfrequenz, keine Oberfrequenz dieser Präzession ein. Diese Grundfrequenz macht sich nur in den Richtungen senkrecht zur Drehimpulsachse bemerkbar, nicht parallel zur Achse. Dem entspricht nach dem Korrespondenzprinzip, daß sich j nur um 0, $+1$ oder -1 ändert. Genau so kombinieren nun auch die Terme eines Alkalispektrums: s kombiniert mit beiden p-Termen (Hauptserie, zweite Nebenserie). Dagegen kombiniert der p-Term mit $j = \frac{1}{2}$ nur mit einem d-Term, nämlich dem mit $j = \frac{3}{2}$, der andere p-Term ($j = \frac{3}{2}$) kombiniert mit beiden d-Termen. Entsprechendes gilt für df-Kombinationen usw.

Die Gültigkeit der Tabelle 8 und dieser Kombinationsregel reicht über die Alkalispektren hinaus. Auch in anderen verwickelteren Spektren hat man Terme gefunden, die sich in ein Dublettsystem entsprechend Tabelle 8 ordnen lassen, indem man ihnen formal die Zahlen l und j zuschreibt. Für j gilt auch $\Delta j = 0$ oder ± 1. Die modellmäßige Bedeutung ist aber (wie wir sehen werden) im allgemeinen eine andere. Aus diesem Grunde wollen wir neben den Buchstaben $s, p, d \ldots$, die dem Bahndrehimpuls des Leuchtelektrons entsprechen, zur Bezeichnung von Termen auch die Buchstaben $S, P, D \ldots$ einführen und verstehen darunter etwas anderes: ein P-Dublett ist ein Dublett mit den j-Werten $\frac{1}{2}$ und $\frac{3}{2}$, ein D-Dublett ein solches mit $j = \frac{3}{2}$ und $\frac{5}{2}$ usw. Für die Alkalidubletts bedeuten $s, p, d \ldots$ und S, P, D genau dasselbe[1]); wir können also in Tabelle 8 auch $S, P, D \ldots$ schreiben, dann erhält sie die besprochene allgemeine Bedeutung. Wir wollen Dubletterme durch eine links oben an den Termbuchstaben gesetzte 2

---

[1]) Ursprunglich bezeichneten die Spektroskopiker mit $s, p, d \ldots$ Terme mit bestimmten formalen Eigenschaften in den nach Serien geordneten Spektren. Große und kleine Buchstaben wurden gelegentlich zur Bezeichnung verschiedener Vielfachheit verwandt. Als man begann, die verwickelteren Spektren in Terme zu ordnen, übertrug man diese Bezeichnung auf Terme mit ähnlichen formalen Eigenschaften. Erst bei der modellmäßigen Deutung dieser verwickelten Spektren sah man, daß man in gewissen Fällen mit den gleichen Buchstaben ganz verschiedene Dinge bezeichnete (*69, 71*). Über die Notwendigkeit der konsequenten Einführung zweier Bezeichnungsarten vgl. § 20.

bezeichnen[1]); da wir auch die S-Terme trotz ihrer Einfachheit mit zum Dublettsystem rechnen, schreiben wir ^2S, ^2P, ^2D... Die Dublettkomponenten unterscheiden wir, indem wir die j-Werte als Indizes anhängen[2]); wir schreiben also

$$^2S_{\frac{1}{2}}\quad {}^2P_{\frac{1}{2}}\quad {}^2P_{\frac{3}{2}}\quad {}^2D_{\frac{3}{2}}\quad {}^2D_{\frac{5}{2}}\quad {}^2F_{\frac{5}{2}}\quad {}^2F_{\frac{7}{2}}\ \ldots .$$

Eine Erklärung der *Größe der Dublettaufspaltung* wollen wir erst versuchen, nachdem wir noch andere Eigenschaften unseres erweiterten Modells kennengelernt haben, nämlich sein Verhalten im Magnetfeld. Hier seien nur einige empirische Tatsachen über die Aufspaltung angegeben. Aus den Spektren können wir entnehmen[3]), daß die Aufspaltung mit wachsendem l und n abnimmt und daß sie besonders groß bei den Termen ist, die den Tauchbahnen im Modell entsprechen. Ferner steigt sie von Alkali zu Alkali mit wachsender Atomnummer. LANDÉ hat für die Aufspaltung eine Formel angegeben[4]). Der Abstand zwischen zwei Dublettkomponenten mit der Nebenquantenzahl l ist danach

$$\Delta\nu = \frac{R\alpha^2 Z_i^2 Z_a^2}{n^{*3} l(l+1)}, \tag{1}$$

R ist die RYDBERG-Konstante, α ist die auf S. 23 bei Betrachtungen über die Notwendigkeit relativistischer Rechnung eingeführte Größe $\alpha = \frac{2\pi e^2}{ch} = 7{,}29 \cdot 10^{-3}$. Z_a ist die „effektive" Kernladung, die auf das Elektron am äußeren Teil der Bahnschleife wirkt (1 bei neutralen, 2 bei einfach ionisierten Atomen usw.), Z_i ist eine mittlere effektive Kernladung für die inneren Teile der Bahn.

Eine sehr starke Stütze für die Gültigkeit der LANDÉschen Aufspaltungsformel bildet die Untersuchung der alkaliähnlichen Funkenspektren der leichten Elemente durch I. S. BOWEN und

---

[1]) Nach H. N. RUSSELL u. F. A. SAUNDERS (*66*).

[2]) Nach A. SOMMERFELD, vgl. Atombau und Spektrallinien. 4. Aufl. S. 593. 1924. Dort ist, um halbzahlige Indizes zu vermeiden, $j + \frac{1}{2}$ als Index gesetzt.

[3]) A. LANDÉ (*53*). Fur das Folgende vgl. die ausführliche Darstellung in E. BACK u. A. LANDÉ: ZEEMAN-Effekt und Multiplettstruktur (*10*).

[4]) Sie ist einer Formel nachgebildet, die SOMMERFELD für Röntgendubletts aufstellte. Wir wollen sie hier zunächst nur als empirische Formel benutzen.

R. A. MILLIKAN (*98*). Den beiden Forschern gelang es, Spektren sehr hoch ionisierter Elemente zu erhalten und Terme in den Spektren von Be^{+} B^{++} C^{+++} N^{4+} sowie von P^{4+} S^{5+} aufzufinden. Nimmt man die schon bekannten Spektren von Mg^{+}, Al^{++} (*116*), Si^{+++} (*117*) dazu, so hat man zwei lange Reihen von Spektren, die von Atomen mit edelgasähnlichem Rumpf und einem äußeren Elektron herrühren und die den gleichen Bau zeigen wie die Alkalispektren. Die Aufspaltungen entsprechender Dubletterme nehmen in diesen Reihen rasch zu und folgen der LANDÉschen Formel.

§ 14. Einfluß schwacher Magnetfelder auf die Alkaliterme[1]).

Seit ZEEMANs Entdeckung wissen wir, daß Spektrallinien im Magnetfeld eine Aufspaltung erfahren. Die Beobachtung liefert zwei Arten solcher ZEEMAN-Effekte: Gewisse Linien spalten bei transversaler Beobachtung (Lichtstrahl senkrecht zu den Kraftlinien) in drei äquidistante Linien auf, von denen die mittlere unverschobene Linie parallel zum Magnetfeld und die äußeren senkrecht zum Magnetfeld schwingen. Bei longitudinaler Beobachtung zeigen sich nur die beiden verschobenen Komponenten; sie sind zirkular polarisiert. In dem hier beschriebenen Fall spricht man von *normalem* ZEEMAN-*Effekt*. Andere Linien zeigen im Magnetfeld andere, meist verwickeltere Aufspaltungen, sie haben *anomalen* ZEEMAN-*Effekt*. Die Linien der Alkalispektren zeigen im schwachen Magnetfeld solche anomalen ZEEMAN-Effekte. In starken Feldern, d. h. solchen, bei denen die durch das Feld hervorgerufene Aufspaltung groß ist gegen die Dublettaufspaltung, zeigt das Dublett als ganzes normalen ZEEMAN-Effekt. Beim Lithium, wo die Dublettaufspaltung des tiefsten *P*-Terms nur 0,34 cm^{-1} beträgt, gehört dazu ein relativ schwaches Magnetfeld; bei den höheren Alkalien muß es zunehmend größer sein. Bei allmählicher Zunahme des Magnetfeldes findet eine Umwandlung des anomalen Effekts in den normalen statt (PASCHEN-BACK-Effekt).

Für die normalen ZEEMAN-Effekte gab H. A. LORENTZ eine Erklärung auf Grund der klassischen Theorie. Auf ein bewegtes

---

[1]) Für diesen und den folgenden Paragraphen vgl. E. BACK u. A. LANDÉ: ZEEMAN-Effekt und Multiplettstruktur der Spektrallinien (*10*).

Elektron von der Ladung $-e$ und der Geschwindigkeit $\mathfrak{v}$ wirkt im Magnetfeld $\mathfrak{H}$ die Kraft

$$\mathfrak{K} = -\frac{e}{c}[\mathfrak{v}\mathfrak{H}]. \tag{1}$$

Die Bewegung, die ein System, in dem alle bewegten Teilchen gleiche Ladung $(-e)$ und gleiche Masse (μ) haben, unter dem Einfluß dieser Kraft ausführt, unterscheidet sich in erster Näherung von der Bewegung ohne Magnetfeld nur durch eine darübergelagerte Präzession um die Feldrichtung mit der Frequenz

$$o = \frac{1}{2\pi}\frac{e|\mathfrak{H}|}{2\mu c} \tag{2}$$

(LARMOR-Präzession). Die Energie der Bewegung ist

$$W = W_0 + \frac{e|\mathfrak{H}|}{2\mu c} p_{\mathfrak{H}},$$

wo W_0 die Energie der Bewegung ohne Feld und $p_{\mathfrak{H}}$ die Komponente des Gesamtdrehimpulses der bewegten Ladungen in der Feldrichtung bedeutet. Wir können die Energie auch in der Form schreiben

$$W = W_0 - \mathfrak{H}\cdot\mathfrak{M},$$

wo

$$\mathfrak{M} = -\frac{ep}{2\mu c}$$

das durch den Umlauf des Elektrons mit dem Bahndrehimpuls p erzeugte magnetische Moment ist.

Übersetzen wir dieses Modell in die Quantentheorie, so erhalten wir, da $2\pi p_{\mathfrak{H}}$ Wirkungsvariable ist, einzelne stationäre Zustände mit den Energien[1])

$$W = W_0 + \frac{e|\mathfrak{H}|h}{2\mu c 2\pi}\cdot m,$$

wo $2\pi p_{\mathfrak{H}} = \frac{h}{2\pi} m$ gesetzt ist. Lassen wir o als Abkürzung im Sinne von (2) bestehen, so ist

$$W = W_0 + hom. \tag{3}$$

Der Betrag des magnetischen Moments des umlaufenden Elektrons ist $\frac{e}{2\mu c}\cdot\frac{h}{2\pi}\cdot l$, wenn $\frac{h}{2\pi} l$ der Bahndrehimpuls ist. Das

[1]) Die Formel ist zunachst nur asymptotisch für große m gültig. Im Falle linearer Abhängigkeit der Energie von der Quantenzahl gibt aber die strenge Quantenmechanik dasselbe wie unsere Betrachtung.

in Einheiten $\frac{e}{2\mu c}\frac{h}{2\pi}$ gemessene magnetische Moment einer Elektronenbahn ist gleich dem in Einheiten $\frac{h}{2\pi}$ gemessenen mechanischen Drehimpuls dieser Bahn. Man nennt die Größe $\frac{e}{2\mu c}\frac{h}{2\pi}$ auch ein BOHRsches Magneton.

Schreiben wir nun den Elektronen eines Atoms keine anderen Eigenschaften als Ladung und Masse zu, deuten wir also den Zusatzdrehimpuls s als Gesamtdrehimpuls der Rumpfelektronen, so können wir das eben behandelte Modell auf das Verhalten des Atoms im Magnetfeld anwenden. Jeder Term spaltet in äquidistante Terme mit $m = j, j - 1 \ldots - j$ auf. In der klassischen Bewegung tritt in der Komponente parallel zum Feld nicht die Frequenz o auf, in den Komponenten senkrecht zum Feld die Frequenz o ohne Oberfrequenzen. Dies bedeutet nach dem Korrespondenzprinzip, daß nur die Übergänge $\Delta m = 0$ und ± 1 auftreten und daß $\Delta m = 0$ einer Strahlung entspricht, die parallel zum Feld schwingt, daß $\Delta m = +1$ (-1) einer Strahlung entspricht, die positiv (negativ) zirkular schwingt. Jede Linie spaltet dann in drei Linien auf, die genau die Eigenschaften des normalen ZEEMAN-Effektes haben, auch die Größe o der Aufspaltung ist genau die beobachtete.

Wir werden später sehen, daß ZEEMAN-Effekte, auf die diese Theorie völlig zutrifft, vorkommen. Für die normalen ZEEMAN-Effekte, die die Alkalidubletts als ganze in starken Feldern zeigen, gilt sie nur mit einer (im § 15 zu betrachtenden) Ergänzung.

Wir betrachten jetzt die *empirischen Aufspaltungen der* bei schwächeren Magnetfeldern auftretenden *anomalen* ZEEMAN-Effekte. Solange die durch das Magnetfeld bedingte Aufspaltung klein ist gegen die ohne Feld vorhandene Dublettaufspaltung, gelten folgende Regeln:

1. Entsprechende Linien von Elementen mit gleichgebautem Spektrum haben gleiche Aufspaltung.

2. Die Linien einer Spektralserie zeigen die gleiche Aufspaltung (PRESTONsche Regel).

3. Eine Linie, die einem Übergang von einem Term der Serie A zu einem Term der Serie B entspricht, hat die gleiche Aufspaltung wie eine Linie, die einem Übergang von einem Term aus B zu einem Term aus A entspricht. (Die Linien der Hauptserie der

Alkalien zeigen die gleiche Aufspaltung wie die der scharfen Nebenserie.)

Auf Grund dieser drei Regeln erhalten wir zu jeder der Kombinationen $P_{\frac{1}{2}}S_{\frac{1}{2}}$, $P_{\frac{3}{2}}S_{\frac{1}{2}}$, $D_{\frac{3}{2}}P_{\frac{1}{2}}$, $D_{\frac{3}{2}}P_{\frac{3}{2}}$, $D_{\frac{5}{2}}P_{\frac{3}{2}}$ ... je ein Aufspaltungsbild. Abb. 9 gibt sie einschließlich des normalen Tripletts wieder[1]). In den über den wagerechten Strichen gezeichneten ZEEMAN-Komponenten schwingt bei transversaler Beobachtung das Licht parallel zum Feld (π-Komponenten), in den unter den Strichen gezeichneten schwingt es senkrecht zum Feld (σ-Komponenten). Aus der Abbildung entnehmen wir weiter die Regeln:

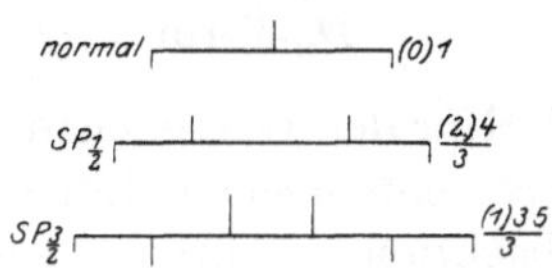

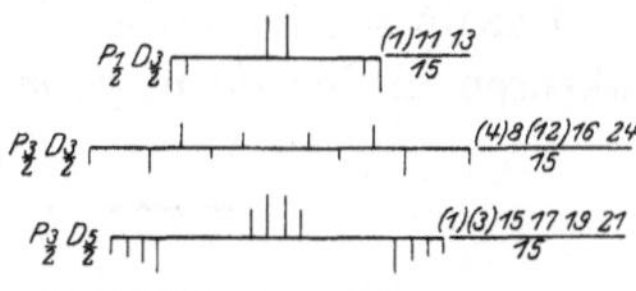

Abb. 9. ZEEMAN-Typen.

4. Die Linien liegen (auch bei Beachtung der Polarisation) symmetrisch zu einer Mitte.

5. Die Aufspaltungen sind rationale Vielfache der normalen Aufspaltung (RUNGEsche Regel).

Die Regeln gelten auch für andere Elemente als Alkalien, doch nicht ausnahmslos für alle Spektren.

Auf Grund der Regel 4 und 5 ist es möglich, das Aufspaltungsbild in so einfacher Weise aufzuschreiben, wie es neben den Bildern der Abb. 9 geschehen ist. Die Abstände von der Mitte sind in Einheiten der normalen Aufspaltung $o = \frac{1}{2\pi}\frac{e\mathfrak{H}}{2\mu c}$ als Brüche angegeben, der Nenner ist für alle Abstände eines Aufspaltungsbildes nur einmal hingeschrieben. Die Zähler der π-Komponenten sind in Klammern gesetzt, die der σ-Komponenten haben keine Klammern.

Nach Feststellung der Aufspaltung der Linien müssen wir sie auf eine *Aufspaltung der Terme* zurückführen: LANDÉ (*46*) hat gezeigt, daß dies auf folgende Weise möglich ist:

1. Jeder Term (nlj) spaltet im schwachen Magnetfeld in $2j + 1$ Terme mit den „magnetischen" Quantenzahlen $m = j, j - 1 \ldots - j$ auf.

---

[1]) Sie entspricht dem oberen Teil der Abb. 3 in BACK u. LANDÉ: ZEEMAN-Effekte. S. 19.

2. Die Abweichungen vom feldfreien Term sind in Einheiten der normalen Aufspaltung beim

S-Term: $-1 \quad +1,$

$P_{\frac{1}{2}}$-Term: $-\frac{1}{3} \quad +\frac{1}{3},$

$P_{\frac{3}{2}}$-Term: $-\frac{6}{3} \quad -\frac{2}{3} \quad +\frac{2}{3} \quad +\frac{6}{3},$

$D_{\frac{3}{2}}$-Term: $-\frac{6}{5} \quad -\frac{2}{5} \quad +\frac{2}{5} \quad +\frac{6}{5},$

$D_{\frac{5}{2}}$-Term: $-\frac{15}{5} \quad -\frac{9}{5} \quad -\frac{3}{5} \quad +\frac{3}{5} \quad +\frac{9}{5} \quad +\frac{15}{5}.$

3. Nur den Übergängen, bei denen sich m um 0, 1 oder -1 ändert, entsprechen Linien. $\Delta m = \pm 1$ gibt bei transversaler Beobachtung senkrecht schwingendes Licht, $\Delta m = 0$ parallel schwingendes Licht.

Landé schrieb ferner die unter 2. angegebenen Aufspaltungsfaktoren in der Form $g \cdot m$. Die *g-Werte* gibt Tabelle 9.

Tabelle 9.

	l	$j = \frac{1}{2}$	$\frac{3}{2}$	$\frac{5}{2}$	$\frac{7}{2}$
^2S	0	2			
^2P	1	$\frac{2}{3}$	$\frac{4}{3}$		
^2D	2		$\frac{4}{5}$	$\frac{6}{5}$	
^2F	3			$\frac{6}{7}$	$\frac{8}{7}$

Es ist

$$g = \frac{j + \frac{1}{2}}{l + \frac{1}{2}}.$$

Die Energie eines Alkaliatoms im Magnetfeld ist also

$$W = W_0(nlj) + h \cdot o \cdot m \cdot g, \qquad g = \frac{j + \frac{1}{2}}{l + \frac{1}{2}}.$$

Wir haben jetzt zu untersuchen, ob wir unser Modell des Alkaliatoms so abändern können, daß es (bei klassischer Rechnung wenigstens asymptotisch) die richtigen g-Werte liefert[1]). m muß der Komponente des Gesamtdrehimpulses j (in Einheiten $\frac{h}{2\pi}$) in der Feldrichtung entsprechen, dies gibt die Möglichkeiten $m = j,\ j-1 \ldots -j$ und damit die richtige Zahl der Terme. Beim ^2S-Term ist $j = s$; die magnetische Energie ist nach Tabelle 9

$$\Delta W = h \cdot o \cdot 1,$$

[1]) Die folgende modellmäßige Ableitung des anomalen Zeeman-Effektes findet sich zuerst bei W. Pauli (*52*).

nicht $h o \cdot \frac{1}{2}$, was wir theoretisch erhalten, wenn wir s wie den Drehimpuls von Elektronenbahnen (etwa des Rumpfes) behandeln. Wir können diesen Sachverhalt so aussprechen: Der Vektor s liefert eine magnetische Energie $h o \cdot 2 s$. Er verhält sich so, als sei das ihm entsprechende *magnetische Moment* in Einheiten $\frac{e}{2\mu c} \frac{h}{2\pi}$ *doppelt so groß als der mechanische Drehimpuls* in Einheiten $\frac{h}{2\pi}$. Dieser „*doppelte Magnetismus*" *des Vektors* s wird sich als der wesentliche Grund für das Auftreten anomaler ZEEMAN-Effekte erweisen.

Die nächstliegende weitere Annahme ist nun die, daß sich der Drehimpuls l magnetisch normal verhält. Führen wir einen Vektor $\mathfrak{o}$ vom Betrag o und der Richtung $\mathfrak{H}$ ein, so wird die magnetische Energie des Modells

$$h \cdot \mathfrak{o}\,(\mathfrak{l} + 2\,\mathfrak{s}).$$

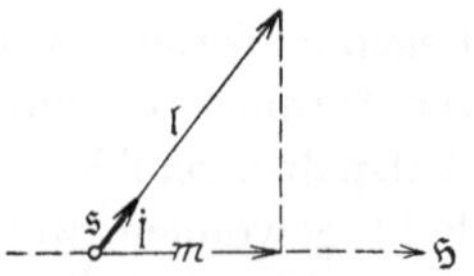

Man erhält sie, indem man zu der „normalen" Energie von l und s

$$h \cdot o \cdot j \cos(j, m) = h \cdot o \cdot m$$

noch einmal die „normale" Energie von s

$$h \cdot o \cdot s \cos(j, m) = \pm h o \cdot \frac{s m}{j}$$

hinzufügt. Man erhält für die beiden Komponenten eines Dubletts

$$\Delta W = h o m \frac{j \pm s}{j} = h o m \frac{l \pm 1}{l \pm \frac{1}{2}},$$

also einen Ausdruck, der für große l asymptotisch in den empirischen Ausdruck

$$\Delta W = h o m \frac{j + \frac{1}{2}}{l + \frac{1}{2}}$$

übergeht. Die strenge Quantenmechanik liefert genau diesen Ausdruck (*83*).

Abb. 10. Vektorgerüst eines Alkaliatoms im Magnetfeld.

Solange man den Drehimpuls s dem Atomrumpf zuschrieb, erschien der doppelte Magnetismus dieses doch aus den Drehimpulsen von Elektronenbahnen zusammengesetzten Vektors als tiefgehender Widerspruch gegen die bisherige Auffassung von der magnetischen Wirkung bewegter Ladungen. Schreibt man jedoch mit UHLENBECK und GOUDSMIT den Drehimpuls s dem

Leuchtelektron selbst zu, so wird zwar der doppelte Magnetismus nicht erklärt, aber jener Widerspruch verschwindet. Das Elektron erhält dann folgende Elementareigenschaften: eine Masse μ, eine Ladung $-e$, einen mechanischen Drehimpuls $\frac{1}{2}\cdot\frac{h}{2\pi}$ und ein magnetisches Moment $\frac{e}{2\mu c}\frac{h}{2\pi}$.

§ 15. Einfluß starker Magnetfelder auf die Alkaliterme.

Die Bemerkung, daß eine Liniengruppe, deren Komponenten sich nur durch die Werte von j unterscheiden, im starken Magnetfeld ein Triplett bildet, reicht zu einer Feststellung der *Aufspaltungen der Terme* nicht vollständig aus. Aus ihr folgt nur, daß ein Dubletterm in äquidistante, um $o = \frac{1}{2\pi}\frac{e\mathfrak{H}}{2\mu c}$ auseinanderliegende Terme zerfällt. Die genaue Festlegung der Zählung dieser Terme kann nur durch eine Beobachtung der Änderung des Aufspaltungsbildes beim Übergang vom schwachen zum starken Feld gewonnen werden oder durch theoretische Überlegungen nahegelegt und durch Beobachtung geprüft werden.

Wir wählen den zweiten Weg. Die Zahl der Terme im schwachen Magnetfeld erhielten wir, indem wir die Vektoren $\mathfrak{l}$ und $\mathfrak{s}$ zu $\mathfrak{j}$ (Betrag $l \pm s$) zusammenfügten und dem Vektor $\mathfrak{j}$ solche Stellungen im Feld gaben, daß die Komponenten m in der Feldrichtung die Werte j und $-j$ sowie alle davon um ganze Zahlen verschiedenen Zwischenwerte annahmen. Dies ist natürlich nur dann sinnvoll, wenn das Magnetfeld so schwach ist, daß sein Einfluß auf das Modell als kleine Störung der durch n, l, s allein bedingten Bewegung aufgefaßt werden kann. Bei stärker werdendem Magnetfeld wird die Wechselwirkung von $\mathfrak{l}$ und $\mathfrak{s}$ durch das Magnetfeld gestört. Wir erhalten erst dann wieder ein einfaches Ergebnis, wenn das Magnetfeld so stark geworden ist, daß die Wechselwirkung von $\mathfrak{s}$ und $\mathfrak{l}$ als kleine Störung angesehen werden kann gegen die Wirkung des Magnetfeldes auf $\mathfrak{s}$ und $\mathfrak{l}$. Die stationären Zustände des Atoms im Magnetfeld entsprechen dann den Zuständen des Modells, in denen $\mathfrak{s}$ und $\mathfrak{l}$ so gerichtet sind, daß die Komponente m_s von $\mathfrak{s}$ parallel zum Feld gleich s oder $-s$ ist und die Komponente m_l von $\mathfrak{l}$ gleich $l, l-1 \ldots -l$ ist. Der Drehimpuls um die Feldrichtung ist für jede Stärke des Feldes Wirkungsvariable; nach dem Satz von der adiabatischen Invarianz

(§ 3) bleibt er konstant, wenn man das Feld langsam verstärkt. Die das Verhalten im schwachen Feld bestimmende Zahl m wird zur Zahl $m_l + m_s$ im starken Feld. Der Zustand $m = j = l + s$ im schwachen Feld geht z. B. in den Zustand $m_l = l$, $m_s = s$ im starken Feld über. Abb. 11 gibt die Lage der Vektoren $\mathfrak{l}$ und $\mathfrak{s}$ in den Grenzfällen des schwachen und des starken Feldes für den Fall $l = 1$ (^2P-Term).

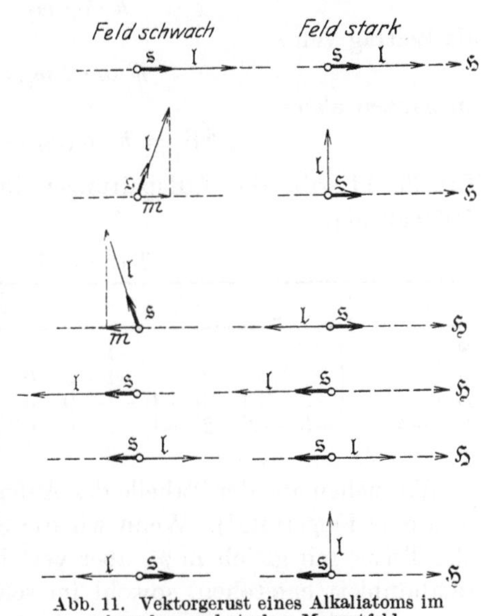

Abb. 11. Vektorgerust eines Alkaliatoms im schwachen und starken Magnetfeld.

Die Tabelle 10 gibt die Werte von $m_l + m_s$ für alle Alkaliterme. Im Tabellenkopf stehen die Werte von $m = m_l + m_s$, darunter die einzelnen Summanden m_l und m_s; jeder Wert von m läßt dabei im allgemeinen zwei Zerlegungen zu.

Tabelle 10.

	$m = -\frac{7}{2}$	$-\frac{5}{2}$	$-\frac{3}{2}$	$-\frac{1}{2}$	$\frac{1}{2}$	$\frac{3}{2}$	$\frac{5}{2}$	$\frac{7}{2}$
S				$0\ -\frac{1}{2}$	$0\ +\frac{1}{2}$			
P			$-1\ -\frac{1}{2}$	$0\ -\frac{1}{2}$ $-1\ +\frac{1}{2}$	$1\ -\frac{1}{2}$ $0\ +\frac{1}{2}$	$1\ +\frac{1}{2}$		
D		$-2\ -\frac{1}{2}$	$-1\ -\frac{1}{2}$ $-2\ +\frac{1}{2}$	$0\ -\frac{1}{2}$ $-1\ +\frac{1}{2}$	$1\ -\frac{1}{2}$ $0\ +\frac{1}{2}$	$2\ -\frac{1}{2}$ $1\ +\frac{1}{2}$	$2\ +\frac{1}{2}$	
F	$-3\ -\frac{1}{2}$	$-2\ -\frac{1}{2}$ $-3\ +\frac{1}{2}$	$-1\ -\frac{1}{2}$ $-2\ +\frac{1}{2}$	$0\ -\frac{1}{2}$ $-1\ +\frac{1}{2}$	$1\ -\frac{1}{2}$ $0\ +\frac{1}{2}$	$2\ -\frac{1}{2}$ $1\ +\frac{1}{2}$	$3\ -\frac{1}{2}$ $2\ +\frac{1}{2}$	$3\ +\frac{1}{2}$

Die oben gemachte Annahme, daß der Vektor $\mathfrak{l}$ magnetisch normal wirkt, der Vektor $\mathfrak{s}$ dagegen so, als ob sein magnetisches Moment doppelt so groß als das normale sei, führt zu Termwerten, die mit der Erfahrung im Einklang sind (*52*). Wir erhalten als Beitrag von $\mathfrak{l}$ den Betrag

$$h \cdot o \cdot m_l$$

als Beitrag von s

$$h \cdot o \cdot 2\, m_s,$$

im ganzen also

$$\Delta W = h \cdot o\,(m_l + 2\, m_s).$$

Tabelle 11 gibt die Aufspaltungen in Einheiten der normalen Aufspaltung.

Tabelle 11.

	$m = -\frac{7}{2}$		$-\frac{5}{2}$		$-\frac{3}{2}$		$-\frac{1}{2}$		$\frac{1}{2}$		$\frac{3}{2}$		$\frac{5}{2}$		$\frac{7}{2}$	
S							−1			1						
P					−2		−1	0	0	1		2				
D			−3		−2	−1	−1	0	0	1	1	2		3		
F	−4		−3	−2	−2	−1	−1	0	0	1	1	2	2	3		4

Wir ziehen aus der Tabelle der Aufspaltung in starken Feldern noch eine Folgerung[1]). Wenn wir die Summe der Aufspaltungen aller Terme mit gleichem m, aber verschiedenem j, die aus einem Alkalidublett entstehen, sowohl im schwachen Feld ($\sum\limits_j mg$) wie im starken Feld ($\sum\limits_j m_l + 2\, m_s$) bilden, so erhalten wir beidemal dasselbe. Für $|m| < l + \frac{1}{2}$ erhalten wir

$$m\,\frac{(l+1)+l}{l+\frac{1}{2}} = 2\, m\,,$$

und für $|m| = l + \frac{1}{2}$ erhalten wir $l + 1$.

Umgekehrt kann man mit Hilfe dieser Summenregel und der Forderung, daß die Aufspaltung in schwachen Feldern die Form $o \cdot m \cdot g$ hat, aus den Aufspaltungswerten in starken Feldern (Tabelle 11) die Faktoren g eindeutig ableiten. Aus dem Aufspaltungswert für $|m| = l + \frac{1}{2}$ folgt nämlich g für $j = l + \frac{1}{2}$; durch Subtraktion von mg für $j = l + \frac{1}{2}$ von der Summe für irgendein $|m| < l + \frac{1}{2}$ folgen dann mg und g für $j = l - \frac{1}{2}$.

Es liegt nahe, anzunehmen, daß auch für mittelstarke Felder die genannte Summe der magnetischen Energien (gemessen an ho) konstant bleibt.

---

[1]) W. Pauli (*50*).

Ein Dublett spaltet im schwachen und im starken Magnetfeld in dieselbe Zahl Terme auf, nämlich in $4l + 2$. Dabei hat man zwei Terme, die in Tabelle 11 den gleichen Aufspaltungsfaktor haben, die aber zu verschiedenem m gehören, auch als zwei zu zählen. Sie sind auch nur gleich bei Vernachlässigung von Frequenzen von der Größenordnung der Dublettaufspaltung ohne Feld. Auch zu jedem m gehören im schwachen und im starken Feld gleichviel Terme, zu $m = \pm (l + \frac{1}{2})$ gehört ein Term, zu den anderen m je zwei Terme. Dies muß so sein, weil ja der Drehimpuls um die Feldachse stets Wirkungsvariable bleibt.

Wir fragen jetzt nach der *Zuordnung der Terme in schwachen Feldern zu denen in starken Feldern*, d. h. wir fragen: In welche Terme des starken Feldes gehen bei allmählich wachsender Feldstärke bestimmte Terme des schwachen Feldes über?

Für $|m| = l + \frac{1}{2}$ können wir sie sofort beantworten. $m = l + \frac{1}{2}$ geht in $m_l = l$, $m_s = \frac{1}{2}$ und $m = -(l + \frac{1}{2})$ in $m_l = -l$, $m_s = -\frac{1}{2}$ über. Die Zuordnung der übrigen Terme jedoch ist auf verschiedene Weise möglich. Die nächstliegende Zuordnung ist die, den im schwachen Feld tieferliegenden ($j = l - \frac{1}{2}$) der beiden zu einem m gehörenden Terme dem im starken Feld tieferliegenden ($m_s = -\frac{1}{2}$) der beiden zum gleichen m gehörenden Terme zuzuordnen und ebenso den Term $j = l + \frac{1}{2}$ dem Term $m_s = +\frac{1}{2}$ zuzuordnen. Bei dieser Zuordnung *schneiden sich Terme mit gleichem m nicht*. Sie ist in Tabelle 12 dargestellt[1]).

Tabelle 12.

m	$-\frac{7}{2}$		$-\frac{5}{2}$		$-\frac{3}{2}$		$-\frac{1}{2}$		$\frac{1}{2}$		$\frac{3}{2}$		$\frac{5}{2}$		$\frac{7}{2}$	
$m_l + 2m_s$	-4	-3	-3	-2	-2	-1	-1	0	0	1	1	2	2	3	3	4
^2S							$\frac{1}{2}$			$\frac{1}{2}$						
^2P					$\frac{3}{2}$		$\frac{1}{2}$	$\frac{3}{2}$	$\frac{1}{2}$	$\frac{3}{2}$		$\frac{3}{2}$				
^2D			$\frac{5}{2}$		$\frac{3}{2}$	$\frac{5}{2}$	$\frac{3}{2}$	$\frac{5}{2}$	$\frac{3}{2}$	$\frac{5}{2}$	$\frac{3}{2}$	$\frac{5}{2}$		$\frac{5}{2}$		
^2F	$\frac{7}{2}$		$\frac{5}{2}$	$\frac{7}{2}$	$\frac{5}{2}$	$\frac{7}{2}$	$\frac{5}{2}$	$\frac{7}{2}$	$\frac{5}{2}$	$\frac{7}{2}$	$\frac{5}{2}$	$\frac{7}{2}$	$\frac{5}{2}$	$\frac{7}{2}$		$\frac{7}{2}$

[1]) Für Dubletterme von A. SOMMERFELD (*47*) in Analogie zur VOIGTschen Theorie angegeben. Allgemein als wahrscheinlich erkannt von W. PAULI; vgl. A. LANDÉ (*51*). Aus der neuen Quantenmechanik folgt die Regel: Terme mit gleichem m schneiden sich nicht, allgemein, solange die n-Ordnung nicht gestört ist. Die verschiedenen zu einem n und m gehörigen Termwerte W treten nämlich als Wurzeln einer algebraischen Gleichung $F_m(W, \alpha) = 0$ auf, wo α ein Parameter (etwa elektrische oder

Im Kopf der Tabelle stehen die Werte von m (im starken Feld $m = m_l + m_s$) und die Aufspaltung im starken Feld $m_l + 2\, m_s$. In der Tabelle selbst stehen die j-Werte. Durch j und m ist die Lage des Terms im schwachen Feld bestimmt, durch $m_l + 2 m_s$ die Lage im starken Feld. Abb. 12 gibt für das ${}^2P$-Dublett die Zuordnung schematisch an (für die beiden Fälle ist natürlich der Maßstab verschieden).

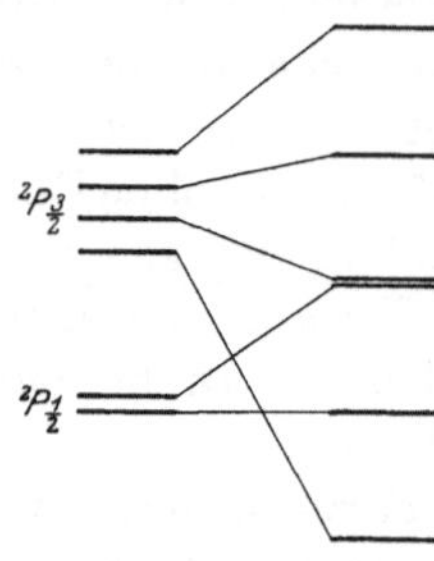

Abb 12 Zuordnung von ZEEMAN-Termen in schwachen und starken Feldern.

In Abb. 11 S. 69 sind einander zugeordnete Vektorstellungen in die gleiche Zeile gezeichnet.

Eine andere Art der Darstellung derselben Zuordnung gibt Tabelle 13, die im Kopf m_l und m_s, darunter die zugehörigen Werte von j angibt. Wir werden später von dieser Tabelle ausgiebigen Gebrauch machen.

Tabelle 13.

m_l	-3		-2		-1		0		1		2		3	
m_s	$-\frac{1}{2}$	$\frac{1}{2}$	$-\frac{1}{2}$	$\frac{1}{2}$	$-\frac{1}{2}$	$\frac{1}{2}$	$-\frac{1}{2}$	$\frac{1}{2}$	$-\frac{1}{2}$	$\frac{1}{2}$	$-\frac{1}{2}$	$\frac{1}{2}$	$-\frac{1}{2}$	$\frac{1}{2}$
S							$\frac{1}{2}$	$\frac{1}{2}$						
P					$\frac{3}{2}$	$\frac{3}{2}$	$\frac{1}{2}$	$\frac{3}{2}$	$\frac{1}{2}$	$\frac{3}{2}$				
D			$\frac{5}{2}$	$\frac{5}{2}$	$\frac{3}{2}$	$\frac{5}{2}$	$\frac{3}{2}$	$\frac{5}{2}$	$\frac{3}{2}$	$\frac{5}{2}$	$\frac{3}{2}$	$\frac{5}{2}$		
F	$\frac{7}{2}$	$\frac{7}{2}$	$\frac{5}{2}$	$\frac{7}{2}$	$\frac{5}{2}$	$\frac{7}{2}$	$\frac{5}{2}$	$\frac{7}{2}$	$\frac{5}{2}$	$\frac{7}{2}$	$\frac{5}{2}$	$\frac{7}{2}$	$\frac{5}{2}$	$\frac{7}{2}$

Die Zuordnung der Tabelle 12 und 13 ist durch Untersuchungen über das Verhalten der Alkalilinien in mittelstarken Feldern bestätigt worden[1]).

§ 16. Die absolute Größe der Alkalidubletts.

Das Modell des Leuchtelektrons, das außer dem Bahndrehimpuls l noch den Drehimpuls s hatte, konnte die Vielfachheit

magnetische Feldstarke) ist. Durch anschauliche Vorstellung der Flache $F = F_m(W, \alpha)$ sieht man leicht, daß Überschneidungen der Kurven $F = 0$ nicht vorkommen.

[1]) Die durch eine Theorie von VOIGT gegebenen Formeln fur mittlere Felder führen auf die hier gegebenen Zuordnungen. Sie scheinen den Umwandlungsprozeß von schwachen zu starken Feldern richtig wiederzugeben, vgl. A. SOMMERFELD: l. c. (47).

der Alkaliterme sowie ihr Verhalten im Magnetfeld (letzteres mit der Zusatzannahme des doppelten Magnetismus von s) befriedigend erklären. Uns bleibt noch die Aufgabe, die absolute Größe der Dublettaufspaltung aus dem Modell herzuleiten. Die Herleitung läßt sich mit einfachen Mitteln nicht vollständig geben, wir können nur die Größenordnung angeben. Sie wird genügen, um endgültig für die Vorstellung zu entscheiden, die den Vektor s dem Elektron selbst zuschreibt, also für die Vorstellung des *Kreiselelektrons*.

Mit Hilfe der Vorstellung, daß s dem Atomrumpf zukommt, versuchte HEISENBERG (*48*), den Abstand der Komponenten eines Dubletts abzuleiten, indem er eine rein magnetische Wechselwirkung zwischen der Elektronenbahn mit dem Drehimpuls l und der Bewegung der Rumpfelektronen mit dem Drehimpuls s annahm. Dies ist eine quantitative Fassung des oben angegebenen LANDÉschen Modells. HEISENBERG erhielt das Li-Dublett von richtiger Größenordnung. Für die Abhängigkeit der Aufspaltung von der Atomnummer würde seine Vorstellung jedoch Proportionalität mit $Z_i Z_a^2$ ergeben.

Dagegen liefert nun das Modell des Kreiselelektrons die empirisch geforderte Proportionalität mit $Z_i^2 Z_a^2$ (vgl. die LANDÉsche Formel (1) § 13). Unter Zugrundelegung dieses Modells kommt die Dublettaufspaltung der Alkalien zustande durch die Wechselwirkung des magnetischen Momentes des Elektrons mit dem durch seinen Umlauf um den Rumpf erzeugten Magnetfeld. Nehmen wir Fehler von der Größenordnung der Relativitätskorrektion in Kauf, so können wir das Elektron als ruhend ansehen und den Kern um das Elektron laufend denken, er läuft dann auf der gleichen Bahn und im gleichen Sinne um, in dem eigentlich das Elektron um den Kern läuft. Die Überlegung ist dann die gleiche wie bei der früheren HEISENBERGschen, nur ist die umlaufende Ladung jetzt $+ Ze$ statt $- e$, und das gibt gerade den richtigen Faktor in der Aufspaltungsformel.

Die Berechnung der Aufspaltung ist von HEISENBERG und JORDAN (*83*) durchgeführt. Ehe wir (ohne Benutzung der neuen Quantenmechanik) ihren Gang andeuten, wollen wir uns noch überzeugen, daß die Überlegung die richtige energetische Reihenfolge der Dublettkomponenten gibt. Wir erwarten den tiefsten Energiewert, wenn das magnetische Moment des Elektrons dieselbe Richtung hat wie die Kraftlinien, die durch den (gedachten) Umlauf des Kernes erzeugt werden. Rührt das Moment des Elektrons von einer Rotation seiner negativen Ladung her, so hat es entgegengesetzte Richtung wie sein mechanischer Drehimpuls, während die Kraftlinien die Richtung des Drehimpulses der Bahn des Kernes haben. Beim tieferen Term wäre also $j = l - \frac{1}{2}$, beim höheren Term eines Dubletts $j = l + \frac{1}{2}$. Dies ist auch die empirisch beobachtete Anordnung.

Wir werden später Dubletts kennenlernen, bei denen der tiefere Term das größere j hat. Sie kommen modellmäßig auf andere Weise zustande. Dubletts, bei denen der Term mit kleinerem j tiefer liegt, nennen wir regelrechte, die anderen verkehrte; die Alkalidubletts sind also regelrecht.

Wir gehen nun an die Herleitung der Aufspaltungsformel. Der um das Elektron mit ruhend gedachtem Schwerpunkt umlaufende Kern mit der Ladung Ze erzeugt am Ort des Elektrons nach dem Biot-Savartschen Gesetz das Magnetfeld

$$\mathfrak{H} = \frac{Ze}{c}\frac{[\mathfrak{r}\mathfrak{v}]}{r^3} = \frac{e}{\mu c}\frac{h}{2\pi}\cdot\frac{Z}{r^3}\cdot\mathfrak{l}\,.$$

Für ein magnetisches Moment $\mathfrak{m}$ in diesem Magnetfeld ergibt sich die Energie (das Überstreichen deutet den zeitlichen Mittelwert an)

$$W = -\,\mathfrak{m}\,\overline{\mathfrak{H}},$$

für das magnetische Moment

$$\mathfrak{m} = -\frac{e}{\mu c}\frac{h}{2\pi}\cdot\mathfrak{s}$$

des Elektrons also $$W = \left(\frac{e}{\mu c}\frac{h}{2\pi}\right)^2 \overline{\frac{Z}{r^3}}\,\mathfrak{l}\mathfrak{s}\,.$$

Bei der Transformation vom Bezugssystem, in dem der Kern ruht, zu dem, in dem das Elektron ruht, treten noch Glieder auf von der Größenordnung des relativistischen Einflusses auf die Bewegung. Da die zu berechnende Aufspaltung nur von dieser Größenordnung ist, sind diese Glieder wesentlich. Ihre Berücksichtigung liefert nach L. H. Thomas (*84*) eine um den Faktor 2 verschiedene Larmor-Drehung von m und eine um den gleichen Faktor verschiedene Energie

$$W = \frac{1}{2}\left(\frac{e}{\mu c}\frac{h}{2\pi}\right)^2 \overline{\frac{Z}{r^3}}\,\mathfrak{l}\mathfrak{s}\,. \qquad (1)$$

Führen wir die Abkürzungen

$$R = \frac{e^2}{2ha}, \qquad a = \frac{h^2}{4\pi^2 \mu e^2}$$

$$\alpha = \frac{2\pi e^2}{hc} = 7{,}29 \cdot 10^{-3}$$

ein, so ist a der Wasserstoffradius und

$$2\alpha^2 R = \left(\frac{e}{\mu c}\,\frac{h}{2\pi}\right)^2 \frac{1}{a^3},$$

also

$$W = \alpha^2 R h \,\overline{\frac{Z a^3}{r^3}}\, \mathfrak{l}\mathfrak{s}\,. \tag{2}$$

Hätten wir nur ein Elektron, wie bei H, He^+, Li^{++} usw., so wäre Z konstant,

$$\overline{\frac{a^3}{r^3}} = \frac{Z^3}{n^3 l^3}$$

also

$$W = \alpha^2 R h \frac{Z^4}{n^3 l^3} \mathfrak{l}\mathfrak{s}\,. \tag{3}$$

Aus der Anordnung der Vektoren $\mathfrak{l}$, $\mathfrak{s}$ und $\mathfrak{j}$ folgt für die beiden Komponenten eines Alkalidubletts,

$$\mathfrak{l}\mathfrak{s} = \pm \frac{1}{2} l\,.$$

also die Aufspaltung

$$\Delta \nu = \frac{\Delta W}{h} = \alpha^2 R\, \frac{Z^4}{n^3 l^2}, \tag{4}$$

und das ist asymptotisch für große l die LANDÉsche empirische Formel für $Z_i = Z_a = Z$.

Bei Tauchbahnen denken wir uns zur Vereinfachung den äußeren Teil der Bahn unter dem Einfluß der Ladung $Z_a e$, den inneren Teil unter dem Einfluß $Z_i e$. Ist τ die Umlaufszeit, τ_a der auf die äußere Bahnschleife entfallende Anteil, τ_i der auf die innere Bahnschleife entfallende Anteil, so können wir

$$\overline{\frac{Z a^3}{r^3}} = \frac{Z_i^4}{n_i^3 l^3}\,\frac{\tau_i}{\tau} + \frac{Z_a^4}{n_a^3 l^3}\,\frac{\tau_a}{\tau}$$

setzen. Setzen wir für τ_i die Umlaufszeit auf einer KEPLER-Ellipse im Kraftfeld mit der Kernladung $Z_i e$, so ist

$$\tau_i \sim \frac{n_i^3}{Z_i^2},$$

entsprechend setzen wir

$$\tau_a \sim \frac{n_a^3}{Z_a^2}.$$

Mit $\tau = \tau_i + \tau_a$ folgt dann

$$\frac{\overline{Z a^3}}{r^3} = \frac{Z_i^2 Z_a^2 (Z_i^2 + Z_a^2)}{l^3 (Z_i^2 n_a^3 + Z_a^2 n_i^3)}. \tag{5}$$

Die LANDÉsche empirische Formel erhält man daraus unter der Annahme, daß Z_i groß gegen Z_a ist. Es wird dann ($n_a = n^*$)

$$\frac{\overline{Z a^3}}{r^3} = \frac{Z_i^2 Z_a^2}{l^3 n^{*3}}$$

und

$$\Delta \nu = \alpha^2 R \frac{Z_i^2 Z_a^2}{l^2 n^{*3}}. \tag{6}$$

§ 17. Einiges über den STARK-Effekt der Alkalispektren.

Seit STARKS Entdeckung ist bekannt, daß die Linien des Wasserstoffspektrums im elektrischen Feld eine Aufspaltung erfahren. Für die theoretische Deutung des beobachteten Effektes hat es sich als wesentlich gezeigt, daß in dem Modell des Wasserstoffatoms das Elektron eine Ellipse ohne oder mit sehr geringer Periheldrehung beschreibt, so daß die mittlere Lage des Elektrons nicht mit dem Kern zusammenfällt.

Bei den Alkalien fand STARK einen viel geringeren Einfluß des elektrischen Feldes. Dies rührt daher, daß im Modell der Alkaliatome das Leuchtelektron eine Rosettenbahn beschreibt, deren elektrischer Schwerpunkt im Kern liegt. Ein solches Atom kann keinen in erster Näherung der Feldstärke proportionalen Effekt zeigen[1]). Genauere Angaben über den Effekt macht LADENBURG (*39*). Er konnte an den *D*-Linien des Natriums eine Verschiebung nachweisen.

Wir wollen hier keine Theorie der elektrischen Beeinflussung der Alkaliterme durch elektrische Felder geben[2]), sondern nur einige Überlegungen angeben, die ohne weiteres aus unseren Modellbetrachtungen folgen. Ein schwaches elektrisches Feld bewirkt eine kleine Störung der durch n, l, j bestimmten Bewegung des Leuchtelektrons. Die Drehimpulskomponente in der Feldrichtung ist (wie beim ZEEMAN-Effekt) Wirkungsvariable, wir erhalten also die stationären Zustände des Leuchtelektrons,

---

[1]) Abgesehen von Linien, zu denen sehr wasserstoffahnliche Terme beitragen.

[2]) Hierfür vgl. (*34*) und (*57*).

indem wir der Komponente von j in der Feldrichtung die Werte $m = j,\ j - 1 \ldots -j$ geben. Zustände, die sich nur durch das Vorzeichen von m unterscheiden, haben die gleiche Energie. Sie können nämlich durch Spiegelung an der durch den elektrischen Vektor $\mathfrak{E}$ und den Vektor j bestimmten Ebene ineinander übergeführt werden. Die der linken Seite von Abb. 13 entsprechende Bewegung geht durch Spiegelung an der Zeichenebene in die der rechten Seite entsprechende Bewegung über ($\mathfrak{j}$ ist ein Drehvektor, $\mathfrak{E}$ ein Schubvektor, im Gegensatz zu $\mathfrak{H}$). Wir erhalten also $j + \frac{1}{2}$ verschiedene Terme $|m| = \frac{1}{2}$, $\frac{3}{2} \ldots j$. Wir schreiben jedem das ,,Gewicht“ 2 zu, da er auf zwei Arten der Quantelung zustande kommen kann. Er spaltet auch in einem schwachen Magnetfeld parallel zu $\mathfrak{E}$ in zwei Terme mit positivem und negativem m auf ($\mathfrak{H}$ ist ein Drehvektor).

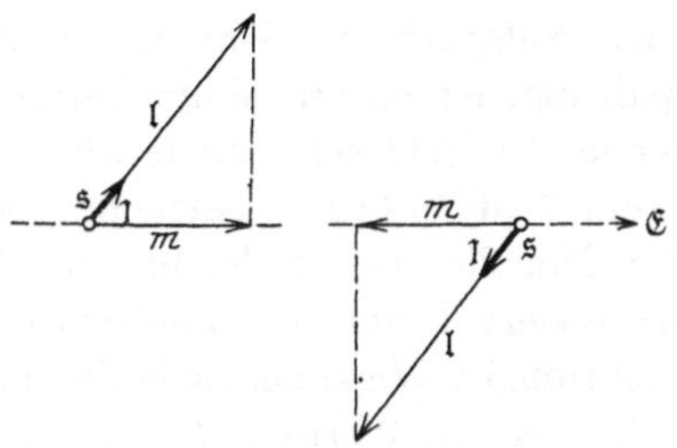

Abb. 13. Vektorgerust eines Alkaliatoms im elektrischen Feld.

Die Wechselwirkung der durch den Drehimpuls l gekennzeichneten Elektronenbahn mit dem elektrischen Feld ist den Symmetrieverhältnissen nach die Wechselwirkung eines Quadrupols mit dem Feld; im klassischen Modell gibt das eine Energie, die, von einem von der Richtung unabhängigen Glied abgesehen, proportional dem Quadrat des cos des Winkels zwischen $\mathfrak{l}$ und $\mathfrak{E}$ ist. Für die Wechselwirkung zwischen dem Vektor $\mathfrak{s}$ und $\mathfrak{E}$ müssen wir eine neue Hypothese machen. Da wir die Dublettaufspaltung der Alkalien verstehen konnten auf Grund einer bloß magnetischen Wirkung zwischen $\mathfrak{s}$ und $\mathfrak{l}$, ist es wahrscheinlich, daß die elektrische Einwirkung auf $\mathfrak{s}$ mindestens klein ist. Eigenschaften von Spektren, die wir später (§ 22) kennen lernen werden, zeigen, daß sie nicht merklich ist. Wir setzen sie also Null[1]). Dann hat die Energie des Leuchtelektrons im Modell die Form

$$W = W_1(nlj) + f_1(nlj) \cdot \frac{m^2}{j^2};$$

[1]) Damit bleiben auch die Rechnungen von W. THOMAS (57) gültig, der s dem Atomrumpf zuschrieb.

im wirklichen Atom stimmt sie asymptotisch damit überein, ferner muß W eine gerade Funktion von m bleiben.

Wenn die durch das elektrische Feld bewirkte Verschiebung oder Aufspaltung nicht mehr klein ist gegen die Dublettaufspaltung, ist unsere Modellbetrachtung nicht mehr ganz richtig. Wenn das Feld sehr stark wird, so daß die Wechselwirkung von $\mathfrak{l}$ und $\mathfrak{s}$ als Störung betrachtet werden kann, ist die Bewegung des Modells wieder leicht zu übersehen. In erster Näherung präzessiert $\mathfrak{l}$ um die Feldrichtung, die Komponente in dieser Richtung ist Wirkungsvariable; im Atom nimmt die entsprechende Größe m_l die Werte $l, l-1 \ldots -l$ an. In zweiter Näherung stellt sich $\mathfrak{s}$ mit der Komponente $m_s = \frac{1}{2}$ oder $m_s = -\frac{1}{2}$ ein. Die Energie hat die Form

$$W = W_2(nl) + f_2(nl)\, m_l^2;$$

dazu kommt noch die Wechselwirkungsenergie zwischen $\mathfrak{s}$ und $\mathfrak{l}$ von der Größenordnung der Dublettaufspaltung. Für $m_l = 0$ ist sie Null.

Auch während des Überganges von schwachen zu starken Feldern müssen die Energien von Termen, die sich nur durch das Vorzeichen von m unterscheiden, zusammenfallen. Es müssen also die $2l+1$ Terme im schwachen Feld in die $2l+1$ Terme im starken Feld übergehen. Für $m = m_l + m_s = l + \frac{1}{2}$ ist die Zuordnung eindeutig; für die übrigen m läßt sie sich mit Hilfe der Regel: *Terme mit gleichem m schneiden sich nicht*, angeben.

Viertes Kapitel.

Das Zusammenwirken der Elektronen eines Atoms bei normalen Koppelungsverhältnissen.

§ 18. Das Termschema der Erdalkalien.

Die früher (§ 7) beschriebenen Terme eines *Erdalkalispektrums* bilden zwei Systeme von $S, P, D \ldots$ -Termserien[1]). Wir haben eine Triplett-P-Serie und eine P-Serie von Einfachtermen, je eine Triplett-D-, -F- usw. Serie und je eine solche von Einfach-

[1]) Auch hier gebrauchen wir die Bezeichnungen $S, P, D \ldots$ im gleichen Sinne wie $s, p, d \ldots$

termen, außerdem zwei S-Serien mit einfachen Termen. Es liegt nahe, eine S-Serie zum Singulett-, die andere zum Triplettsystem zu zählen. Wir wollen das tun, aber über die Zuordnung erst nachher entscheiden.

Wir kennzeichnen wieder die einzelnen Komponenten eines Mehrfachterms durch innere Quantenzahlen j und ordnen dem Atom ein Modell zu, in dem der Vektor $\mathfrak{l}$ des Drehimpulses der Bahn des Leuchtelektrons und ein Vektor $\mathfrak{s}$ sich zum Vektor $\mathfrak{j}$ des Gesamtdrehimpulses zusammensetzen. Da im Singulettsystem zu jedem l nur ein Term gehört, haben wir $s = 0$ zu setzen. Wir erhalten $j = l$, also folgendes Schema der inneren Quantenzahlen:

Tabelle 14.

	l	j
^1S	0	0
^1P	1	1
^1D	2	2
^1F	3	3

Im Triplettsystem erhalten wir die richtige Zahl der Terme, wenn wir $s = 1$ setzen. Als Resultierende von $\mathfrak{l}$ und $\mathfrak{s}$ erhalten wir drei Möglichkeiten: $j = l - 1$, $j = l$, $j = l + 1$; beim S-Term gibt es nur eine Möglichkeit $j = 1$. Tabelle 15 gibt das Schema der inneren Quantenzahlen.

Tabelle 15.

	l	j
^3S	0	1
^3P	1	0 1 2
^3D	2	1 2 3
^3F	3	2 3 4

Wir wollen wieder die j-Werte als Indizes den Termsymbolen beifügen und schreiben $^3S_1$, $^3P_0$, $^3P_1$, $^3P_2$ usw. Wenn unsere modellmäßige Deutung des j richtig ist, muß wieder die Auswahlregel gelten, daß nur Übergänge mit $\Delta j = 0$ oder ± 1 vorkommen. Dies ist in der Tat der Fall, z. B. kommen in der Liniengruppe $^3D \rightarrow {}^3P$ nur die Linien $^3D_1 \rightarrow {}^3P_0$, $^3D_1 \rightarrow {}^3P_1$, $^3D_1 \rightarrow {}^3P_2$, $^3D_2 \rightarrow {}^3P_1$, $^3D_2 \rightarrow {}^3P_2$, $^3D_3 \rightarrow {}^3P_2$ vor. Als Beispiel hierzu und zugleich um eine häufig gebrauchte Schreibweise von solchen

Liniengruppen einzuführen, geben wir hier die erste Liniengruppe der diffusen Nebenserie des Ca an.

Tabelle 16.

	$^3P_0$		$^3P_1$		$^3P_2$
$^3D_1$	5177,3 19310,3	196,5	5125,1 19506,8	410,5	5019,5 19917,3
			54,2		53,0
$^3D_2$			5139,5 19452,6	411,7	5032,8 19864,3
					87,2
$^3D_3$					5055,0 19777,1

Die sechs beschriebenen Felder dieses Schemas entsprechen den sechs Linien, die obere Zahl ist die Wellenlänge, die untere die Wellenzahl. Die Zahlen zwischen den Feldern sind die Wellenzahldifferenzen; sie sind bei den Paaren $^3D_1 \rightarrow {}^3P_1$, $^3D_1 \rightarrow {}^3P_2$ und $^3D_2 \rightarrow {}^3P_1$, $^3D_2 \rightarrow {}^3P_2$ innerhalb der Meßgenauigkeit gleich, ebenso bei den Paaren $^3D_2 \rightarrow {}^3P_1$, $^3D_1 \rightarrow {}^3P_1$ und $^3D_2 \rightarrow {}^3P_2$, $^3D_1 \rightarrow {}^3P_2$[1]).

Wir können die Auswahlregel $\Delta j = 0, \pm 1$ dazu benutzen, die beiden S-Termserien den beiden Systemen zuzuordnen. Die eine Serie, die auch den Grundterm enthält, kombiniert nur mit der Komponente $^3P_1$ des P-Tripletts, der Grundterm in einem Glied der Hauptserie, die höheren Terme in Gliedern einer scharfen Nebenserie. Dies ist unverständlich, wenn wir den betr. S-Termen die Zahl $j = 1$ geben. Geben wir ihnen $j = 0$, so ist das Fehlen von $^3P_2 \rightarrow S$ zu verstehen; das Fehlen von $^3P_0 \rightarrow S$ bedeutet eine Ergänzung der Auswahlregel, indem $j = 0 \rightarrow j = 0$ nicht vorkommt, eine Regel, die wir auch weiterhin bestätigt finden werden. Wir rechnen daher die genannte S-Serie mit dem Grundterm zum Singulettsystem und nennen sie $^1S_0$. Die

[1]) Die Gültigkeit der Tabellen 14 und 15 reicht über die Erdalkalien hinaus. In komplizierteren Spektren hat man Terme gefunden, die sich hinsichtlich der Zahl der Komponenten und der Kombinationen wie die Singulett- oder Tripletterme der Tabelle 14 und 15 verhalten, aber im allgemeinen modellmäßig anders zu deuten sind. Wir bezeichnen sie ebenfalls mit den Symbolen S, P, D ..., die dann im allgemeinen etwas anderes als s, p, d ... bedeuten.

andere S-Serie kombiniert mit dem tiefsten P-Triplett (scharfe Nebenserie), und zwar mit $^3P_0$, $^3P_1$ und $^3P_2$; sie besteht also aus S_1-Termen. Wir rechnen sie daher zum Triplettsystem. Ihr tiefstes Glied liegt erst etwa in der Höhe des zweiten Gliedes der ^1S-Serie.

Im allgemeinen gilt die Regel, daß Kombinationen von Termen des gleichen Multiplettsystems (also Singulett-Singulett- oder Triplett-Triplett-Kombinationen) intensiver sind als die sogenannten „Interkombinationen" (Singulett-Triplett-Kombinationen).

Versuchen wir eine *modellmäßige Deutung der Zahlen* $s = 0$ *und* $s = 1$, so ist diese schwer zu erhalten, wenn wir den Vektor $\mathfrak{s}$ als Drehimpuls des Rumpfes auffassen. Denn der Rumpf der Erdalkalien muß dem Normalzustand der positiven Ionen entsprechen, und wie wir aus den Funkenspektren wissen, kommt diesem der Drehimpuls $j = \frac{1}{2}$ zu[1]). Schreiben wir jedoch jedem Elektron, abgesehen vom Bahndrehimpuls, einen besonderen Drehimpuls $s = \frac{1}{2}$ zu — wir wollen ihn Kreiseldrehimpuls nennen —, so wird die Erklärung leicht[2]).

Wenn wir annehmen, daß die Vektoren $\mathfrak{s}_1$ und $\mathfrak{s}_2$ der beiden äußeren Elektronen so aufeinander wirken, daß sie sich zu einer Resultierenden $\mathfrak{s}$ zusammenfügen, die nur Werte annehmen kann, die ganzzahlige Differenzen haben, so erhalten wir genau die Werte $s = 0$ und $s = 1$. Da wir das l des einen Valenzelektrons als 0 annehmen (Mg^+, Ca^+ . . . haben einen S-Term als Grundterm), so fügen sich der resultierende Vektor $\mathfrak{s}$ und der Vektor $\mathfrak{l}$ des zweiten Valenzelektrons zur Resultierenden $\mathfrak{j}$ zusammen. Wir erhalten genau die empirisch bekannten Terme. Als Maß für die Wechselwirkung zwischen $\mathfrak{l}$ und $\mathfrak{s}$ können wir die Triplettaufspaltung der Terme ansehen, als Maß für die Wechselwirkung

---

[1]) Versuche, die Mannigfaltigkeit der Terme mit der Auffassung zu verstehen, daß s dem Rumpf zukommt, stellen die Arbeiten dar, die sich an den HEISENBERG-LANDÉschen Verzweigungssatz anschließen: A. LANDÉ u. W. HEISENBERG (*54*) und W. HEISENBERG (*55*). Der formale Inhalt dieser Arbeiten bleibt vollkommen richtig, wenn auch die Zusammenhänge sich jetzt einfacher modellmäßig verstehen lassen.

[2]) Die formale Ableitung der Mannigfaltigkeit der Terme durch Zuordnung der vier Quantenzahlen n, l, j, m zu jedem Elektron findet sich bei W. PAULI (*68*).

zwischen den $\mathfrak{s}$-Vektoren der beiden Elektronen den Abstand der Singuletterme von den entsprechenden Triplettermen[1]).

Auch die *geringe Intensität der Interkombinationslinien* können wir verstehen. Sie entsprechen Übergängen mit $\Delta s = 1$ und damit Summationsfrequenzen des klassischen Modells aus Frequenzen des umlaufenden Leuchtelektrons und Frequenzen einer Bewegung, die von der Wechselwirkung der $\mathfrak{s}$-Vektoren der beiden Elektronen herrührt. Wenn die Koppelung zwischen $\mathfrak{l}$ und $\mathfrak{s}$ sehr klein ist, so sind diese beiden Bewegungen fast unabhängig voneinander, Summationsfrequenzen treten also nicht auf. Demgemäß hätten wir in solchen Spektren mit kleiner ($\mathfrak{l}\,\mathfrak{s}$)-Wechselwirkung, also kleiner Multiplettaufspaltung, nur sehr schwache Interkombinationslinien zu erwarten.

§ 19. Der Zeeman-Effekt der Erdalkaliterme.

Unsere modellmäßige Auffassung vom Zustandekommen der Erdalkaliterme bewährt sich bei der Betrachtung ihrer Zeeman-Effekte[2]). Zunächst betrachten wir *schwache Magnetfelder*.

Linien, die Kombinationen je zweier Singuletterme sind, zeigen im Magnetfeld das normale Triplett

$$(0)\ 1.$$

Wir verstehen das auf Grund unseres Modells. Denn die magnetische Zusatzenergie

$$W = h\,\mathfrak{o}\,(\mathfrak{l} + 2\,\mathfrak{s})$$

reduziert sich in dem Fall, wo die Kreiseldrehimpulse der Elektronen sich zur Resultierenden $s = 0$ zusammenschließen, auf

$$W = h\,\mathfrak{o}\,\mathfrak{l} = h\,o\,m, \quad |m| \leqq l = j.$$

Wir erhalten so im Singulettsystem folgende Termaufspaltungen (in Einheiten der normalen Aufspaltung o):

Tabelle 17.

$^1S_0$				0			
$^1P_1$			−1	0	1		
$^1D_2$		−2	−1	0	1	2	
$^1F_3$	−3	−2	−1	0	1	2	3

[1]) Auf Schwierigkeiten im modellmäßigen Verstandnis des Singulett-Triplettabstandes gehen wir später ein.

[2]) Der geschichtliche Gang war der umgekehrte. Die Termdarstellung der Zeeman-Effekte durch Landé war ein wichtiger Schritt auf dem Wege zur modellmäßigen Deutung der Spektren.

Das Schema der g-Werte sieht hier sehr einfach aus:

Tabelle 18.

	k	$j=0$	1	2	3
^1S	0	$\frac{0}{0}$			
^1P	1		1		
^1D	2			1	
^1F	3				1

Durch das Zeichen $\frac{0}{0}$ deuten wir an, daß der Aufspaltungsfaktor g unbestimmt ist, da der Term wegen $j = 0$ nicht aufspaltet. Die Auswahlregel $\Delta m = 0, \pm 1$ und die damit zusammenhängende Polarisationsregel (§ 14) liefert in der Tat das normale Triplett (0) 1.

Linien, die Kombinationen im Triplettsystem oder Interkombinationen zwischen Singulett- und Triplettsystem darstellen, haben anomalen ZEEMAN-Effekt. LANDÉ (*46*) konnte auch hier die empirischen Aufspaltungsbilder darstellen, indem er folgende Annahmen machte. Ein Term mit der inneren Quantenzahl j spaltet auf in $2j+1$ Terme mit den jetzt ganzzahligen magnetischen Quantenzahlen $m = j, j-1 \ldots -j$; der magnetische Anteil am Termwert ist $o \cdot m \cdot g$, wobei g eine dem feldfreien Term (l, j) eigentümliche rationale Zahl ist. LANDÉ findet die in Tabelle 19 dargestellten g-Werte.

Tabelle 19.

	l	$j=0$	1	2	3	4
^3S	0		2			
^3P	1	$\frac{0}{0}$	$\frac{2}{3}$	$\frac{3}{2}$		
^3D	2		$\frac{1}{2}$	$\frac{7}{6}$	$\frac{4}{3}$	
^3F	3			$\frac{2}{3}$	$\frac{13}{12}$	$\frac{5}{4}$

Mit der Auswahl- und Polarisationsregel für Δm führen diese Werte genau auf die beobachteten Linienaufspaltungen in schwachen Feldern.

Unser *Modell*, in dem jetzt der Vektor $\mathfrak{j}$ mit den Beträgen $l+1, l, l-1$ solche Stellungen einnimmt, daß seine Komponente m in der Feldrichtung die Werte $j, j-1 \ldots -j$ hat, liefert also auch hier die richtige Zahl der Terme. Wir wollen auch hier die Termwerte berechnen unter der Annahme, daß l

magnetisch normal wirkt, aber der Einfluß von $s = 1$ doppelt so groß ist, wie der eines gleich großen Drehimpulses einer Elektronenbahn. Die Energie $h\,\mathfrak{o}\,(\mathfrak{l} + 2\,\mathfrak{s})$ setzt sich also zusammen aus dem normalen Einfluß von j:

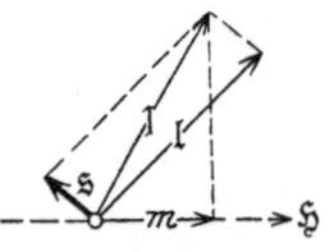

Abb. 14. Vektorgerüst eines Erdalkaliatoms im Magnetfeld.

$$h \cdot o \cdot m$$

und noch einmal einem normalen Einfluß von s.

Für $j = l \pm 1$ erhalten wir dann

$$\varDelta W = h o \left(m \pm s \frac{m}{j}\right) = h o m \cdot g,$$

wo $g = \frac{j \pm 1}{j}$, also gleich $\frac{l+2}{l+1}$ und $\frac{l-2}{l-1}$ ist. Für große Werte von l stimmen diese Ausdrücke mit den empirischen g-Werten $\frac{l+2}{l+1}$ und $\frac{l-1}{l}$ überein. Für $j = l$ ist zu beachten, daß s im Modell eine Präzessionsbewegung um j ausführt; der Betrag des mittleren Vektors s ist dabei

$$s \cos(\mathfrak{s}, \mathfrak{j}) = \frac{j^2 + s^2 - l^2}{2j} = \frac{1}{2j}.$$

Die Komponente dieses mittleren Vektors in der Feldrichtung

$$\frac{1}{2j} \cos(\mathfrak{j}, \mathfrak{H}) = \frac{m}{2l^2}$$

ist für die magnetische Energie maßgebend. Wir erhalten als gesamte magnetische Energie

$$\varDelta W = h o \left(m + \frac{m}{2l^2}\right) = h o m g,$$

wo $g = \frac{l^2+1}{l^2}$ ist. Der empirische Wert ist $g = \frac{l(l+1)+1}{l(l+1)}$ und stimmt für große l damit überein.

In einem *starken Magnetfeld*, d. h. einem solchen, das eine Aufspaltung verursacht, die groß ist gegen die Multiplettaufspaltung, zeigen auch die Liniengruppen der Erdalkalien als ganze normalen Zeeman-Effekt.

Wir können ihn an unserem Modell erläutern, wenn wir die Wechselwirkung zwischen $\mathfrak{l}$ und $\mathfrak{s}$ ($s = 1$) als klein ansehen gegen die Wirkung des Magnetfeldes. In erster Näherung können wir dann $\mathfrak{l}$ und $\mathfrak{s}$ einzeln betrachten, die Komponenten in der Feldrichtung sind $m_l = l, l-1 \ldots -l$ und $m_s = 1, 0, -1$. Tabelle 20 gibt die möglichen Summen $m_l + m_s = m$ an.

Tabelle 20.

m	−4	−3	−2	−1	0	1	2	3	4
^3S				0−1	0+0	0+1			
^3P			−1−1	0−1 −1+0	1−1 0+0 −1+1	1+0 0+1	1+1		
^3D		−2−1	−1−1 −2+0	0−1 −1+0 −2+1	1−1 0+0 −1+1	2−1 1+0 0+1	2+0 1+1	2+1	
^3F	−3−1	−2−1 −3+0	−1−1 −2+0 −3+1	0−1 −1+0 −2+1	1−1 0+0 −1+1	2−1 1+0 0+1	3−1 2+0 1+1	3+0 2+1	3+1

Tabelle 21 gibt die Werte der Aufspaltung $m_l + 2\,m_s$ in Einheiten der normalen Aufspaltung.

Tabelle 21.

m	−4	−3	−2	−1	0	1	2	3	4
^3S				−2	0	2			
^3P			−3	−2 −1	−1 0 1	1 2	3		
^3D		−4	−3 −2	−2 −1 0	−1 0 1	0 1 2	2 3	4	
^3F	−5	−4 −3	−3 −2 −1	−2 −1 0	−1 0 1	0 1 2	1 2 3	3 4	5

Der Betrachtung der Termaufspaltung in schwachen und starken Feldern hat sich jetzt die Festlegung der *Zuordnung der Komponenten* in beiden Feldern zueinander anzuschließen. Im Falle $|m| = l + 1$ ist sie unmittelbar gegeben; es muß m in $m_l + m_s$ übergehen (vgl. § 15), und das gibt eindeutig $m_l = l$, $m_s = 1$ und $m_l = -l$, $m_s = -1$. Zu jedem anderen m-Wert gehören zwei oder drei Komponenten in schwachen Feldern ($j = l-1, l, l+1$) und zwei oder drei Komponenten in starken Feldern ($m_s = -1$, 0, $+1$). Wenn wir auch hier fordern, daß der tiefste (mittlere, höchste) dieser Terme in schwachen Feldern in den tiefsten (mittleren, höchsten) der Terme in starken Feldern übergeht, so erhalten wir die durch Tabelle 22 und Tabelle 23 angegebene Zuordnung.

Tabelle 22 gibt im Kopf $m = m_l + m_s$ und $m_l + 2\,m_s$ (Aufspaltung in starken Feldern) darunter j an. Sie entspricht Tabelle 12, S. 71.

Tabelle 22.

m $m_l + 2m_s$	-4 $-5-4-3$	-3 $-4-3-2$	-2 $-3-2-1$	-1 $-2-1\,0$	0 $-1\,0\,1$	1 $0\,1\,2$	2 $1\,2\,3$	3 $2\,3\,4$	4 $3\,4\,5$
^3S				1	1	1			
^3P			2	1 2	0 1 2	1 2	2		
^3D		3	2 3	1 2 3	1 2 3	1 2 3	2 3	3	
^3F	4	3 4	2 3 4	2 3 4	2 3 4	2 3 4	2 3 4	3 4	4

Tabelle 23.

m_l m_s	-3 $-1\,0\,1$	-2 $-1\,0\,1$	-1 $-1\,0\,1$	0 $-1\,0\,1$	1 $-1\,0\,1$	2 $-1\,0\,1$	3 $-1\,0\,1$
^3S				1 1 1			
^3P			2 2 2	1 1 2	0 1 2		
^3D		3 3 3	2 2 3	1 2 3	1 2 3	1 2 3	
^3F	4 4 4	3 3 4	2 3 4	2 3 4	2 3 4	2 3 4	2 3 4

Tabelle 23 gibt m_l und m_s im Kopf an, darunter j. Sie entspricht Tabelle 13, S. 72.

An Hand der Tabellen 19 und 21 überzeugt man sich leicht, daß auch hier wieder ein *Summensatz* gilt. Die Summe der für festes m zu den verschiedenen j-Werten gehörigen Aufspaltungen mg bzw. $m_l + 2\,m_s$ ist in schwachen und starken Feldern dieselbe. Diese Regel reicht nach PAULI (*50*) hin, um aus den Werten der Aufspaltung in starken Feldern die g-Werte für schwache Felder herzuleiten.

§ 20. Die verschobenen Terme der Erdalkalispektren.

Die Mannigfaltigkeit der bisher behandelten Terme eines Atoms mit zwei äußeren Elektronen entstand außer durch die Verschiedenheit der Haupt- und Nebenquantenzahl des zuletzt gebundenen Elektrons durch die verschiedene Einstellung der Vektoren $\mathfrak{s}_1$ und $\mathfrak{s}_2$ gegeneinander und durch die verschiedene Einstellung der Vektoren $\mathfrak{l}_2$ und $\mathfrak{s} = \mathfrak{s}_1 + \mathfrak{s}_2$. Eine Wechselwirkung der Vektoren $\mathfrak{l}_1$ und $\mathfrak{l}_2$ der beiden Elektronen kam bisher nicht in Frage, da stets $\mathfrak{l}_1 = 0$ war. Diese Wechselwirkung spielt aber eine Rolle bei der Erklärung einiger Erdalkaliterme, die nicht zum bisher betrachteten Termschema gehören. In Abb. 15 sind die früher betrachteten und die neuen Terme für Ca dargestellt[1]).

---

[1]) Die neuen Terme sind gefunden von R. GÖTZE (s. PASCHEN-GÖTZE (*87*)), A. DEL CAMPO (*131*) und H. N. RUSSELL und F. A. SAUNDERS (*132*).

Die angegebenen neuen Terme verhalten sich nach Komponentenzahl, Kombinationen und ZEEMAN-Effekt (soweit dieser bekannt ist) wie die Tripletts der Tabelle 15; wir können ihnen also Zahlen l und j, sowie die Symbole ^3P, ^3D und ^3F zuerteilen. Die beobachteten Kombinationen der neuen Tripletts sind in Abb. 15 eingetragen. Für einige ist $\Delta l = 0$; die Tripletts, die mit den gewöhnlichen Ca-Termen so kombinieren, sind durch einen Strich bezeichnet ($^3P'$, $^3D'$); das mit $\Delta l = \pm 1$ kombinierende neue P- und F-Triplett ist mit zwei Strichen versehen.

BOHR hat auf die Möglichkeit hingewiesen, daß bei den $^3P'$- und $^3D'$-Termen beide Valenzelektronen im angeregten Zustand sind. WENTZEL (*36*) hat dies weiter ausgeführt und gezeigt, daß die damals bekannten $^3P'$-Terme einer Grenze zustreben, die um soviel über der Grenze der gewöhnlichen Ca-Terme liegt, wie der tiefste ^2D-Term des Ca^+ über dem Grundterm. Man muß also annehmen, daß das eine Elektron in einem Zustand mit $l_1 = 2$ statt $l_1 = 0$ ist. Seitdem führen diese neuen Terme den Namen „verschobene Terme“[1]. Den entscheidenden Schritt in der Deutung dieser Terme taten RUSSELL und SAUNDERS (*66*). Sie gaben damit einen ganz wesentlichen Beitrag zu der hier gegebenen Auffassung von der Deutung der Spektren überhaupt. Sie schrieben dem einen Elektron den Bahndrehimpuls $l_1 = 2$ zu, den des anderen wählten sie so, daß bei Kombinationen stets $\Delta l_2 = \pm 1$ ist, ferner betrachteten sie die den Bezeichnungen P, D, F entsprechende Zahl l als gegeben durch die Resultierende $\mathfrak{l}$ der Vektoren $\mathfrak{l}_1$ und $\mathfrak{l}_2$. Sie erhielten dann

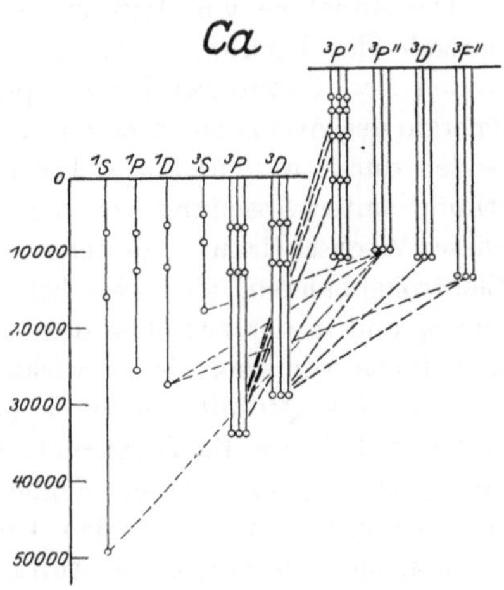

Abb. 15. Termschema des Kalziums.

[1]) Die Auffassung, daß verschiedene Termseriengrenzen eines Bogenspektrums verschiedenen Termen des Funkenspektrums entsprechen, findet sich (für Neon) schon bei W. GROTRIAN (*33*).

$^3P'$ $l_1 = 2$ $l_2 = 2$ $l = 1$,
$^3P''$ $l_1 = 2$ $l_2 = 1$ $l = 1$,
$^3D'$ $l_1 = 2$ $l_2 = 1$ $l = 2$,
$^3D''$ $l_1 = 2$ $l_2 = 2$ $l = 2$ (nur bei Ba gefunden),
$^3F''$ $l_1 = 2$ $l_2 = 1$ $l = 3$.

Bei $^3P''$, $^3D'$, $^3F''$ wäre nach dem bisherigen auch $l_2 = 3$ möglich. Aber ein solcher Term müßte zur neuen Termseriengrenze etwa so liegen wie ein f-Term zur gewöhnlichen Grenze, also höher als die hier betrachteten. Nach dieser Deutung gehören die Terme $^3P''$, $^3D'$ und $^3F''$ zu gleichen Bahnen der beiden Elektronen.

Die Annahme von Russell und Saunders, daß die Resultierende der Drehimpulsvektoren $\mathfrak{l}_1$ und $\mathfrak{l}_2$ der einzelnen Elektronen der Quantenzahl l entspricht, bedeutet folgendes: Die Energie des Atoms ist in erster Näherung durch die Energien der beiden durch $n_1\, l_1$ und $n_2\, l_2$ bezeichneten Elektronenbahnen bestimmt unter Absehung von der Wechselwirkung dieser beiden. Diese Wechselwirkung besteht in der Wirkung zwischen den Elektronenbahnen, also zwischen $\mathfrak{l}_1$ und $\mathfrak{l}_2$, in der zwischen $\mathfrak{s}_1$ und $\mathfrak{s}_2$ und in der zwischen den $\mathfrak{l}$ und den $\mathfrak{s}$. Aus den Spektren entnehmen wir, daß sie so wirkt, daß die Vektoren $\mathfrak{s}_1$ und $\mathfrak{s}_2$ sich zu einer Resultierenden $\mathfrak{s}$ ($s = 0$ und $s = 1$) zusammensetzen und ebenso die Vektoren $\mathfrak{l}_1$ und $\mathfrak{l}_2$ zu einer Resultierenden $\mathfrak{l}$ mit ganzzahligem Betrag. Schließlich ordnen sich $\mathfrak{l}$ und $\mathfrak{s}$ zu einer Resultierenden $\mathfrak{j}$, die dem Gesamtdrehimpuls entspricht.

Man ist versucht, diese Auffassung modellmäßig so zu verstehen: Die Wechselwirkung $(\mathfrak{l}_i\ \mathfrak{s}_i)$ ist, wie die Spektren zeigen, sehr klein. Wir nehmen sie so klein an, daß sie gegen die Wechselwirkungen $(\mathfrak{l}_1\, \mathfrak{l}_2)$ und $(\mathfrak{s}_1\, \mathfrak{s}_2)$ zu vernachlässigen ist. Diese sind dann voneinander unabhängig. Sind sie klein gegen die Bindung der Elektronen an den Atomrumpf, so bleiben die Bahndrehimpulse und Kreiseldrehimpulse der Elektronen Wirkungsvariable des klassischen Modells. Da die Gesamtdrehimpulse ebenfalls Wirkungsvariable sind, fügen sich $\mathfrak{l}_1$ und $\mathfrak{l}_2$ zur Resultierenden $\mathfrak{l}$ und $\mathfrak{s}_1$ und $\mathfrak{s}_2$ zur Resultierenden $\mathfrak{s}$ ($s = 0$ oder 1) zusammen. Die Bewegung des klassischen Modells enthält also eine Präzession von $\mathfrak{l}_1$ und $\mathfrak{l}_2$ um $\mathfrak{l}$ und von $\mathfrak{s}_1$ und $\mathfrak{s}_2$ um $\mathfrak{s}$ (klassisch kann ja $s_1 + s_2 \neq s$ sein). In dritter Näherung kommt dazu die Wechselwirkung zwischen den $\mathfrak{s}_i$ und $\mathfrak{l}_i$. Da der Gesamtdrehimpuls Wirkungsvariable ist und $\mathfrak{j}$ entspricht, schließen sich $\mathfrak{s}$ und $\mathfrak{l}$ zur Resultierenden $\mathfrak{j}$ zusammen, und im klassischen Modell präzessieren $\mathfrak{l}$ und $\mathfrak{s}$ um die Richtung von $\mathfrak{j}$. Diese Präzession ist langsamer als die von $\mathfrak{l}_1$ und $\mathfrak{l}_2$ um $\mathfrak{l}$ und von $\mathfrak{s}_1$ und $\mathfrak{s}_2$ um $\mathfrak{s}$.

Diese Deutung hat sich als nicht ganz richtig erwiesen. Es hat sich vielmehr gezeigt, daß für das Zustandekommen der Werte $s = 0$ und 1 die im § 3 kurz erwähnte Resonanz zwischen gleichartigen Teilchen in Betracht kommt. Wir müssen nachher noch darauf zurückkommen. Hier sei nur erwähnt, daß trotz dieser Unzulänglichkeit das oben beschriebene Modell zur Deutung von Spektren brauchbar ist, wenn man noch geeignete Zusatzannahmen einführt.

Unsere Modellbetrachtungen zeigen zugleich die Grenze der auf l und s beruhenden Systematik und der Gültigkeit der LANDÉschen g-Werte. Unsere Betrachtungen gelten nämlich nur dann, wenn die an der Größe der Multiplettaufspaltung erkennbare Wechselwirkung von $\mathfrak{s}$ und $\mathfrak{l}$ klein ist gegen die anderen Wechselwirkungen. Nun ist dies bei vielen Spektren der Fall, am besten bei denen der leichten Elemente. Bei den schwereren Elementen wird jedoch die Wechselwirkung von $\mathfrak{l}$ und $\mathfrak{s}$ recht groß, so daß unsere Betrachtung nicht ohne weiteres anzuwenden ist.

Wir wollen aber diese Fälle zunächst außer acht lassen und vorläufig (Kap. IV und V), soweit möglich, die Annahme durchführen, daß die Vektoren $\mathfrak{l}_i$ (bei Erdalkalien $i = 1$ und 2) der einzelnen Elektronen eine Resultierende $\mathfrak{l}$ und die Vektoren $\mathfrak{s}_i$ (Betrag $\frac{1}{2}$) eine Resultierende $\mathfrak{s}$ und daß $\mathfrak{l}$ und $\mathfrak{s}$ eine Resultierende $\mathfrak{j}$ ergeben. Zur richtigen Abschätzung des Wertes dieser Modellbetrachtung ist zu beachten, daß sie auf Grund der Adiabatenhypothese auch dann noch die richtige Zahl der Terme liefert, wenn die gemachte Voraussetzung über die Kleinheit der ($\mathfrak{l}\,\mathfrak{s}$)-Wechselwirkung nicht mehr gilt. Nur entsprechen dann die Quantenzahlen l_1, l_2, l nicht mehr den Drehimpulsen der Elektronenbahnen oder ihren Resultierenden. Die Anordnung der Terme wird dann auch eine andere. Auf solche Fälle soll später (Kap. VI) eingegangen werden.

Wir können jetzt die Bedeutung der Zeichen s, p, d, f . . . und S, P, D, F . . . genau festlegen. Die kleinen Buchstaben sollen der Bahn der einzelnen Elektronen, also der Zahl l_i entsprechen. Wir sprechen von einer s-, p-, d- usw. Bahn des Leuchtelektrons, wenn das angeregte Elektron $l_i = 0, 1, 2, 3$ usw. hat. Wir sagen, im Grundzustand der Erdalkalien sind beide Elektronen in einer s-Bahn, weil $l_1 = l_2 = 0$ ist; in den angeregten Zuständen ist eines auf einer s-Bahn ($l_1 = 0$). Die großen Buchstaben entsprechen der ganzen Elektronenanordnung, und zwar der Zahl l. Wir sprechen z. B. von einem F-Term der Erdalkalien ($l = 3$), der durch ein d- und ein p-Elektron gebildet wird ($l_1 = 2$, $l_2 = 1$). (vgl. den $^3F''$-Term des Ca). Wenn nur ein Elektron da ist, bedeuten $s, p, d \ldots$ und S, P, D dasselbe. Wenn zwei Elektronen zusammenwirken und das eine in einer s-Bahn ($l_1 = 0$) läuft, so ist $l = l_2$. Ist die Bahn des zweiten eine s-, p-, $d \ldots$-Bahn, so ergibt sich ein S-, P-, $D \ldots$-Term. So verstehen wir, daß bei Alkalien und bei den nicht verschobenen Termen der Erdalkalien die kleinen und die großen Buchstaben dasselbe bedeuten.

Auch bei Mg ist ein verschobenes Triplett $^3P'$ bekannt (*87*), das mit dem tiefsten Triplett der gewöhnlichen ^3P-Serie kombiniert. Die Wellenzahldifferenz von ^3P und $^3P'$ (36000) ist ungefähr gleich der Differenz der beiden tiefsten Terme ^2S und ^2P des Mg^+ (35700). Wir nehmen daher an, daß im $^3P'$-Zustand beide Elektronen in einer p-Bahn ($l_1 = l_2 = 1$) laufen. MILLIKAN und BOWEN (*99*) fanden in den Spektren von B^+, C^{++}, N^{+++}, O^{4+} sowie von Al^+, Si^{++}, P^{+++}, S^{4+} charakteristische Liniengruppen, die der Gruppe $^3P' \rightarrow {}^3P$ des Mg ähnlich sind. Sie deuten diese Gruppen ebenfalls durch Übergänge der Elektronenanordnung $p\,p$ in die Anordnung $s\,p$.

§ 21. Das Modell eines Atoms mit zwei Valenzelektronen.

Mit den Ergebnissen der letzten Betrachtungen haben wir einen großen Teil der Mittel bereitgestellt zur Beantwortung der wichtigsten Frage, die uns hier überhaupt beschäftigt: *Wie kann man die Zahl und ungefähre Lage der Spektralterme eines beliebigen Elements theoretisch angeben?*

Den Aufbau des Spektrums eines Atoms mit zwei Valenzelektronen verstanden wir folgendermaßen:

Jedes der beiden Elektronen des Modells kann in verschiedenen durch $n_1\,l_1$ und $n_2\,l_2$ bezeichneten Bahnen laufen. Für das eine der beiden Elektronen kommen dabei praktisch nur wenige Bahnen in Frage, nämlich die, die den tiefsten Termen des positiven Ions entsprechen. Lassen wir z. B. als $(n_1\,l_1)$-Bahnen (wie bei Mg) nur 1 *s* und 2*p* zu (1 und 2 sind spektroskopische Laufzahlen, nicht wahre Hauptquantenzahlen), so erhalten wir das Termschema der Tabelle 24.

Tabelle 24.

Seriengrenze: 1*s* des Ions				Seriengrenze: 2*p* des Ions			
..	..	..	..	..	..	..	..
1*s* 5*s*	1*s* 5*p*	1*s* 5*d*	..	2*p* 4*s*	2*p* 4*p*	2*p* 4*d*	..
1*s* 4*s*	1*s* 4*p*	1*s* 4*d*	..	2*p* 3*p*	2*p* 3*p*	2*p* 3*d*	
1*s* 3*s*	1*s* 3*p*	1*s* 3*d*		2*p* 2*s*	2*p* 2*p*		
1*s* 2*s*	1*s* 2*p*						
1*s* 1*s*							

Dies sind zwei Systeme von Termserien. Die Seriengrenze erhalten wir, indem wir das angeregte Elektron (hier das zweite) ganz entfernt denken. Es bleibt dann das positive Ion übrig, das eine Mal im 1 *s*-, das andere Mal im 2 *p*-Zustand. Dies Schema gibt die gröbsten Züge des Spektrums.

Jetzt haben wir die Wechselwirkungen der Vektoren $\mathfrak{l}_1$ $\mathfrak{l}_2$ $\mathfrak{s}_1$ $\mathfrak{s}_2$ zu berücksichtigen. Das Ergebnis hängt von dem Verhältnis der Koppelungen ab, die wir[1]) symbolisch durch die Zeichen $(\mathfrak{s}_1 \mathfrak{s}_2)$ $(\mathfrak{l}_1 \mathfrak{l}_2)$ $(\mathfrak{l}_1 \mathfrak{s}_1)$ $(\mathfrak{l}_2 \mathfrak{s}_2)$ usw. angeben wollen. Ein Fall, der offenbar in der Wirklichkeit eine große Rolle spielt, ist der im § 20 betrachtete. Er läßt sich für unseren Standpunkt so behandeln, als seien die Wechselwirkungen $(\mathfrak{s}_1\ \mathfrak{s}_2)$ und $(\mathfrak{l}_1\ \mathfrak{l}_2)$ groß gegen die zwischen den $\mathfrak{l}_i$ und den $\mathfrak{s}_i$ $(i = 1, 2)$. Vernachlässigt man die zuletzt genannte Wechselwirkung zunächst ganz, so entsprechen die Resultierende $\mathfrak{s}$ der Vektoren $\mathfrak{s}_i$ und die Resultierende $\mathfrak{l}$ der Vektoren $\mathfrak{l}_i$ Wirkungsvariabeln. Falls die Wechselwirkungen der $\mathfrak{s}_i$ untereinander und der $\mathfrak{l}_i$ untereinander eine dem cos des Winkels zwischen ihnen proportionale Energie haben, bleiben auch (wie SLATER (*78*) gezeigt hat) $\mathfrak{l}_1$ und $\mathfrak{l}_2$, sowie $\mathfrak{s}_1$ und $\mathfrak{s}_2$ einzeln konstant. Falls die Wechselwirkungen anderer Art sind, gilt dies wenigstens, wenn sie hinreichend klein sind, in erster Näherung. Wir können also sagen: Die Vektoren $\mathfrak{s}_i$ ordnen sich zur Resultierenden $\mathfrak{s}$ mit dem Betrag $s = 0$ oder 1; das gibt ein Singulett- und ein Triplettsystem. Ferner ordnen sich $\mathfrak{l}_1$ und $\mathfrak{l}_2$ zur Resultierenden $\mathfrak{l}$; das gibt (für $\mathfrak{l}_1 \neq 0$, $l_2 \neq 0$) mehrere Singu-

[1]) Nach S. GOUDSMIT u. G. E. UHLENBECK (*75*).

letts oder Tripletts mit gleichem $n_1\ l_1\ n_2\ l_2$. Wenn wir jetzt die Wechselwirkungen der $\mathfrak{l}_i$ mit den $\mathfrak{s}_i$ berücksichtigen, so bleiben s und l in Strenge nicht mehr Wirkungsvariable, jedoch genähert, wenn diese Wechselwirkung klein genug ist. Es ordnen sich dann $\mathfrak{s}$ und $\mathfrak{l}$ zur Resultierenden $\mathfrak{j}$, das gibt für $s = 1$ die verschiedenen Triplettkomponenten. Unser Schema wird also durch die Wechselwirkungen bedeutend erweitert. Z. B. treten an die Stelle von $2p\ 3d$ die 12 Terme

$$2p\ 3d\ {}^1P \qquad 2p\ 3d\ {}^1D \qquad 2p\ 3d\ {}^1F$$

$$2p\ 3d\ {}^3P_{012} \qquad 2p\ 3d\ {}^3D_{123} \qquad 2p\ 3d\ {}^3F_{234}.$$

In diesen Termsymbolen[1]) sind zunächst die Bahnen der äußeren Elektronen angegeben; für jedes Elektron ist die Laufzahl (wenn man sie kennt, kann man auch die wahre Quantenzahl n_i angeben) als Ziffer und die Nebenquantenzahl durch den entsprechenden kleinen Buchstaben ($s\ p\ d \ldots$) angegeben. Diese Zeichen bestimmen aber eine ganze Gruppe von Termen. Zur Unterscheidung der Einzelterme ist angegeben: die Multiplizität $(2s + 1)$, die Zahl l (Resultierende der l_i) durch den entsprechenden großen Buchstaben ($S, P, D \ldots$) und schließlich als Index die Zahl j.

Wenn es uns auf die Laufzahlen nicht ankommt, schreiben wir auch kurz $pd\ {}^1P \ldots$ oder, falls der Zustand des ersten Elektrons selbstverständlich ist, auch $3d\ {}^1P \ldots$ oder $d\ {}^1P \ldots$ Bei mehreren äußeren Elektronen mit gleichem l_i schreiben wir (nach einem Vorschlag von RUSSELL) ihre Zahl als Exponent. Statt $pp\ {}^1S$ schreiben wir also auch $p^2 \cdot {}^1S$ usw.

In Tabelle 25 sind alle Terme des erweiterten Schemas angegeben. Bei den Termen der Grenze $1s$ ist in der Termbezeichnung

---

1) Der Vorschlag, zur Termbezeichnung nur die großen Buchstaben $S\ P\ D \ldots$ zu benutzen und die Multiplizität diesen links oben beizufügen, stammt von RUSSELL und SAUNDERS. Er muß natürlich jetzt auf die Bezeichnung beschränkt werden, die sich an die Zahlen s, l, j (die Resultierenden) anschließt. Der Vorschlag, j als Index beizufügen, ist schon vorher von SOMMERFELD gemacht. Weiter schlugen GRIMM u. SOMMERFELD (*23*) vor, die Zahlen n und k $(= l + 1)$ des Leuchtelektrons in der Form n_k voranzustellen. Durch eine kleine Abänderung und Berücksichtigung mehrerer Elektronen entsteht die obige Bezeichnung. Die Ersetzung der Zahlen l (oder k) durch $s\ p\ d \ldots$ geschah, um besser sprechbare Bezeichnungen zu erhalten und der Festlegung auf l oder k $(= l + 1)$ auszuweichen.

1 *s* für das erste Elektron und das Zeichen *spd* . . . des zweiten Elektrons (wegen $l_2 = l$) weggelassen. Bei den Termen der Grenze $2p$ ist nur das Zeichen $2p$ für das erste Elektron weggelassen.

Jeder dieser Terme kann nun noch im Magnetfeld aufspalten. Die Terme eines Atoms mit zwei Elektronen werden also durch die acht Quantenzahlen

$$n_1 l_1 \quad n_2 l_2 \quad l\, s\, j\, m$$

beschrieben.

Die hier gegebene Bezeichnung der Terme durch Quantenzahlen oder die entsprechenden Buchstaben ist nun auch anwendbar, wenn die Koppelungen nicht mehr gerade so sind, wie oben vorausgesetzt ist. Die Adiabatenhypothese von EHRENFEST sagt nämlich, daß bei adiabatischer Änderung der Kräfte die Zustände eines Systems scharf gequantelt bleiben und auch ihre Anzahl dieselbe bleibt, sobald nicht Entartungen auftreten. Auch im Falle entarteter Systeme gilt der Satz noch weitgehend. Wenn also diese Hypothese in unserem Fall des Atoms gilt, so ist die Bezeichnung der Terme durch die angegebenen acht Quantenzahlen auch dann noch durchführbar, wenn die

Tabelle 25.

Seriengrenze 1s				Seriengrenze 2p							
⋮	⋮	⋮		⋮	⋮	⋮	⋮	⋮	⋮	⋮	
$5\,^1S$	$5\,^1P$	$5\,^1D$	. . .	$5s\,^1P$	$5p\,^1S$	$5p\,^1P$	$5p\,^1D$	$5d\,^1P$	$5d\,^1D$	$5d\,^1F$	. . .
$4\,^1S$	$4\,^1P$	$4\,^1D$	. . .	$4s\,^1P$	$4p\,^1S$	$4p\,^1P$	$4p\,^1D$	$4d\,^1P$	$4d\,^1D$	$4d\,^1F$	. . .
$3\,^1S$	$3\,^1P$	$3\,^1D$	. . .	$3s\,^1P$	$3p\,^1S$	$3p\,^1P$	$3p\,^1D$	$3d\,^1P$	$3d\,^1D$	$3d\,^1F$	. . .
$2\,^1S$	$2\,^1P$			$2s\,^1P$	$2p\,^1S$	$2p\,^1P$	$2p\,^1D$				
$1\,^1S$											
⋮	⋮	⋮		⋮	⋮	⋮	⋮	⋮	⋮	⋮	
$5\,^3S$	$5\,^3P_{012}$	$5\,^3D_{123}$	. . .	$5s\,^3P_{012}$	$5p\,^3S$	$5p\,^3P_{012}$	$5p\,^3D_{123}$	$5d\,^3P_{012}$	$5d\,^3D_{123}$	$5d\,^3F_{234}$	. . .
$4\,^3S$	$4\,^3P_{012}$	$4\,^3D_{123}$	. . .	$4s\,^3P_{012}$	$4p\,^3S$	$4p\,^3P_{012}$	$4p\,^3D_{123}$	$4d\,^3P_{012}$	$4d\,^3D_{123}$	$4d\,^3F_{234}$	. . .
$3\,^3S$	$3\,^3P_{012}$	$3\,^3D_{123}$	. . .	$3s\,^3P_{012}$	$3p\,^3S$	$3p\,^3P_{012}$	$3p\,^3D_{123}$	$3d\,^3P_{012}$	$3d\,^3D_{123}$	$3d\,^3F_{234}$	. . .
$2\,^3S$	$2\,^3P_{012}$			$2s\,^3P_{012}$	$2p\,^3S$	$2p\,^3P_{012}$	$2p\,^3D_{123}$				
$[1\,^3S]$											

Koppelungsverhältnisse ganz andere sind. Die physikalische Bedeutung der Zahlen kann dabei eine andere werden, l braucht z. B. nicht mehr Resultierende der Bahndrehimpulse zu sein. Auch über die *Lage* der Terme sagt die Numerierung dann nichts mehr aus.

Wir stellen dieser Abzählung der Terme eine andere (der Wirklichkeit nicht entsprechende) gegenüber, indem wir annehmen, daß die Koppelungsverhältnisse dem Schema

$$\{(\mathfrak{l}_1 \mathfrak{s}_1) \quad (\mathfrak{l}_2 \mathfrak{s}_2)\}$$

entsprechen, daß also die Wechselwirkungen der Vektoren jedes Elektrons für sich groß sind gegen die Wechselwirkung der Elektronen miteinander.

Die Energie eines solchen Atoms setzt sich in erster Näherung aus den Energien der beiden Elektronenbahnen additiv zusammen

$$\overline{W} = W(n_1 l_1 j_1) + W(n_2 l_2 j_2).$$

Da ein solcher Term im allgemeinen noch aufspalten kann (z. B. im Magnetfeld), hat er ein Gewicht größer als 1. Wenn wir nur Terme mit dem Gewicht 1 betrachten wollen, denken wir uns noch ein Magnetfeld angelegt. Ist dieses Magnetfeld schwach gegen die Wechselwirkung $(\mathfrak{l}_i \mathfrak{s}_i)$, aber noch stark gegen die der Elektronen miteinander, so wird die Mannigfaltigkeit der Terme eines Atoms mit zwei äußeren Elektronen durch die Zahlen

$$n_1 l_1 j_1 m_1 \qquad n_2 l_2 j_2 m_2$$

dargestellt, wo

$$j_i = l_i \pm \frac{1}{2}, \qquad |m_i| \leqq j_i$$

ist. Auch wenn wir jetzt (um der Wirklichkeit näher zu kommen) die Wechselwirkung der beiden Elektronen stärker werden lassen, so können wir das System immer noch durch die acht angegebenen Quantenzahlen beschreiben. Aber die physikalische Bedeutung der Zahlen kann sich ändern, z. B. brauchen j_1 und j_2 nicht mehr Gesamtdrehimpulse der einzelnen Elektronen zu sein. Über die *Lage* der einzelnen Terme sagt die *Numerierung* bei stärkerer Koppelung auch nichts mehr aus.

Tabelle 26 stellt unsere beiden Abzählungen (zunächst der Terme ohne Magnetfeld) für einige Fälle zusammen. Dabei zeigt sich, daß die Zahl der Terme, die zu gegebenen Werten l_1 und l_2

gehören, in beiden Fällen dieselbe ist. Die Werte von n_1 und n_2 sind für die Zählung ganz gleichgültig; wir lassen sie daher weg.

Tabelle 26.

$l_1\, l_2$	$j_1\, j_2$	j	Zahl der Terme	$l_1\, l_2$	l	s	j	Zahl der Terme
0 0	$\frac{1}{2}\,\frac{1}{2}$	0	2	0 0	0	0	0	2
		1				1	1	
0 1	$\frac{1}{2}\,\frac{1}{2}$	0		0 1	1	0	1	
		1	4			1	0	4
	$\frac{1}{2}\,\frac{3}{2}$	1					1	
		2					2	
0 2	$\frac{1}{2}\,\frac{3}{2}$	1		0 2	2	0	2	
		2	4			1	1	4
	$\frac{1}{2}\,\frac{5}{2}$	2					2	
		3					3	
1 1	$\frac{1}{2}\,\frac{1}{2}$	0		1 1	0	0	0	
		1				1	1	
	$\frac{1}{2}\,\frac{3}{2}$	1			1	0	1	
		2				1	0	
	$\frac{3}{2}\,\frac{1}{2}$	1	10				1	10
		2					2	
	$\frac{3}{2}\,\frac{3}{2}$	0			2	0	2	
		1				1	1	
		2					2	
		3					3	

Um einzusehen, daß bei beiden Zählungen stets dasselbe herauskommen muß, denke man sich das Schema mit allgemeinen Zahlen $l_1\, l_2$ hingeschrieben. Links erhält man für $j_1\, j_2$ vier Möglichkeiten, im Falle $l_1 < l_2$ mit $2\, l_1$, $2\, l_1$, $2\,(l_1 + 1)$ und $2\,(l_1 + 1)$ Termen, insgesamt also mit $8\, l_1 + 4$ Termen, im Falle $l_1 = l_2$ mit $2\, l_1$, $2\, l_1$ $2\, l_1$ und $2\,(l_1 + 1)$, insgesamt also $8\, l_1 + 2$ Termen. Rechts erhält man für l im Falle $l_1 \leqq l_2$ jedesmal $2\, l_1 + 1$ Möglichkeiten; im Falle $l_1 < l_2$ ist $l = 0$ nicht dabei, es gibt dann im ganzen $4\,(2\, l_1 + 1)$ Terme; im Falle $l_1 = l_2$ wegen des Auftretens von $l = 0$ nur $8\, l_1 + 2$ Terme.

Die beiden Zählungsweisen müssen auch die gleiche Zahl der Terme im Magnetfeld geben. Wir geben sie in Tabelle 27 für den Fall

$$\{[(\mathfrak{l}_1\, \mathfrak{s}_1)\, \mathfrak{H}]\, [(\mathfrak{l}_2\, \mathfrak{s}_2)\, \mathfrak{H}]\} \quad \text{und} \quad \{[(\mathfrak{l}_1\, \mathfrak{l}_2)\, (\mathfrak{s}_1\, \mathfrak{s}_2)]\, \mathfrak{H}\}.$$

Denkt man sich auch hier das Schema in allgemeinen Zahlen aufgeschrieben, so erhält man links vier Zeilen mit $4\, l_1\, l_2$, $4\, l_1\ (l_2 + 1)$, $4\,(l_1 + 1)\, l_2$, $4\,(l_1 + 1)\,(l_2 + 1)$ Termen, im ganzen also $4\,(2\, l_1 + 1)\ (2\, l_2 + 1)$ Terme. Rechts erhält man für jedes l $4\,(2\, l + 1)$ Terme. Summiert man über alle Werte von l von $|l_1 - l_2|$ bis $l_1 + l_2$, so erhält man dieselbe Anzahl wie links.

Unsere Betrachtungen bedürfen noch einer Ergänzung. Z. B. tritt von der ${}^3S$-Serie der Erdalkalien kein Glied in tiefer Lage (in der Nähe des tiefsten ${}^1S$-Termes) auf; ebenso fallen die ersten Glieder von einigen der gestrichenen Serien von Ca, Sr, Ba ebenfalls aus. Die dafür gültigen Sätze lernen wir später (§ 25) kennen.

Tabelle 27.

$l_1\, l_2$	$j_1\, j_2$	$m_1\, m_2$	Zahl der Terme		$l_1 l_2$	l	s	j	m	Term-bez.	Zahl der Terme
0 0	$\frac{1}{2}\,\frac{1}{2}$	$\pm\frac{1}{2}\ \pm\frac{1}{2}$	4		0 0	0	0	0	0	${}^1S$	4
							1	1	0 ± 1	${}^3S$	
0 1	$\frac{1}{2}\,\frac{1}{2}$	$\pm\frac{1}{2}\ \pm\frac{1}{2}$	4	12	0 1	1	0	1	0 ± 1	${}^1P$	
	$\frac{1}{2}\,\frac{3}{2}$	$\pm\frac{1}{2}\ \pm\frac{1}{2}$	8				1	0	0	${}^3P_0$	12
								1	0 ± 1	${}^3P_1$	
		$\pm\frac{3}{2}$						2	$0 \pm 1 \pm 2$	${}^3P_2$	
0 2	$\frac{1}{2}\,\frac{3}{2}$	$\pm\frac{1}{2}\ \pm\frac{1}{2}$	8		0 2	2	0	2	$0 \pm 1 \pm 2$	${}^1D$	
		$\pm\frac{3}{2}$					1	1	0 ± 1	${}^3D_1$	20
								2	$0 \pm 1 \pm 2$	${}^3D_2$	
	$\frac{1}{2}\,\frac{5}{2}$	$\pm\frac{1}{2}\ \pm\frac{1}{2}$		20				3	$0 \pm 1 \pm 2 \pm 3$	${}^3D_3$	
		$\pm\frac{3}{2}$	12								
		$\pm\frac{5}{2}$									
1 1	$\frac{1}{2}\,\frac{1}{2}$	$\pm\frac{1}{2}\quad \pm\frac{1}{2}$	4		1 1	0	0	0		${}^1S$	
							1	1		${}^3S$	
	$\frac{1}{2}\,\frac{3}{2}$	$\pm\frac{1}{2}\quad \pm\frac{1}{2}\,\frac{3}{2}$	8	36		1	0	1		${}^1P$	36
							1	0,1,2		${}^3P_{012}$	
	$\frac{3}{2}\,\frac{1}{2}$	$\pm\frac{1}{2}\,\frac{3}{2}\ \pm\frac{1}{2}$	8			2	0	2		${}^1D$	
	$\frac{3}{2}\,\frac{3}{2}$	$\pm\frac{1}{2}\,\frac{3}{2}\ \pm\frac{1}{2}\,\frac{3}{2}$	16				1	1,2,3		${}^3D_{123}$	

Für spätere Verwendung leiten wir noch einmal die Mannigfaltigkeit der Terme im Magnetfeld her durch Betrachtung der Koppelungsverhältnisse

$$\{[(\mathfrak{l}_1\, \mathfrak{H})\, (\mathfrak{s}_1\, \mathfrak{H})]\, [(\mathfrak{l}_2\, \mathfrak{H})\, (\mathfrak{s}_2\, \mathfrak{H})]\}$$

(Feldaufspaltung sehr groß) und

$$\{[(\mathfrak{l}_1\,\mathfrak{l}_2)\,\mathfrak{H}]\,[(\mathfrak{s}_1\,\mathfrak{s}_2)\,\mathfrak{H}]\}$$

(normales Multiplett im starken Feld), und zwar wollen wir die Mannigfaltigkeit des zweiten Falles aus dem ersten herleiten. Wir schreiben dazu neben $l_1\,l_2$ die Größen $m_{l_1}\,m_{l_2}$ und $m_{s_1}\,m_{s_2}$, die die Termmannigfaltigkeit im ersten der genannten Koppelungsverhältnisse bestimmen. Sie folgen aus den Beziehungen $|m_{l_i}| \leqq l_i$, $m_{s_i} = \pm\frac{1}{2}$. Aus $m_{l_1}\,m_{l_2}\,m_{s_1}\,m_{s_2}$ bilden wir die im zweiten Koppelungsfall wesentlichen Größen m_l und m_s durch Addition. Schließlich ordnen wir der Gesamtheit aller Zahlenpaare $m_l\,m_s$ unter Berücksichtigung der Ungleichungen $|m_l| \leqq l$, $|m_s| \leqq s$ Multipletts (l, s) zu. Für den Fall $l_1 = l_2 = 1$ ist dies in Tabelle 28 ausgeführt.

Tabelle 28.

$l_1\ l_2$	$m_{l_1}\ m_{l_2}$	$m_{s_1}\ m_{s_2}$	m_l	m_s	l	s	Terme
1 1	1 1	$\frac{1}{2}\ \frac{1}{2}$	2	1 0 0 −1	2, 1, 0	1, 0	$^1S\ ^1P\ ^1D$ $^3S\ ^3P\ ^3D$
		$\frac{1}{2}\ -\frac{1}{2}$					
		$-\frac{1}{2}\ \frac{1}{2}$					
		$-\frac{1}{2}\ -\frac{1}{2}$					
	1 0	$\pm\frac{1}{2}\ \pm\frac{1}{2}$	1	1 0 0 −1			
	1 −1	$\pm\frac{1}{2}\ \pm\frac{1}{2}$	0	1 0 0 −1			
	0 1	$\pm\frac{1}{2}\ \pm\frac{1}{2}$	1	1 0 0 −1			
	0 0	$\pm\frac{1}{2}\ \pm\frac{1}{2}$	0	1 0 0 −1			
	0 −1	$\pm\frac{1}{2}\ \pm\frac{1}{2}$	−1	1 0 0 −1			
	−1 1	$\pm\frac{1}{2}\ \pm\frac{1}{2}$	0	1 0 0 −1			
	−1 0	$\pm\frac{1}{2}\ \pm\frac{1}{2}$	−1	1 0 0 −1			
	−1 −1	$\pm\frac{1}{2}\ \pm\frac{1}{2}$	−2	1 0 0 −1			

Dieses Verfahren liefert für unseren jetzigen Standpunkt nichts Neues. Wir werden es aber später notwendig brauchen.

Das hier häufig betrachtete Koppelungsverhältnis

$$\{(\mathfrak{l}_1\,\mathfrak{l}_2)\,(\mathfrak{s}_1\,\mathfrak{s}_2)\}$$

entspricht in vielen Fällen der Wirklichkeit. Wir nennen es das *normale Koppelungsverhältnis*, und die dabei gültige Ordnung der Terme nach $n_1\, l_1\, n_2\, l_2\, l\, s\, j$ nennen wir die *normale Termordnung*. Bei dieser Termordnung hat es keinen physikalischen Sinn, dem einzelnen Elektron ein bestimmtes j_i zuzuordnen.

Daß auch abweichende Koppelungsverhältnisse eine Rolle spielen können, zeigt folgende Überlegung. Da der Singulett-Triplett-Abstand mit zunehmender Laufzahl n_2 immer kleiner wird, während die Wechselwirkung zwischen $\mathfrak{l}_1$ und $\mathfrak{s}_1$ die gleiche bleibt, muß schließlich der Fall eintreten, wo die letztere die größere ist. Dann ordnen sich im Modell in erster Näherung die Vektoren $\mathfrak{l}_1$ und $\mathfrak{s}_1$ zur Resultierenden $\mathfrak{j}_1$ und erst in nächster Näherung kommt die Wechselwirkung von $\mathfrak{l}_2$ und $\mathfrak{s}_2$ mit diesen. In der Nähe der Seriengrenzen haben wir (für $l_1 \neq 0$) daher eine andere Termordnung zu erwarten. Statt der Ordnung in Singuletts und Tripletts erhalten wir in erster Näherung eine solche nach j_1-Werten. Ein Teil der Terme geht zu einer Seriengrenze mit bestimmtem j_1, ein anderer Teil zu einer anderen Grenze. Die zum $2p$-Zustand des Ions gehörenden Terme der Tabelle 25 müssen sich so verhalten; es muß zwei Grenzen geben, die den Termen $2p\,^2P_1$ und $2p\,^2P_2$ des Ions entsprechen[1]).

Wir gehen noch kurz auf die *energetische Reihenfolge* der Terme ein. Die Terme des Triplettsystems liegen erfahrungsgemäß fast stets tiefer als die des Singulettsystems. Das bedeutet für das Modell, daß *gleichgerichtete Kreiseldrehimpulse der Elektronen tiefere Energie* haben als entgegengesetzt gerichtete. Von den Termen mit gleichem $n_1\, l_1\, n_2\, l_2$ liegen die mit größerem l tiefer, z. B. von den $2p\ 3d$-Termen liegt ^3F am tiefsten, dann kommt ^3D und ^3P. Das bedeutet, daß *parallel und gleichsinnig umlaufende Elektronen die tiefere Energie ergeben*. Schließlich sind innerhalb der Tripletts die Terme mit kleinstem j die tiefsten. Dies entspricht dem oben bemerkten Verhalten der Dubletts bei den Alkalien und läßt sich durch *magnetische Wechselwirkung der umlaufenden Elektronen mit den magnetischen Momenten der Elektronen* erklären (vgl. § 16).

Auf die absolute Größe dieser Aufspaltungen gehen wir später bei der Betrachtung beliebig vieler Elektronen ein (§ 26).

---

[1]) Die erste solche Zuordnung findet sich bei W. GROTRIAN (*33*), der die Seriengrenzen des Neons zwei Zuständen des Ne^+ zuordnet (vgl. § 40).

§ 22. Normale Multipletts.

In einer Reihe von Spektren treten nicht bloß Singuletts, Dubletts und Tripletts auf, sondern *höhere Multiplizitäten.*

Um die *Feststellung solcher Multipletterme* zu erläutern, knüpfen wir an die auf S. 80 beschriebene, in Tabelle 16 dargestellte Kombination zweier Tripletterme an. Angenommen, wir wüßten nicht, daß es sich um eine $^3P\,^3D$-Kombination handelt, so könnten wir auf Grund der vorhandenen konstanten ν-Differenzen zwischen einigen Linien dieses Gebildes das in Tabelle 16 angegebene Schema hinschreiben und aus den vorhandenen Kombinationen, unter Benutzung der Regel $\Delta j = 0, \pm 1$ schließen, daß es sich um Kombinationen von drei Termen mit aufeinanderfolgenden j-Werten und drei anderen Termen mit ebenfalls aufeinanderfolgenden, aber von den ersten um 1 verschiedenen j-Werten handelt.

Die Deutung komplizierterer Liniengruppen mit konstanten Wellenzahl-Differenzen durch Annahme von Termen mit höherer Multiplizität ist zuerst von CATALÁN (*148*) ausgeführt worden. Wir geben in Tabelle 29 als Beispiel ein von CATALÁN analysiertes Gebilde im Spektrum des Mangans[1]) in der der Tabelle 16 ent-

Tabelle 29.

	$i+4$		$i+3$		$i+2$		$i+1$		i
	3806,9								
$i+5$	26260,9								
	115,3								
	3790,2		3823,5						
$i+4$	26376,2	229,6	26146,6						
	95,6		95,5						
	3776,5		3809,6		3834,4				
$i+3$	26471,8	229,7	26242,1	169,5	26072,6				
			71,4		71,3				
			3799,2		3823,9		3841,1		
$i+2$			26313,5	169,6	26143,9	116,9	26027,0		
					49,0		48,9		
					3816,7		3833,9		3844,0
$i+1$					26192,9	117,0	26075,9	68,6	26007,3
							28,6		28,5
							3829,7		3839,8
i							26104,5	68,7	26035,8

[1]) In der von E. BACK (*152*) berichtigten Form.

sprechenden Darstellungsweise. Durch die mehrfach auftretenden gleichen Differenzen ist die Zuordnung eindeutig gegeben bis auf die links oben angeschriebene Linie, deren Einordnung durch die Größe der Intervalle nahegelegt wird. Jedem der 14 besetzten Felder der Tabelle entspricht eine Linie, die erste Zeile gibt die Wellenlänge, die zweite die Wellenzahl. Zwischen den Feldern stehen die Wellenzahldifferenzen.

Das betrachtete Liniengebilde erweist sich so als Kombination eines fünffachen mit einem sechsfachen Term. Aus den vorhandenen Kombinationen kann man unter Annahme der Auswahlregel $\Delta j = 0, \pm 1$ Schlüsse auf die j-Zahlen tun. Die am Rand des Schemas angegebenen Zahlen, wo i eine beliebige Zahl ist, erfüllen die Auswahlregel. Die durch Abänderung der $+$-Zeichen in $-$-Zeichen folgenden Zahlen würden ebenfalls der Auswahlregel genügen. Durch Zuhilfenahme einer Intervallregel, die nachher besprochen wird, kann man dann i festlegen, ebenso für das $+$-Zeichen entscheiden.

Die empirische Untersuchung hat gezeigt, daß jedem Element eine Höchstzahl der Komponenten eines Multipletts zukommt. Bei den Bogenspektren der Elemente Sc bis Ni sind folgende Höchstzahlen beobachtet:

Tabelle 30.

Sc	Ti	V	Cr	Mn	Fe	Co	Ni
4	5	6	7	8	7	6	5

Die *genauere Systematik der komplizierten Multiplizitäten* hat man mit Hilfe theoretischer Überlegungen gefunden[1]).

Wir versuchen, die vorkommenden Multipletts als Verallgemeinerung der Dubletts und Tripletts aufzufassen und mit Hilfe unseres Modells darzustellen. Wir nehmen also, wie bei jenen einfachen Multipletts, zwei Vektoren l und s an. l soll bei jedem Atom die Werte $l = 0, 1, 2 \ldots$ annehmen können; s bei einigen Atomen die Werte $\frac{1}{2}, \frac{3}{2}, \frac{5}{2} \ldots$, bei anderen Atomen die Werte $0, 1, 2 \ldots$.

---

[1]) Nach Vorarbeiten von SOMMERFELD und HEISENBERG im wesentlichen von A. LANDÉ (*49*) angegeben.

Bei gegebenem s liefert jeder Wert von l ein Multiplett von Termen mit den Werten

$$j = l + s,\quad l + s - 1 \;\ldots\; |l - s| + 1,\quad |l - s|;$$

mit $l = 0$ erhalten wir stets einen einfachen Term, mit $l = 1$ höchstens einen dreifachen, mit beliebigem l höchstens einen $2l + 1$fachen. Mit $s = 0$ erhalten wir Singuletts, mit $s = \frac{1}{2}$ höchstens Dubletts, mit $s = 1$ höchstens Tripletts usw., allgemein mit beliebigem s Multipletts mit höchstens $2s + 1$ Termen. Wir wollen auch wieder Multipletts mit $s = \frac{1}{2}$ (bzw. $s = 1, \frac{3}{2} \ldots$), auch wenn sie weniger als 2 (bzw. 3, 4 ...) Terme haben, zum Dublett- (bzw. Triplett-, Quartett- usw.) System rechnen. Dann erhalten wir für die verschiedenen Werte von s die in Tabelle 31

Tabelle 31.

l	j		j		
0	0	Singuletts	$\frac{1}{2}$	Dubletts	S
1	1	$s = 0$	$\frac{1}{2}\ \frac{3}{2}$	$s = \frac{1}{2}$	P
2	2		$\frac{3}{2}\ \frac{5}{2}$		D
3	3		$\frac{5}{2}\ \frac{7}{2}$		F
0	1	Tripletts	$\frac{3}{2}$	Quartetts	S
1	0 1 2	$s = 1$	$\frac{1}{2}\ \frac{3}{2}\ \frac{5}{2}$	$s = \frac{3}{2}$	P
2	1 2 3		$\frac{1}{2}\ \frac{3}{2}\ \frac{5}{2}\ \frac{7}{2}$		D
3	2 3 4		$\frac{3}{2}\ \frac{5}{2}\ \frac{7}{2}\ \frac{9}{2}$		F
0	2	Quintetts	$\frac{5}{2}$	Sextetts	S
1	1 2 3	$s = 2$	$\frac{3}{2}\ \frac{5}{2}\ \frac{7}{2}$	$s = \frac{5}{2}$	P
2	0 1 2 3 4		$\frac{1}{2}\ \frac{3}{2}\ \frac{5}{2}\ \frac{7}{2}\ \frac{9}{2}$		D
3	1 2 3 4 5		$\frac{1}{2}\ \frac{3}{2}\ \frac{5}{2}\ \frac{7}{2}\ \frac{9}{2}\ \frac{11}{2}$		F
0	3	Septetts	$\frac{7}{2}$	Oktetts	S
1	2 3 4	$s = 3$	$\frac{5}{2}\ \frac{7}{2}\ \frac{9}{2}$	$s = \frac{7}{2}$	P
2	1 2 3 4 5		$\frac{3}{2}\ \frac{5}{2}\ \frac{7}{2}\ \frac{9}{2}\ \frac{11}{2}$		D
3	0 1 2 3 4 5 6		$\frac{1}{2}\ \frac{3}{2}\ \frac{5}{2}\ \frac{7}{2}\ \frac{9}{2}\ \frac{11}{2}\ \frac{13}{2}$		F
$\Delta\nu =$	1 2 3 4 5 6		$\frac{3}{2}\ \frac{5}{2}\ \frac{7}{2}\ \frac{9}{2}\ \frac{11}{2}\ \frac{13}{2}$		

angegebene Mannigfaltigkeit von j-Werten. Für gegebenes s steigt die Zahl der Terme eines Multipletts zunächst in der Reihe der ungeraden Zahlen an und bleibt dann nach Erreichung von $2s+1$ konstant gleich dieser Zahl.

Die Übereinstimmung dieses Schemas mit der Wirklichkeit ließ sich natürlich nur indirekt beweisen. Man benutzte das Schema zur Ordnung der Terme, und es hat sich gezeigt, daß man nicht auf Widersprüche stieß. Später erhielten dann l und s ihre modellmäßige Deutung.

Unser (l, s)-Modell ergibt ferner nach LANDÉ (*49*) eine einfache Regel für die Verhältnisse der Intervalle in einem Multiplett. Die einfachste Annahme über die Wechselwirkung zwischen l und s ist die, daß ihre potentielle Energie dem $\cos(\mathfrak{l}, \mathfrak{s})$ proportional ist[1]). Die Energien der einzelnen Terme eines Multipletts sind dann (asymptotisch für große Quantenzahlen):

$$W = W_0 + \text{const.} \cos(l, s) = W_0 + \text{const.} \frac{j^2 - l^2 - s^2}{2sl}.$$

Der Abstand zwischen den durch j und $j+1$ bezeichneten Termen wird also

$$\Delta\nu = c[(j+1)^2 - j^2] = c\cdot(2j+1),$$

also proportional mit $j + \frac{1}{2}$. Die empirischen Aufspaltungen sind in vielen Fällen proportional mit $j+1$. Diese Intervallfaktoren sind in der letzten Zeile der Tabelle 31 eingetragen. Es sind jedoch auch viele Multipletts bekannt, für die diese Intervallregel nicht mehr gilt. Wir kommen noch darauf zurück.

Jetzt ist es uns möglich, die Deutung der in Tabelle 29, S. 99 angegebenen Liniengruppe im Manganspektrum zu vervollständigen. Der sechsfache Term (senkrecht angeordnet) gehört sicher dem Sextettsystem an; l ist mindestens gleich 3. Von den Intervallverhältnissen $\frac{3}{2}:\frac{5}{2}:\frac{7}{2}:\frac{9}{2}:\frac{11}{2}$, $\frac{5}{2}:\frac{7}{2}:\frac{9}{2}:\frac{11}{2}:\frac{13}{2}$ usw. paßt am besten das zuerst angegebene. Danach hätten wir einen ${}^6F$-Term vor uns mit den j-Zahlen $\frac{1}{2}, \frac{3}{2}, \frac{5}{2}, \frac{7}{2}, \frac{9}{2}, \frac{11}{2}$ (also $i = \frac{1}{2}$). Für den (wagrecht angeordneten) fünffachen Term folgen daraus die j-Zahlen $\frac{1}{2}, \frac{3}{2}, \frac{5}{2}, \frac{7}{2}, \frac{9}{2}$, er ist also ein ${}^6D$-Term. Die theoretischen Intervalle $\frac{3}{2}:\frac{5}{2}:\frac{7}{2}:\frac{9}{2}$ stimmen auch einigermaßen mit den gemessenen überein.

Auf die durch das Beispiel erläuterte Weise sind sehr viele Spektren durch Terme dargestellt worden. Besonders die Elemente

[1]) Wir werden sie später genauer begründen, vgl. § 24.

Sc bis Ni waren ein dankbares Anwendungsgebiet[1]). Einige Ergebnisse dieser zahlreichen Untersuchungen, nämlich die Multiplizitätssysteme und der tiefste Term sind in Tabelle 32 zusammengestellt.

Die entsprechenden Eigenschaften der Funkenspektren zeigt (soweit bekannt) Tabelle 33.

Die Tabellen zeigen, wie die maximale Multiplizität sich von einem Element zum Nachbar im allgemeinen um 1 ändert, vor allem aber, daß beim Übergang zum Nachbar ein Wechsel zwischen geradzahliger und ungeradzahliger Multiplizität eintritt (Wechselsatz). Die Multiplizitäten der ersten Funkenspektren scheinen dieselben zu sein wie die

Tabelle 32.

K	Ca	Sc	Ti	V	Cr	Mn	Fe	Co	Ni	Cu	Zn
Dubletts	Singuletts Tripletts	Dubletts Quartetts	Singuletts Tripletts Quintetts	Dubletts Quartetts Sextetts	Tripletts Quintetts Septetts	Quartetts Sextetts Oktetts	Tripletts Quintetts Septetts	Dubletts Quartetts Sextetts	Singuletts Tripletts Quintetts	Dubletts Quartetts	Singuletts Tripletts
^2S	^1S	^2D	^3F	^4F	^7S	^6S	^5D	^4F	^3F	^2S	^1S

Tabelle 33.

Ca^+	Sc^+	Ti^+	V^+	Cr^+	Mn^+	Fe^+	Co^+	Ni^+	Cu^+	Zn^+
Dubletts	Tripletts	Dubletts Quartetts	Tripletts Quintetts	Quartetts Sextetts	Septetts	Sextetts				Dubletts
^2S	^3D	^4F	^5D	^6D	^7S	^6D				^2S

[1]) Vgl. die am Schluß des Buches zusammengestellten Arbeiten über Termordnung von Spektren.

der Bogenspektren des vorangehenden Elements (Verschiebungssatz). Ganz allgemein können wir sagen: *Die Atome mit einer ungeraden Zahl von äußeren Elektronen, und damit einer ungeraden Zahl aller Elektronen, haben nur geradzahlige Multiplizitäten; die Atome mit einer geraden Zahl von Elektronen haben nur ungeradzahlige Multiplizitäten*[1]). Dieser Satz ist bisher in allen Fällen bestätigt worden[2]). Ferner gilt der Satz: *Die Multiplizität ist höchstens um 1 größer als die Zahl der Elektronen außerhalb der äußersten abgeschlossenen Schale.*

Wir erhalten eine einfache Deutung dieses Verhaltens, wenn wir jedem Valenzelektron im Modell einen Kreiseldrehimpuls $\mathfrak{s}_i$ ($s_i = \frac{1}{2}$) zuschreiben und annehmen, daß die Wechselwirkung der $\mathfrak{s}_i$-Drehimpulse untereinander größer ist als ihre Wechselwirkung mit den Bahndrehimpulsen $\mathfrak{l}_i$. Die $\mathfrak{s}_i$ fügen sich dann zu einer Resultierenden zusammen, deren Größe s höchstens gleich der halben Zahl der äußeren Elektronen ist und zu einer Vielfachheit Anlaß gibt, die höchstens um 1 größer als die Zahl dieser Elektronen ist. Bei Hinzufügung eines neuen Elektrons zu einem Atomrest ändert sich s um $\frac{1}{2}$; wir erhalten einen Wechsel zwischen ganzzahligem und halbzahligem s und damit zwischen ungeradzahliger und geradzahliger Multiplizität.

Die Größe l bedeutet die Resultierende aus den Bahndrehimpulsen l_i der Valenzelektronen. Notwendig für die beschriebene Termordnung der normalen Multipletts ist also auch, daß die Wechselwirkung der $\mathfrak{l}$ untereinander groß ist gegen ihre Wechselwirkung mit den $\mathfrak{s}$.

Auf Erklärungsversuche der absoluten Intervallgrößen gehen wir später ein.

Bei den Dubletts der Alkalien und den Tripletts der Erdalkalien fanden wir, daß innerhalb eines Multipletts der Term mit kleinstem j der tiefste ist. Die Anordnung, daß der Term mit kleinstem j der tiefste ist, dann der mit zweitkleinstem j folgt usw., tritt bei sehr vielen Multipletts auf. Wir nennen sie *regelrechte Multipletts*. Es kommt aber auch häufig vor, daß der Term mit größtem j der tiefste ist, dann der Term mit zweitgrößtem j

---

[1]) Der Satz ist eine Erweiterung des von RYDBERG aufgestellten *Wechselsatzes*, nach dem Elemente mit ungerader Valenz Dubletts, mit gerader Valenz Tripletts zeigen sollten.

[2]) Eine scheinbare Ausnahme bei Helium s. § 29.

folgt usw. Wir sprechen dann von *verkehrten Multipletts*. Häufig gilt bei ihnen noch die LANDÉsche Intervallregel, daß der Abstand zwischen den Komponenten, denen j und $j+1$ zukommt, proportional $j+1$ ist. Bei *partiell verkehrten Multipletts* entspricht die Reihenfolge der Terme nicht der Reihenfolge der j-Zahlen.

Von den in Tabelle 32 angegebenen Grundtermen der Elemente von K bis Zn sind die von Sc bis Cr regelrecht, die von Fe bis Ni verkehrt. Auf die modellmäßige Erklärung gehen wir später (§ 24) ein.

Multipletts, die das in Tabelle 31 angegebene Verhalten mit angenäherter Gültigkeit der Intervallregeln zeigen, nennen wir *normale Multipletts*[1]).

§ 23. Der ZEEMAN-Effekt normaler Multipletts.

Die als normal bezeichneten Multipletts zeigen im Magnetfeld ein verhältnismäßig einfaches Verhalten. Jede Linie gibt im schwachen Magnetfeld ein symmetrisches Bild von Linien, deren Abstand von der Mitte sich rational durch die normale Aufspaltung $o = \frac{1}{2\pi}\frac{e}{2\mu c}|\mathfrak{H}|$ darstellen läßt.

Mit Hilfe der Untersuchungen von BACK ist es LANDÉ (*49*) gelungen, das vollständige Schema dieser Aufspaltungen anzugeben. Die Verschiebung einer Linie durch das schwache Magnetfeld läßt sich durch

$$\Delta\nu = o \cdot m \cdot g$$

ausdrücken, wo m die Werte $j,\ j-1\ldots -j$ annimmt und g den in der Tabelle 34 angegebenen Wert hat.

Für die Kombinationen der Terme gilt die Regel: $\Delta m = 0$ gibt eine π-Komponente, $\Delta m = \pm 1$ gibt eine σ-Komponente. Wenn $\Delta j = 0$ ist, fällt $\Delta m = 0$ aus.

---

[1]) Man glaubte zunächst, für das Zustandekommen von Termen, die in das Schema Tabelle 31 passen, sei wesentlich, daß der Zustand des Atomrumpfes einem S-Term entspricht. Solche Spektren nannte man Spektren erster Stufe. Die weitere Entwicklung hat aber gezeigt, daß die Ordnung der Terme zu Multipletts von der Art der Tabelle 24 von der Größe der Koppelungsverhältnisse abhängt. So entstanden die Bezeichnungen normale und nicht normale Multipletts (vgl. W. HEISENBERG (*70*)).

Tabelle 34. Aufspaltungsfaktoren g.

$l \backslash j$	0	1	2	3	4	5	6	7	$\frac{1}{2}$	$\frac{3}{2}$	$\frac{5}{2}$	$\frac{7}{2}$	$\frac{9}{2}$	$\frac{11}{2}$	$\frac{13}{2}$	$\frac{15}{2}$	
0	$\frac{0}{0}$							Singuletts	2							Dubletts	S
1		1						$s=0$	$\frac{2}{3}$	$\frac{4}{3}$						$s=\frac{1}{2}$	P
2			1							$\frac{4}{5}$	$\frac{6}{5}$						D
3				1							$\frac{6}{7}$	$\frac{8}{7}$					F
4					1							$\frac{8}{9}$	$\frac{10}{9}$				G
0		2						Tripletts		2						Quartetts	S
1	$\frac{0}{0}$	$\frac{3}{2}$	$\frac{3}{2}$					$s=1$	$\frac{8}{3}$	$\frac{26}{15}$	$\frac{8}{5}$					$s=\frac{3}{2}$	P
2		$\frac{1}{2}$	$\frac{7}{6}$	$\frac{4}{3}$					0	$\frac{6}{5}$	$\frac{48}{35}$	$\frac{10}{7}$					D
3			$\frac{2}{3}$	$\frac{13}{12}$	$\frac{5}{4}$					$\frac{2}{5}$	$\frac{36}{35}$	$\frac{78}{63}$	$\frac{4}{3}$				F
4				$\frac{3}{4}$	$\frac{21}{20}$	$\frac{6}{5}$					$\frac{4}{7}$	$\frac{62}{63}$	$\frac{116}{99}$	$\frac{14}{11}$			G
0			2					Quintetts			2					Sextetts	S
1		$\frac{5}{2}$	$\frac{11}{6}$	$\frac{5}{3}$				$s=2$		$\frac{12}{5}$	$\frac{66}{35}$	$\frac{12}{7}$				$s=\frac{5}{2}$	P
2	$\frac{0}{0}$	$\frac{3}{2}$	$\frac{3}{2}$	$\frac{3}{2}$	$\frac{3}{2}$				$\frac{10}{3}$	$\frac{28}{15}$	$\frac{58}{35}$	$\frac{100}{63}$	$\frac{14}{9}$				D
3		0	1	$\frac{5}{4}$	$\frac{27}{20}$	$\frac{7}{5}$			$-\frac{2}{3}$	$\frac{16}{15}$	$\frac{46}{35}$	$\frac{88}{63}$	$\frac{142}{99}$	$\frac{16}{11}$			F
4			$\frac{1}{3}$	$\frac{11}{12}$	$\frac{23}{20}$	$\frac{19}{15}$	$\frac{4}{3}$			0	$\frac{6}{7}$	$\frac{8}{7}$	$\frac{14}{11}$	$\frac{192}{143}$	$\frac{18}{13}$		G
0				2				Septetts				2				Oktetts	S
1			$\frac{7}{2}$	$\frac{23}{12}$	$\frac{7}{4}$			$s=3$			$\frac{16}{7}$	$\frac{122}{63}$	$\frac{16}{9}$			$s=\frac{7}{2}$	P
2		3	2	$\frac{7}{4}$	$\frac{33}{20}$	$\frac{8}{5}$				$\frac{14}{5}$	$\frac{72}{35}$	$\frac{38}{21}$	$\frac{56}{33}$	$\frac{18}{11}$			D
3	$\frac{0}{0}$	$\frac{3}{2}$	$\frac{3}{2}$	$\frac{3}{2}$	$\frac{3}{2}$	$\frac{3}{2}$	$\frac{3}{2}$		4	2	$\frac{12}{7}$	$\frac{34}{21}$	$\frac{52}{33}$	$\frac{222}{143}$	$\frac{20}{13}$		F
4		$-\frac{1}{2}$	$\frac{5}{6}$	$\frac{7}{6}$	$\frac{13}{10}$	$\frac{41}{30}$	$\frac{59}{42}$	$\frac{10}{7}$	$-\frac{4}{3}$	$\frac{14}{15}$	$\frac{44}{35}$	$\frac{86}{63}$	$\frac{140}{99}$	$\frac{206}{143}$	$\frac{284}{195}$	$\frac{22}{15}$	G
$\Delta\nu =$	1 : 2 : 3 : 4 : 5 : 6 : 7								$\frac{3}{2} : \frac{5}{2} : \frac{7}{2} : \frac{9}{2} : \frac{11}{2} : \frac{13}{2} : \frac{15}{2}$								

Mit dieser Regel und den g-Werten der Tabelle 34 lassen sich die Aufspaltungsbilder einer großen Zahl von Multipletts in Übereinstimmung mit der Erfahrung berechnen. Es gibt aber auch andere Aufspaltungsbilder, auf die wir noch zurückkommen.

Landé hat für die g-Werte auch eine Formel angegeben.

Mit unseren Bezeichnungen lautet sie

$$g = 1 + \frac{j(j+1) + s(s+1) - l(l+1)}{2j(j+1)}.$$

Aus unserem Modell folgt eine Formel, die damit für große l und s übereinstimmt. Die magnetische Energie des Modells setzt sich nach unserer Annahme zusammen aus der „normalen" Energie des Drehimpulses j

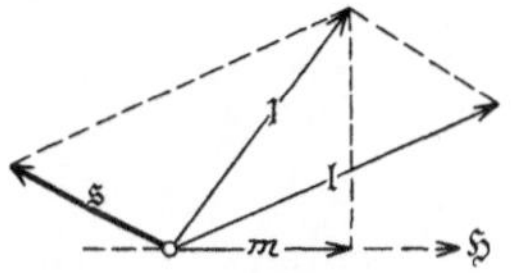

$$h\Delta\nu_1 = ho \cdot j \cos(\mathfrak{j}, \mathfrak{H}) = ho \cdot m$$

Abb. 16. Vektorgerüst eines Atoms im Magnetfeld.

und einer noch einmal hinzugefügten „normalen" Energie von s (vgl. § 19). Da $\mathfrak{s}$ im schwachen Feld eine Präzession um $\mathfrak{j}$ ausführt und $\mathfrak{j}$ wiederum eine Präzession um die Feldrichtung, so wird dieser Anteil

$$h\Delta\nu_2 = ho \cdot s \cos(\mathfrak{s}\,\mathfrak{j}) \cos(\mathfrak{j}\,\mathfrak{H}) = hom\frac{j^2 + s^2 - l^2}{2j^2}.$$

Die Verschiebung des Termes durch das Feld ergibt sich also zu

$$\Delta\nu = o \cdot m\left[1 + \frac{j^2 + s^2 - l^2}{2j^2}\right].$$

Die Überlegung zeigt zugleich, daß die genannte g-Formel nur gelten kann, wenn das Magnetfeld so schwach ist, daß es die Ordnung der Vektoren $\mathfrak{l}$ und $\mathfrak{s}$ zur Resultierenden $\mathfrak{j}$ nicht stört. Sie gilt also nur, wenn die ZEEMAN-Aufspaltung klein ist gegen die Multiplett-Aufspaltung.

In allen Fällen, wo das *Magnetfeld stark* genug ist, zeigen die Multipletts als Ganze normalen ZEEMAN-Effekt. Aus unserem Modell erhalten wir für jede Multiplizität einen Aufspaltungswert $m_l + 2\,m_s$. Tabelle 35 gibt eine Zusammenstellung der zu jedem $m = m_l + m_s$ und l gehörenden Aufspaltungswerte. Dabei sind nur die positiven m (und $m = 0$) angegeben; für negative m erhalten wir die gleichen Werte mit dem entgegengesetzten Zeichen.

Auch hier gilt der entsprechende Summensatz wie bei Dublettermen (§ 15). Die Summe der magnetischen Energien aller Terme, die zu einem m gehören, ist (gemessen durch ho) für schwache und starke Felder die gleiche. Der Satz reicht aus, um aus den Termaufspaltungen in starken Feldern die g-Werte für schwache Felder abzuleiten (PAULI (*50*)).

Tabelle 35.

Singuletts.

$m =$	0	1	2	3
S	0			
P	0	1		
D	0	1	2	
F	0	1	2	3

Tripletts.

$m =$	0	1	2	3	4
S	0	2			
P	−1 0 1	1 2	3		
D	−1 0 1	0 1 2	2 3	4	
F	−1 0 1	0 1 2	1 2 3	3 4	5

Quintetts.

$m =$	0	1	2	3	4	5
S	0	2	4			
P	−1 0 1	1 2 3	3 4	5		
D	−2 −1 0 1 2	0 1 2 3	2 3 4	4 5	6	
F	−2 −1 0 1 2	−1 0 1 2 3	1 2 3 4	3 4 5	5 6	7

Septetts.

$m =$	0	1	2	3	4	5	6
S	0	2	4	6			
P	−1 0 1	1 2 3	3 4 5	5 6	7		
D	−2 −1 0 1 2	0 1 2 3 4	2 3 4 5	4 5 6	6 7	8	
F	−3 −2 −1 0 1 2 3	−1 0 1 2 3 4	1 2 3 4 5	3 4 5 6	5 6 7	7 8	9

Tabelle 35 (Fortsetzung).

Dubletts.

$m =$	$\frac{1}{2}$	$\frac{3}{2}$	$\frac{5}{2}$	$\frac{7}{2}$
S	1			
P	0 1	2		
D	0 1	1 2	3	
F	0 1	1 2	2 3	4

Quartetts.

$m =$	$\frac{1}{2}$	$\frac{3}{2}$	$\frac{5}{2}$	$\frac{7}{2}$	$\frac{9}{2}$
S	1	3			
P	0 1 2	2 3	4		
D	−1 0 1 2	1 2 3	3 4	5	
F	−1 0 1 2	0 1 2 3	2 3 4	4 5	6

Sextetts.

$m =$	$\frac{1}{2}$	$\frac{3}{2}$	$\frac{5}{2}$	$\frac{7}{2}$	$\frac{9}{2}$	$\frac{11}{2}$
S	1	3	5			
P	0 1 2	2 3 4	4 5	6		
D	−1 0 1 2 3	1 2 3 4	3 4 5	5 6	7	
F	−2 −1 0 1 2 3	0 1 2 3 4	2 3 4 5	4 5 6	6 7	8

Oktetts.

$m =$	$\frac{1}{2}$	$\frac{3}{2}$	$\frac{5}{2}$	$\frac{7}{2}$	$\frac{9}{2}$	$\frac{11}{2}$	$\frac{13}{2}$
S	1	3	5	7			
P	0 1 2	2 3 4	4 5 6	6 7	8		
D	−1 0 1 2 3	1 2 3 4 5	3 4 5 6	5 6 7	7 8	9	
F	−2 −1 0 1 2 3 4	0 1 2 3 4 5	2 3 4 5 6	4 5 6 7	6 7 8	8 9	10

Die oben (§ 15 und § 19) für Dubletts und Tripletts gegebene *Zuordnung der Terme in schwachen und starken Feldern* läßt sich für beliebiges s verallgemeinern[1]). Wir fordern allgemein: *Terme mit gleichem m überschneiden sich nicht*[2]). Für regelrechte Multipletts folgt dann die in Tabelle 36 gegebene Zuordnung. Der Kopf jeder Einzeltabelle enthält die Werte von m_l und m_s, darunter stehen die zugehörigen Werte von j. Durch s, l, j und m ist der Term im schwachen Feld, durch s, l und $m_l + 2\,m_s$ der Term im starken Feld bestimmt.

Bei verkehrten Multipletts liefert die Forderung, daß die Reihenfolge der Terme bei festem m in schwachen und in starken Feldern dieselbe ist, eine andere Zuordnung. Sie entsteht aus der in Tabelle 36 wiedergegebenen durch Vertauschen von $+$ und $-$ bei m_l und m_s.

Die hier angegebenen Zuordnungen hat Pauli (*52*) theoretisch begründet.

Für die Zuordnung der Terme in schwachen und starken Feldern gibt G. Breit (*79*) eine sehr übersichtliche Darstellung. Man mache für jedes Multiplett ein leeres Schema von $2\,s + 1$ Zeilen und $2\,l + 1$ Spalten. Die Zeilen lasse man von unten nach oben den Werten $m_s = -s,\ -s + 1 \ldots s$ entsprechen, die

Tabelle 37. Zuordnung für regelrechten ^3D-Term.

—2, 1	—1, 1	0, 1	1, 1	2, 1
—2, 0	—1, 0	0, 0	1, 0	2, 0
—2, —1	—1, —1	0, —1	1, —1	2, —1

Tabelle 38. Zuordnung für verkehrten ^3D-Term.

—2, 1	—1, 1	0, 1	1, 1	2, 1
—2, 0	—1, 0	0, 0	1, 0	2, 0
—2, —1	—1, —1	0, —1	1, —1	2, —1

[1]) Die Zuordnung ist angegeben von W. Pauli (*52*).
[2]) Vgl. Fußnote 1, S. 71.

Spalten von links nach rechts den Werten $m_l = -l, -l+1 \ldots l$, so daß jedes Feld einem Term im Magnetfeld entspricht. Im Falle regelrechter Multipletts gehören die Komponenten in den Feldern am linken und oberen Rand zum größten j-Wert, die Felder am linken und oberen Rand des noch übrigen Schemas zum zweitgrößten j-Wert usw. Im Falle verkehrter Multipletts gehören die Komponenten in den Feldern am unteren und rechten Rand zum größten j-Wert, die Felder am unteren und rechten Rand des noch übrigen Schemas zum zweitgrößten j-Wert usw. Wir erläutern die Zuordnung an einem regelrechten und einem verkehrten ^3D-Multiplett (Tabelle 37 und 38). Die erste Zahl in jedem Feld ist m_l, die zweite m_s.

§ 24. Abzählung der Terme eines Atoms mit mehreren Elektronen.

Wir kommen jetzt wieder auf die Hauptfrage zurück: *Welches ist Zahl und ungefähre Lage der Terme eines beliebigen Atoms.* Für den Fall eines Atoms mit zwei Valenzelektronen haben wir uns im § 21 einige Gesichtspunkte zur Beantwortung dieser Frage verschafft. Wir wollen sie jetzt auf Atome mit mehr als zwei Valenzelektronen anwenden.

Wir unterscheiden wieder zwischen Überlegungen, die nur eine *Abzählung* der Terme ergeben, und solchen, die auch etwas über die *Lage* der Terme aussagen. Für die ersteren brauchen wir nur ein Modell, das sich adiabatisch in das der Wirklichkeit entsprechende überführen läßt. Wir erhalten z. B. die Zahl der Terme, wenn wir die Koppelung der Elektronen miteinander ansehen als kleine Störung der Bewegung, die die Elektronen einzeln ausführen. Die Wechselwirkungen werden dann durch das Schema

$$\{(\mathfrak{l}_1\,\mathfrak{s}_1)\,(\mathfrak{l}_2\,\mathfrak{s}_2)\,(\mathfrak{l}_3\,\mathfrak{s}_3)\ldots\}$$

dargestellt. Die $\mathfrak{l}_\iota\,\mathfrak{s}_\iota$ ordnen sich zu Resultierenden $\mathfrak{j}_\iota$. Um nun weiter eine einfach zu übersehende Koppelung der $\mathfrak{j}_\iota$ zu erhalten, nehmen wir die zwischen $\mathfrak{j}_1$ und $\mathfrak{j}_2$ als stärkste an, sie hat die Ordnung von $\mathfrak{j}_1$ und $\mathfrak{j}_2$ zu einer Resultierenden $\mathfrak{j}_{12}$ zur Folge; dann möge die Wechselwirkung zwischen $\mathfrak{j}_3$ und $\mathfrak{j}_1$ und $\mathfrak{j}_2$ kommen, sie liefert eine Resultierende $\mathfrak{j}_{123}$ aus $\mathfrak{j}_{12}$ und $\mathfrak{j}_3$. So können wir fortfahren und erhalten schließlich die j-Werte der Terme. Sie bedeuten auch dann noch die Gesamtdrehimpulse der den Termen entsprechenden Bewegungen, wenn die Koppelungsverhältnisse andere sind, da der Gesamtdrehimpuls bei adiabatischer Änderung der Kräfte gequantelt bleibt, solange diese Kräfte keine von außen wirkenden sind. Bei Anlegen hinreichend starker äußerer Felder verliert natürlich j seine physikalische Bedeutung (wie wir es ja beim ZEEMAN-Effekt in starken Feldern sahen).

Bei dieser Abzählung wird der einzelne Term (ohne Magnetfeld) durch die Quantenzahlen

$$n_1 l_1 j_1,\; n_2 l_2 j_2,\; n_3 l_3 j_3 \ldots,$$

im (geeignet groß gewählten) Magnetfeld durch

$$n_1 l_1 j_1 m_1,\; n_2 l_2 j_2 m_2,\; n_3 l_3 j_3 m_3 \ldots.$$

dargestellt.

Eine andere Abzählung der Terme liefert ein Modell, in dem die Koppelungen durch das Symbol

$$\{(\mathfrak{l}_1 \mathfrak{l}_2 \mathfrak{l}_3 \ldots)(\mathfrak{s}_1 \mathfrak{s}_2 \mathfrak{s}_3 \ldots)\}$$

wiedergegeben werden; es ist der Fall normaler Koppelungsverhältnisse. Die $\mathfrak{l}_i$ ordnen sich zu einer Resultierenden $\mathfrak{l}$, die $\mathfrak{s}_i$ zu einer Resultierenden $\mathfrak{s}$. Um eine Übersicht über die vorkommenden l- und s-Werte zu erhalten, denken wir uns die Koppelung $(l_1 l_2)$ stark gegen die zwischen $\mathfrak{l}_3$ und $\mathfrak{l}_1$ und $\mathfrak{l}_2$, diese stark gegen die zwischen $\mathfrak{l}_4$ und $\mathfrak{l}_1 \mathfrak{l}_2 \mathfrak{l}_3$ usw.; ebenso denken wir uns die Koppelungen der $\mathfrak{s}_i$ abgestuft. Dann ergeben $\mathfrak{l}_1$ und $\mathfrak{l}_2$ eine Resultierende $\mathfrak{l}_{12}$ (Betrag $l_{12} = l_1 + l_2,\, l_1 + l_2 - 1 \ldots |l_1 - l_2|$), $\mathfrak{s}_1$ und $\mathfrak{s}_2$ eine Resultierende $\mathfrak{s}_{12}$ (Betrag $s = 0, 1$). Weiter geben $\mathfrak{l}_{12}$ und $\mathfrak{l}_3$ eine Resultierende $\mathfrak{l}_{123}$ (Betrag $l_{123} = l_{12} + l_3,\, l_{12} + l_3 - 1 \ldots |l_{12} - l_3|$) und $\mathfrak{s}_{12}$ und $\mathfrak{s}_3$ eine Resultierende $\mathfrak{s}_{123}$ (Betrag $\frac{1}{2}, \frac{1}{2}, \frac{3}{2}$). Durch Fortsetzung des Verfahrens erhält man schließlich die Mannigfaltigkeit der Terme.

Wir wenden das Verfahren auf ein s-, ein p- und ein d-Elektron an. Die beiden ersten geben die Terme

$$sp\,^1P \text{ und } sp\,^3P \quad (l_{12} = 1;\; s_{12} = 0, 1).$$

Fügen wir das dritte hinzu, so erhalten wir aus $sp\,^1P$ die Terme

$$spd\,^2P \left(l = 1,\, s = \frac{1}{2}\right),$$

$$spd\,^2D \left(l = 2,\, s = \frac{1}{2}\right),$$

$$spd\,^2F \left(l = 3,\, s = \frac{1}{2}\right).$$

Aus $sp\ ^3P$ erhalten wir weitere Dubletterme

$$spd\ ^2P\ \left(l = 1,\ s = \frac{1}{2}\right),$$

$$spd\ ^2D\ \left(l = 2,\ s = \frac{1}{2}\right),$$

$$spd\ ^2F\ \left(l = 3,\ s = \frac{1}{2}\right),$$

und außerdem Quartetterme

$$spd\ ^4P\ \left(l = 1,\ s = \frac{3}{2}\right),$$

$$spd\ ^4D\ \left(l = 2,\ s = \frac{3}{2}\right),$$

$$spd\ ^4F\ \left(l = 3,\ s = \frac{3}{2}\right).$$

Bei dem hier angegebenen sukzessiven Verfahren wird das Spektrum eines Elements aus dem des positiven Ions hergeleitet. Die allgemeine Regel, nach der aus einem Termmultiplett des positiven Ions durch Hinzufügung eines Elektrons die Terme des Atoms hergeleitet werden, können wir so aussprechen: *Aus einem Term* ($l = L$, $s = S$) *des Ions entstehen durch Hinzufügung eines Elektrons* ($l = \lambda$, $s = \frac{1}{2}$) *alle Terme* (l, s), *wo* $s = S \pm \frac{1}{2}$ *ist und* l *die Werte* $L + \lambda$, $L + \lambda - 1 \ldots |L - \lambda|$ *durchläuft.*

Aus einem Sextett-D-Term (^6D) entstehen z. B. durch Hinzufügung eines s-Elektrons die Terme

$$^5D,\ ^7D,$$

durch Hinzufügung eines p-Elektrons die Terme

$$^5P\ ^5D\ ^5F,\quad ^7P\ ^7D\ ^7F,$$

durch Hinzufügung eines d-Elektrons die Terme

$$^5S\ ^5P\ ^5D\ ^5F\ ^5G,\quad ^7S\ ^7P\ ^7D\ ^7F\ ^7G.$$

Für spätere Verwendung ist noch die Betrachtung der Mannigfaltigkeit der Terme im Magnetfeld wichtig und ihre Darstellung in einer der Tabelle 28 entsprechenden Weise. Wir betrachten dabei die Koppelungsverhältnisse

$$\{[(L\,\mathfrak{H})\,(S\,\mathfrak{H})]\,[(\lambda\,\mathfrak{H})\,(\sigma\,\mathfrak{H})]\}$$

und

$$\{[(L\,\lambda)\,\mathfrak{H}]\,[(S\,\sigma)\,\mathfrak{H}]\}.$$

Die großen lateinischen Buchstaben beziehen sich dabei auf das Ion, die griechischen auf das neu hinzukommende Elektron. Um die aus einem Term (LS) des Ions durch Hinzufügung eines Elektrons (λ) entstehenden Terme abzuleiten, bilden wir zu $L\lambda$ alle Möglichkeiten von m_L, m_λ und zu S, $\sigma = \frac{1}{2}$ alle Möglichkeiten von m_S, m_σ. Dann bilden wir $m_l = m_L + m_\lambda$ und $m_s = m_S + m_\sigma$. Schließlich bilden wir noch die zu den Zahlenpaaren $m_l\, m_s$ gehörenden Werte von l und s. Tabelle 39 gibt dieses Verfahren für $L = 1$, $S = 1$ (^3P-Term des Ions) und $\lambda = 1$ (p-Elektron) an.

Tabelle 39.

$L\lambda$	$S\sigma$	m_L	m_λ	m_S	m_σ	m_l	m_s	l	s	Terme
1 1	$1\,\frac{1}{2}$	1	1	1 0 −1	$\pm\frac{1}{2}$	2	$\pm\frac{3}{2}\ \pm\frac{1}{2}\ \pm\frac{1}{2}$			
			0	1 0 −1	$\pm\frac{1}{2}$	1	$\pm\frac{3}{2}\ \pm\frac{1}{2}\ \pm\frac{1}{2}$			
			−1	1 0 −1	$\pm\frac{1}{2}$	0	$\pm\frac{3}{2}\ \pm\frac{1}{2}\ \pm\frac{1}{2}$			
		0	1	1 0 −1	$\pm\frac{1}{2}$	1	$\pm\frac{3}{2}\ \pm\frac{1}{2}\ \pm\frac{1}{2}$			$^2S\ ^2P\ ^2D$
			0	1 0 −1	$\pm\frac{1}{2}$	0	$\pm\frac{3}{2}\ \pm\frac{1}{2}\ \pm\frac{1}{2}$	2, 1, 0	$\frac{3}{2}, \frac{1}{2}$	$^4S\ ^4P\ ^4D$
			−1	1 0 −1	$\pm\frac{1}{2}$	−1	$\pm\frac{3}{2}\ \pm\frac{1}{2}\ \pm\frac{1}{2}$			
		−1	1	1 0 −1	$\pm\frac{1}{2}$	0	$\pm\frac{3}{2}\ \pm\frac{1}{2}\ \pm\frac{1}{2}$			
			0	1 0 −1	$\pm\frac{1}{2}$	−1	$\pm\frac{3}{2}\ \pm\frac{1}{2}\ \pm\frac{1}{2}$			
			−1	1 0 −1	$\pm\frac{1}{2}$	−2	$\pm\frac{3}{2}\ \pm\frac{1}{2}\ \pm\frac{1}{2}$			

§ 25. Die Paulische Regel für äquivalente Bahnen.

Wollten wir auf Grund der im § 24 aufgestellten Gesichtspunkte die Spektralterme eines Elements aus dem Normalzustand seines positiven Ions deduktiv herleiten, so würde das Ergebnis nur für die höher liegenden Terme der Erfahrung entsprechen. Um einzusehen, daß unsere Regeln noch einer Ergänzung bedürfen, braucht man nur daran zu denken, daß bei den Erdalkalien nur die ^1S-Serie einen tiefen Term hat und daß die ^3S-Serie erst etwa in der Höhe des zweiten ^1S-Termes beginnt. Wenn also beide s-Elektronen in ihrer tiefsten Bahn laufen, so gibt es nur einen ^1S-Term. Ferner haben uns unsere Betrachtungen über das periodische System der Elemente gezeigt, daß es überhaupt nicht mehr als zwei s-Elektronen auf der tiefsten Bahn geben kann. Der tiefste ^2S-Term von Al, Ga, In, Tl enthält schon ein s-Elektron in höherer Bahn. Ganz allgemein sahen wir, daß es zu bestimmten Quantenzahlen nur eine bestimmte Höchstzahl von Elektronen gibt. So gibt es für die kleinste Hauptquantenzahl nur 2, für die nächste nur 8, für die dritte nur 18 usw. Eine Erklärung dieses Abschlusses der einzelnen Schalen können wir aus unseren Modellbetrachtungen nicht geben. Sie kann nur durch eine neue Regel exakt formuliert werden. PAULI (*68*) gelang dies durch folgende Annahmen: *Zu jedem Quadrupel von Zahlen $n\ l\ j\ m$ oder $n\ l\ m_l\ m_s$ gibt es im Atom höchstens ein einziges Elektron* und: *Fälle, die durch Vertauschen zweier Elektronen ineinander übergehen, geben zusammen nur einen Term.*

Ist $l = 0$, so kann j nur den Wert $\frac{1}{2}$ haben, für m gibt es nur die Werte $\frac{1}{2}$ und $-\frac{1}{2}$. Es lassen sich also nur zwei Zahlenquadrupel $(n l j m)$ bilden: n, 0, $\frac{1}{2}$, $\frac{1}{2}$ und n, 0, $\frac{1}{2}$, $-\frac{1}{2}$. Durch Vertauschen entsteht kein neuer Term. Unter Benutzung von $n\ l\ m_l\ m_s$ gibt es nur $m_l = 0$ und $m_s = \pm\frac{1}{2}$. Eine Schale mit festem n und $l = 0$ kann also höchstens zwei Elektronen enthalten. Ist $l = 1$, so gibt es die Möglichkeiten $j = \frac{1}{2}$, $m = \pm\frac{1}{2}$ und $j = \frac{3}{2}$, $m = \pm\frac{1}{2}$, $\pm\frac{3}{2}$ ($m_l = 1$, $m_s = \pm\frac{1}{2}$; $m_l = 0$, $m_s = \pm\frac{1}{2}$ und $m_l = -1$, $m_s = \pm\frac{1}{2}$), also sechs. Eine Schale mit $l = 1$ kann also höchstens sechs Elektronen enthalten. Für beliebiges l erhalten wir

$$j = l - \frac{1}{2}, \qquad\qquad j = l + \frac{1}{2},$$

$$m = \pm\frac{1}{2}, \ \pm\frac{3}{2} \ldots \pm\left(l - \frac{1}{2}\right), \quad m = \pm\frac{1}{2}, \ \pm\frac{3}{2} \ldots \pm\left(l + \frac{1}{2}\right),$$

oder anders gezählt:

$$m_l = l,\ l - 1 \ldots - l; \quad m_s = \pm\frac{1}{2}.$$

Nennen wir Elektronen mit gleichem n und l äquivalent, so gilt der Satz: *Es gibt in einem Atom höchstens* $2\,(2\,l + 1)$ *äquivalente Elektronen mit der Nebenquantenzahl l.* Diese Zahlen sind im Einklang mit der früher (§ 12) erwähnten STONERschen Annahme über die Besetzungszahlen der einzelnen Elektronenschalen.

Die PAULIsche Regel schränkt die Ergebnisse des § 24 ein. Die nach den dort aufgestellten Gesichtspunkten abgeleiteten Termmannigfaltigkeiten gelten nur, wenn keine äquivalenten Elektronen auftreten, bei Elektronen mit gleichem l also nur dann, wenn die n verschieden sind. Hat man aber äquivalente Elektronen, so erhält man die dabei möglichen Terme, indem man zu den gegebenen Zahlen $l_1 l_2 \ldots$ alle Möglichkeiten für $j_1 j_2 \ldots$, $m_1 m_2 \ldots$ (entsprechend Tabelle 27) oder für $m_{l_1} m_{l_2} \ldots$ $m_{s_1} m_{s_2} \ldots$ (entsprechend Tabelle 28) aufschreibt, bei denen die zu zwei Elektronen gehörenden Zahlen nicht alle gleich sind. Im ersten $(l_i\, j_i\, m_i)$-Schema kann man dann $m = \sum_i m_i$ bilden und aus den vorhandenen m-Werten auf die j-Werte schließen. Im zweiten $(l_i\, m_{l_i} m_{s_i})$-Schema kann man $m_l = \sum_i m_{l_i}$, $m_s = \sum_i m_{s_i}$ bilden und daraus wie früher auf l und s schließen[1]). Wir geben daher dem zweiten Schema den Vorzug.

Wir betrachten jetzt die möglichen Terme für ein System mit nur äquivalenten Elektronen.

Für zwei äquivalente s-Elektronen hat das $(l\, m_l\, m_s)$-Schema nur eine Zeile:

Tabelle 40.

$l_1\ l_2$	$m_{l_1}\ \ m_{l_2}$	$m_{s_1}\ \ m_{s_2}$	m_l	m_s	l	s	Term
0 0	0 0	$\frac{1}{2}\ \ -\frac{1}{2}$	0	0	0	0	^1S

Wir erhalten nur einen ^1S-Term. Damit ist erklärt, daß die Erdalkalispektren in tiefer Lage nur einen ^1S-Term haben. In höheren Seriengliedern, wo die n-Werte der beiden s-Elektronen verschieden sind, erhalten wir (vgl. § 21) einen ^1S- und einen ^3S-Term. Wir sehen ferner, warum Al, Ga, In, Tl einen ^2P-Term als Grundterm haben. Das Ion hat nämlich im Normalzustand ^1S zwei äquivalente s-Elektronen. Ein drittes s-Elektron ist nur möglich, wenn die Hauptquantenzahl größer ist; dagegen ist die Anlagerung eines p-Elektrons mit gleichem n möglich. Da es fester gebunden ist, ergibt es den Grundterm.

Wir gehen jetzt zu p-Elektronen ($l_i = 1$) über. Für zwei solche lautet das $(l\, m_l\, m_s)$-Schema folgendermaßen:

---

[1]) Die Ableitung der j-Werte findet sich bei W. PAULI (*68*), die der l- und s-Werte zuerst bei S. GOUDSMIT (*69*).

Tabelle 41.

l_1 l_2	m_{l_1} m_{l_2}	m_{s_1} m_{s_2}	m_l	m_s	Terme
1 1	1 1	$\frac{1}{2}$ $-\frac{1}{2}$	2	0	^3P ^1D ^1S
	0	$\pm\frac{1}{2}$ $\pm\frac{1}{2}$	1	1 0 0 −1	
	−1	$\pm\frac{1}{2}$ $\pm\frac{1}{2}$	0	1 0 0 −1	
	0 0	$\frac{1}{2}$ $-\frac{1}{2}$	0	0	
	−1	$\pm\frac{1}{2}$ $\pm\frac{1}{2}$	−1	1 0 0 −1	
	−1 −1	$+\frac{1}{2}$ $-\frac{1}{2}$	−2	0	

Dabei sind $m_{l_1} = 1$, $m_{l_2} = 0$ und $m_{l_1} = 0$, $m_{l_2} = 1$ nicht besonders aufgeführt, da diese Fälle bei äquivalenten Elektronen durch Vertauschung der Elektronen ineinander übergehen. Die Feststellung der l und s auf Grund der m_l und m_s kann etwa so geschehen, daß man zuerst die Fälle mit größtem $|m_s|$ betrachtet (hier $|m_s| = 1$). Sie gehören zum größten möglichen s-Wert (hier $= 1$). Unter diesen Fällen nehmen wir den mit größtem m_l (hier $m_l = 1$), dies gibt den größten zu dem genannten s gehörenden l-Wert. Damit ist ein (ls)-Multiplett (hier ^3P) bestimmt. Man streiche nun alle dazugehörenden Paare m_l m_s fort (hier 1 1, 1 0, 1 −1, 0 1, 0 0, 0 −1, −1 1, −1 0, −1 −1) und verfahre mit den übrigen m_l m_s genau so.

Für drei äquivalente Elektronen mit $l_i = 1$ erhalten wir:

Tabelle 42.

l_i	m_{l_i}	m_{s_i}	m_l	m_s	Terme
1 1 1	1 1 0	$+\frac{1}{2}$ $-\frac{1}{2}$ $\pm\frac{1}{2}$	2	$\pm\frac{1}{2}$	^2D ^2P ^4S
	1 1 −1	$+\frac{1}{2}$ $-\frac{1}{2}$ $\pm\frac{1}{2}$	1	$\pm\frac{1}{2}$	
	1 0 0	$\pm\frac{1}{2}$ $+\frac{1}{2}$ $-\frac{1}{2}$	1	$\pm\frac{1}{2}$	
	1 0 −1	$\pm\frac{1}{2}$ $\pm\frac{1}{2}$ $\pm\frac{1}{2}$	0	$\pm\frac{1}{2}$ $\pm\frac{1}{2}$ $\pm\frac{1}{2}$ $\pm\frac{3}{2}$	
	1 −1 −1	$\pm\frac{1}{2}$ $+\frac{1}{2}$ $-\frac{1}{2}$	−1	$\pm\frac{1}{2}$	
	0 0 −1	$+\frac{1}{2}$ $-\frac{1}{2}$ $\pm\frac{1}{2}$	−1	$\pm\frac{1}{2}$	
	0 −1 −1	$\pm\frac{1}{2}$ $+\frac{1}{2}$ $-\frac{1}{2}$	−2	$\pm\frac{1}{2}$	

Für vier äquivalente Elektronen mit $l_i = 1$ erhalten wir:

Tabelle 43.

l	m_{l_i}	m_{s_i}	m_l	m_s	Terme
1 1 1 1	1 1 0 0	$+\frac{1}{2}\ -\frac{1}{2}\ +\frac{1}{2}\ -\frac{1}{2}$	2	0	$^1D\ ^3P\ ^1S$
	0 −1	$+\frac{1}{2}\ -\frac{1}{2}\ \pm\frac{1}{2}\ \pm\frac{1}{2}$	1	1 0 0 −1	
	−1 −1	$+\frac{1}{2}\ -\frac{1}{2}\ +\frac{1}{2}\ -\frac{1}{2}$	0	0	
	1 0 0 −1	$\pm\frac{1}{2}\ +\frac{1}{2}\ -\frac{1}{2}\ \pm\frac{1}{2}$	0	1 0 0 −1	
	−1 −1	$\pm\frac{1}{2}\ \pm\frac{1}{2}\ +\frac{1}{2}\ -\frac{1}{2}$	−1	1 0 0 −1	
	0 0 −1 −1	$+\frac{1}{2}\ -\frac{1}{2}\ +\frac{1}{2}\ -\frac{1}{2}$	−2	0	

Dieses Ergebnis hätten wir auch aus Tabelle 41 schließen können. Die nicht besetzten Stellen der Anordnung $l_i = 1, 1, 1, 1$ entsprechen nämlich genau den besetzten Stellen der Anordnung $l_i = 1, 1$. Zum Beispiel hat $m_{l_i} = 1, 1, 0, 0$; $m_{l_i} = +\frac{1}{2} - \frac{1}{2} + \frac{1}{2} - \frac{1}{2}$ die leeren Stellen $m_{l_i} = -1, -1$; $m_{s_i} = +\frac{1}{2} - \frac{1}{2}$, und diese treten in Tabelle 41 als besetzte Stellen auf. Ferner gibt eine Zahl besetzter Stellen dieselben Werte von m_l und m_s wie eine Anordnung, bei der diese Stellen und nur diese unbesetzt sind.

Für fünf äquivalente Elektronen mit $l_i = 1$ erhalten wir wie bei einem Elektron den Term ^2P.

Bei sechs äquivalenten Elektronen gibt es nur eine Möglichkeit für die Quantenzahlen:

Tabelle 44.

l_i	m_{l_i}	m_{s_i}	m_l	m_s	Term
1 1 1 1 1 1	1 1 0 0 −1 −1	$+\frac{1}{2}-\frac{1}{2}+\frac{1}{2}-\frac{1}{2}+\frac{1}{2}-\frac{1}{2}$	0	0	^1S

Wir fassen die Terme, die bei äquivalenten Elektronen mit $l_i = 1$ auftreten, in Tabelle 45 zusammen:

Tabelle 45.

Zahl der Elektronen	Terme				
1		^2P			
2	^1S		^1D ^3P		
3		^2P			^2D ^4S
4	^1S		^1D ^3P		
5		^2P			
6	^1S				

Für Elektronen mit $l = 2$ kann man die gleichen Überlegungen ausführen. Wir geben das Ergebnis in Tabelle 46 an.

Die abgeschlossene Schale liefert jedesmal einen ^1S*-Term.* Da er $l = 0$, $s = 0$ hat, trägt er bei Hinzufügung neuer Elektronen nichts zum Vektorgerüst des Atoms bei. Wir sehen jetzt, warum wir zum Verständnis der Mannigfaltigkeit der Terme eines Spektrums nur die Elektronen außerhalb einer abgeschlossenen Schale zu betrachten brauchen.

Tabelle 46.

Zahl der Elektronen	Terme				
1		^2D			
2	^1S	$^1D\,^1G\,^3P\,^3F$			
3		^2D	$^2P\,^2D\,^2F\,^2G\,^2H\,^4P\,^4F$		
4	^1S	$^1D\,^1G\,^3P\,^3F$		$^1S\,^1D\,^1F\,^1G\,^1J\,^3P\,^3D\,^3F\,^3G\,^3H\,^5D$	
5		^2D	$^2P\,^2D\,^2F\,^2G\,^2H\,^4P\,^4F$		$^2S\,^2D\,^2F\,^2G\,^2J\,^4D\,^4G\,^6S$
6	^1S	$^1D\,^1G\,^3P\,^3F$		$^1S\,^1D\,^1F\,^1G\,^1J\,^3P\,^3D\,^3F\,^3G\,^3H\,^5D$	
7		^2D	$^2P\,^2D\,^2F\,^2G\,^2H\,^4P\,^4F$		
8	^1S	$^1D\,^1G\,^3P\,^3F$			
9		^2D			
10	^1S				

Die PAULIsche Regel erscheint hier als Zusatzregel ohne Zusammenhang mit den übrigen quantentheoretischen Prinzipien. Das liegt an unserer unvollkommenen Betrachtung, die von der strengen Quantenmechanik keinen Gebrauch machen will. Für den strengen Standpunkt steht die Äquivalenzregel, wie HEISENBERG (*27*) gezeigt hat, nicht mehr isoliert da.

Wir können die strenge Behandlung der Wechselwirkung mehrerer Elektronen hier nicht geben; wir müssen aber über einige für die Deutung von Spektren wesentliche Punkte berichten. Im § 3 wurde erwähnt, daß bei Wechselwirkung gleichartiger Systeme, wenn diese in verschiedenen Quantenzuständen sind, eine Art *Resonanz* auftreten kann, da einige Emissionsfrequenzen des einen Systems mit Absorptionsfrequenzen des anderen übereinstimmen. Diese Resonanz hat zur Folge, daß selbst bei schwacher Wechselwirkung die physikalische Bedeutung der Quantenzahlen in den ungekoppelten Teilsystemen eine ganz andere ist als in dem durch Koppelung entstandenen Gesamtsystem. Treten ein s- und ein p-Elektron in Wechselwirkung, so entsteht ein System, dem man die Quantenzahlen $l_1 = 0$ und $l_2 = 1$ zuschreiben kann, aber l_1 und l_2 entsprechen nicht mehr den Bahndrehimpulsen der einzelnen Elektronen. Ferner ist auf Grund der Quantenmechanik ein weiterer Zustand $l_1 = 1$, $l_2 = 0$ möglich, dessen Energie von dem ersten verschieden ist. (Für verschwindende Koppelung werden die Energien beider gleich.) Entsprechendes gilt für beliebige Quantenzahlen l_i und ebenso für die Koppelung der Vektoren $\mathfrak{s}_i$. Wir erhalten also theoretisch zu jedem Paar von Bahnen zweier Elektronen zwei Terme; nur bei äquivalenten Elektronen (d. h. solchen, die ungekoppelt dieselben Quantenzahlen haben) erhalten wir einen Term.

Diese Termmannigfaltigkeit zerfällt in zwei Systeme von Termen, von denen sich berechnen läßt, daß sie nicht miteinander kombinieren. Das eine System enthält die Terme, die äquivalenten Elektronen entsprechen, ferner von den Termpaaren, die verschiedenen Bahnen der beiden Elektronen entsprechen, je einen Term. Das andere System enthält daher keine Terme, die äquivalenten Elektronen entsprechen, und von den Termpaaren, die verschiedenen Bahnen der beiden Elektronen entsprechen, auch je einen Term. Man kommt in keinerlei Widerspruch zur Quantenmechanik, wenn man eines dieser nicht miteinander kombinierenden Systeme ganz wegläßt. Läßt man das erstgenannte weg, so erhält man genau die Mannigfaltigkeit, die auch die Paulische Regel angibt.

Für mehr als zwei Elektronen gelten ähnliche Betrachtungen.

Diese Überlegungen lehren uns, daß wir die Energien im Falle mehrerer Elektronen nicht auf so einfachem Wege abschätzen können wie bisher. So zeigt Heisenberg, daß der große Unterschied der Terme mit $s = 0$ und $s = 1$ (Singulett-Triplett-Abstand) der Erdalkalien nicht auf einer starken $(\mathfrak{s}_1 \mathfrak{s}_2)$-Wechselwirkung beruht, sondern eben auf jener Resonanz. Für die formale Beschreibung der Spektren ist es jedoch einfacher, von einer großen Wechselwirkung $(\mathfrak{s}_1 \mathfrak{s}_2)$ zu sprechen, die den Singulett-Triplett-Abstand liefert, und von einer Wechselwirkung $(\mathfrak{l}_1 \mathfrak{l}_2)$, die den Abstand der zu gleichen Zahlen l_1 und l_2 gehörenden Terme mit verschiedenen l ergibt, und schließlich von einer gegen beide kleinen $(\mathfrak{l}_i \mathfrak{s}_i)$-Wechselwirkung, die die Multiplettaufspaltungen verursacht.

§ 26. Regeln über die Wechselwirkung von Elektronen im Atom.

Wir wollen jetzt untersuchen, wieweit quantitative Folgerungen aus unserem Atommodell mit der Wirklichkeit übereinstimmen. Wie die Überlegungen am Schluß des § 25 zeigen, müssen wir uns auf solche Betrachtungen beschränken, bei denen die Wechselwirkung mehrerer Elektronen nicht wesentlich ist.

Die Koppelungsverhältnisse, die in vielen Fällen der Wirklichkeit entsprechen, scheinen folgende zu sein. In erster Näherung bewegen sich alle Elektronen in einem zentralsymmetrischen Kraftfeld; das gibt eine Ordnung der Terme nach den Zahlen n_i und l_i. Als zweite Näherung kommt die Wirkung der „Resonanz" infolge der Wechselwirkung der $\mathfrak{l}_i$ und der $\mathfrak{s}_i$; ihr Ergebnis ist die ganzzahlige Festlegung einer Resultierenden $\mathfrak{l}$ und eine ganz- oder halbzahlige Festlegung der Resultierenden $\mathfrak{s}$. Die den verschiedenen Werten von s entsprechende Aufspaltung ist im allgemeinen größer als die den verschiedenen Werten von l entsprechende Aufspaltung. Als dritte Näherung haben wir dann die Wechselwirkung der $\mathfrak{l}_i$ und $\mathfrak{s}_i$; sie bewirkt, daß sich über alle bisher betrachteten Bewegungen eine noch langsamere Präzession der Richtungen von $\mathfrak{s}$ und $\mathfrak{l}$ um die Resultierende $\mathfrak{j}$ lagert. Im hinreichend schwachen Magnetfeld haben wir als vierte Näherung die Wechselwirkung von $\mathfrak{l}$ und $\mathfrak{s}$ mit dem Feld und eine Präzession um die Feldachse.

Slater (*78*) hat das mechanische Verhalten eines solchen Modells untersucht. Seine Eigenschaften hat er dabei folgendermaßen festgelegt. Die Wechselwirkung der Elektronen miteinander hängt nur von den Drehimpulsvektoren $\mathfrak{l}_i$ und $\mathfrak{s}_i$ ab. Die Wechselwirkungen je zweier $\mathfrak{l}_i$ miteinander oder zweier $\mathfrak{s}_i$ miteinander ist dem cos des Winkels zwischen ihnen proportional. Zu diesen Wechselwirkungen kommt dann die im allgemeinen viel kleinere Wechselwirkung jedes $\mathfrak{l}_i$ mit seinem $\mathfrak{s}_i$. Wechselwirkungen $(\mathfrak{l}_i\,\mathfrak{s}_j)$, wo $i \neq j$ ist, werden nicht berücksichtigt. Die Bewegungen dieses Modells lassen sich rechnerisch verhältnismäßig einfach behandeln und führen qualitativ zu richtigen Ergebnissen für die Spektren. Die Größe der Wechselwirkungen kann das Modell natürlich nicht erklären, da hier, wie gesagt, die Erscheinung der Resonanz eine Rolle spielt.

Wir wollen im folgenden die einzelnen Wechselwirkungen betrachten und beginnen mit dem Einfluß des Magnetfeldes. Für jedes Elektron erhalten wir als magnetische Zusatzenergie

$$W_i = \frac{h}{2\pi}\frac{e}{2\mu c}\cdot \mathfrak{H}(\mathfrak{l}_i + 2\mathfrak{s}_i) = h\mathfrak{o}(\mathfrak{l}_i + 2\mathfrak{s}_i).$$

Um die gesamte magnetische Energie zu erhalten, beachten wir, daß die $\mathfrak{l}_i$ die Resultierende $\mathfrak{l}$ und die $\mathfrak{s}_i$ die Resultierende $\mathfrak{s}$ haben. Es ist

$$\sum_i \mathfrak{o}\mathfrak{l}_i = \mathfrak{o}\mathfrak{l}$$

und

$$\sum_i \mathfrak{o}\mathfrak{s}_i = \mathfrak{o}\mathfrak{s},$$

also wird der Wert der magnetischen Energie:

$$W = h\mathfrak{o}(\mathfrak{l} + 2\mathfrak{s}).$$

Beachten wir jetzt, daß $\mathfrak{l}$ und $\mathfrak{s}$ um $\mathfrak{j}$ präzessieren, so folgt durch Mittelung um diese Bewegung

$$W = hom\left[1 + \frac{s}{m}\cos(\mathfrak{s}\,\mathfrak{j})\cos(\mathfrak{j}\,\mathfrak{H})\right],$$

wo m die Komponente von $\mathfrak{j}$ in der Feldrichtung ist. Es wird also

$$W = hom\left[1 + \frac{j^2 + s^2 - l^2}{2j}\right]. \tag{1}$$

Dies ist nahezu die empirische Formel. Die neue Quantenmechanik liefert nach HEISENBERG und JORDAN (*83*) genau die empirische LANDÉsche Formel

$$W = hom\left[1 + \frac{j(j+1) + s(s+1) - l(l+1)}{2j(j+1)}\right], \tag{2}$$

die für große Quantenzahlen mit (1) übereinstimmt.

Jetzt gehen wir zum Einfluß der Koppelung der $\mathfrak{l}_i$ mit den $\mathfrak{s}_i$. Wir erhalten nach (1) und (2) § 16 für ein Elektron mit dem magnetischen Moment

$$-\frac{h}{2\pi}\frac{e}{\mu c}\mathfrak{s}_i$$

den Energieanteil

$$W_i = \frac{1}{2}\left(\frac{h}{2\pi}\frac{e}{\mu c}\right)^2 \overline{\frac{Z_i}{r^3}\,\mathfrak{l}_i\mathfrak{s}_i} = \alpha^2 Rh\,\overline{\frac{Z_i a^3}{r^3}\,\mathfrak{l}_i\mathfrak{s}_i}. \tag{3}$$

Die $\mathfrak{l}_i$ und $\mathfrak{s}_i$ präzessieren unabhängig voneinander um $\mathfrak{l}$ und $\mathfrak{s}$, und r ändert sich periodisch mit einer davon unabhängigen Frequenz. Der Mittelwert in (3) läßt sich daher als Produkt dieser Mittelwerte schreiben. Es wird

$$W_i = \alpha^2\ Rh \cdot 2\,C_i \cdot l_i \cos(\mathfrak{l}_i\,\mathfrak{l}) \cdot s_i \cos(\mathfrak{s}_i\,\mathfrak{s}) \cdot \cos(\mathfrak{l}\,\mathfrak{s}),$$

wo $2\,C_i$ für $\overline{\frac{Z_i a^3}{r^3}}$ gesetzt ist. Die gesamte magnetische Energie des Atoms wird

$$W = \alpha^2\,Rh \cdot \cos(\mathfrak{l}\,\mathfrak{s}) \cdot \sum_i C_i\,l_i \cos(\mathfrak{l}_i\,\mathfrak{l}) \cos(\mathfrak{s}_i\,\mathfrak{s}). \tag{4}$$

Drücken wir den $\cos(\mathfrak{l}\,\mathfrak{s})$ durch die Zahlen $l\ s\ j$ aus und setzen wir die Summe zur Abkürzung gleich C, so wird

$$W = \alpha^2\,Rh \cdot C \cdot \frac{j^2 - l^2 - s^2}{2\,l\,s}. \tag{5}$$

Um eine Schätzung der Größenordnung von C zu erhalten, nehmen wir als Beispiel an, die Mittelwerte C_i seien für alle Elektronen ungefähr gleich und alle $\mathfrak{s}_i$ seien parallel. Dann ist

$$C = C_i\,l.$$

Die Aufspaltung wird also von der gleichen Größenordnung wie die, die eines der Elektronen hervorrufen würde.

Bei Termmultipletts, die äquivalenten Elektronen entsprechen und bei denen die Vielfachheit um 1 größer ist als die Zahl der Elektronen, gilt dies genau. Daraus folgt: der Abstand der äußeren Komponenten bei Multipletts verschiedener Vielfachheit, aber gleichem l und gleichem l_i der äquivalenten Elektronen ist nahezu derselbe[1]). Falls $l = l_i$ ist, ist er gleich der Aufspaltung eines Dubletterms mit diesem l und gleichem Z und n^*.

Im Falle zweier äußerer Elektronen, von denen eines auf einer s-Bahn läuft ($l = 0$), läßt sich aus (5) ebenfalls eine einfache Folgerung ziehen. Es ist $C = C_2\,l_2$; d. h. die gesamte Triplettaufspaltung ist die gleiche wie die eines Dubletterms mit gleichem l, n^* und Z. Wir finden die Bestätigung dieser Behauptung in einer Zusammenstellung der Aufspaltungen von Dublett- und Triplett-P-Termen von LANDÉ (*53*). Wenn alle Elektronen außer dem letzten (l_n) äquivalent sind und zusammen eine Anordnung mit

[1]) Beispiele hierzu geben K. BECHERT u. M. A. CATALÁN (*76*).

$l = 0$ bilden, so gilt $C = C_n l_n$, d. h. die gesamte Multiplettaufspaltung ist wieder die gleiche wie die eines Dubletterms mit gleichem l, n^* und Z. Die Aufspaltung des ^8P-Terms von Mn fügt sich in LANDÉs Zusammenstellung vollkommen in die Reihe der ^2P- und ^3P-Terme ein.

Für die Abstände der Terme eines Multipletts ist außer C nur die Abhängigkeit von j maßgebend. Ersetzen wir dabei j^2 durch den von der strengen Quantenmechanik gelieferten Ausdruck $j(j+1)$, so erhalten wir die LANDÉsche Intervallregel (§ 22), daß der Abstand zwischen zwei Komponenten mit j und $j+1$ proportional $j+1$ ist. Die Gleichung (5) bedeutet regelrechte Multipletts, wenn C positiv ist. Verkehrte Multipletts können danach höchstens auftreten, wenn nicht alle $\mathfrak{s}_\iota$ in der gleichen Richtung liegen, wenn also die Multiplizität kleiner ist als ihr Maximalwert, der um 1 größer ist als die Zahl der äußeren Elektronen. Von einigen wenigen Fällen in höheren Termen abgesehen, sind verkehrte Multipletts auch nur in solchen Fällen beobachtet.

Die Wechselwirkung der $\mathfrak{l}_\iota$ und $\mathfrak{s}_\iota$ können wir wegen der Resonanz nicht quantitativ verfolgen. Das Ergebnis ist qualitativ dasselbe, als bestünde zwischen den $\mathfrak{l}_\iota$ untereinander und den $\mathfrak{s}_i$ untereinander eine magnetische Wechselwirkung. Wir erhalten den tiefsten Term, wenn alle $\mathfrak{l}_\iota$ gleiche Richtung haben (größtes l) und wenn alle $\mathfrak{s}_\iota$ gleiche Richtung haben (größtes s). Dabei ist die s-Aufspaltung größer als die l-Aufspaltung. *Wir finden unter den Termen, die zu gleichem l_ι gehören, im allgemeinen die als tiefste, die das größte s haben, und unter diesen wieder den als tiefsten, der das größte l hat.* Diese Regel zeigt sich immer dann erfüllt, wenn die $(\mathfrak{l}_\iota \mathfrak{s}_\iota)$-Wechselwirkung klein genug ist im Vergleich mit den anderen Koppelungskräften. Für die tiefsten Terme der Spektren ist bisher keine Ausnahme bekannt. Unter den Termen der Tabellen 45 und 46 (S. 118 u. 119) sind also die am weitesten rechts stehenden die tiefsten. Diese Tatsache wird nachher für die Deutung von Spektren sehr wesentlich werden.

Wollte man die l- und s-Aufspaltung quantitativ auf magnetische Wechselwirkung der $\mathfrak{l}_\iota$ und der $\mathfrak{s}_\iota$ zurückführen, so bekäme man Aufspaltungen von der Größenordnung

$$W = \alpha^2 R h \frac{Z_\iota Z_a^2}{l^3 n^{*3}},$$

also Aufspaltungen, die kleiner wären als die Multiplettaufspaltungen nach (3).

Die bisher aufgestellten Regeln über die energetische Reihenfolge der Terme bedürfen noch einer Ergänzung in Bezug auf die Reihenfolge der Komponenten eines Multipletts. Mit normalen Koppelungsverhältnissen sind nur regelrechte oder verkehrte Multipletts verträglich. Die Frage, ob ein Multiplett regelrecht oder verkehrt ist, können wir in einigen Fällen beantworten. Wir unterscheiden drei Fälle, die verschieden zu behandeln sind. Wenn es sich um Terme hoher Laufzahlen handelt, entscheidet in vielen Fällen die Zuordnung der Terme zu den Seriengrenzen über ihre Anordnung. Auf diesen Fall, der nicht mehr einer normalen Koppelung entspricht, gehen wir im § 39 ein. Wenn es sich um angeregte Terme handelt, für die aber genähert noch normale Koppelung besteht, kann man aus Gleichung (4) einige Folgerungen ziehen. Ordnen wir L und S dem Atomrumpf, λ und σ dem Leuchtelektron zu, so ist

$$W = \alpha^2 R h \cos(\mathfrak{l}\,\mathfrak{s})\,[\pm C L \cos(L\,\mathfrak{l}) \pm \gamma \lambda \cos(\lambda\,\mathfrak{l})], \tag{6}$$

wo C der Aufspaltung der Terme des Ions entspricht und γ von der Wechselwirkung $(\lambda\sigma)$ herrührt. Das $+$-Zeichen gilt, wenn S bzw. σ die gleiche Richtung hat wie $\mathfrak{s}$; das $-$-Zeichen gilt bei entgegengesetzter Richtung. Die hieraus gezogenen Folgerungen sind jedoch nur qualitativer Art, und wir dürfen uns nicht wundern, wenn die empirischen Terme Ausnahmen zeigen. Da die Regeln doch wieder mit dem Verhalten hochangeregter Terme zusammenhängen, wollen wir auch erst im § 39 darauf eingehen.

An dieser Stelle wollen wir jedoch näher auf Terme eingehen, bei denen alle Elektronen äquivalent sind. Wenn alle $\mathfrak{s}_i$ gleiche Richtung haben, wenn also die Multiplizität um 1 größer ist als die Zahl der äußeren Elektronen, so sind die Terme nach dem oben Gesagten regelrecht. Für den Fall geringerer Multiplizität können verkehrte Terme auftreten. Nehmen wir als Beispiel den ^3P-Grundterm eines Elements mit sechs äußeren Elektronen in einer Achterperiode (also O, S, Se, Te). Die zwei s-Elektronen können wir völlig außer acht lassen, da sie $l = s = 0$ ergeben. Von den Vektoren $\mathfrak{s}_i$ der vier p-Elektronen stehen drei in der einen, eine in der anderen Richtung, die vier Vektoren l_i $(l_i = 1)$ ergänzen sich zur Resultierenden l vom Betrag 1. Es kommt nun alles darauf an, wie die Komponenten angeordnet sind. Diese Frage ist mit unseren Mitteln nicht zu entscheiden, da ja hier die Resonanz der einzelnen Elektronenbahnen im Sinne HEISENBERGs wesentlich wird. Für unser Ersatzmodell, wo die Wirkung der Resonanz durch Annahme großer $(\mathfrak{s}_i \mathfrak{s}_j)$ und $(\mathfrak{l}_i \mathfrak{l}_j)$-Wechselwirkung ersetzt wird, hat SLATER (*78*) diese Frage behandelt. Er zeigt, daß die Resultierende $\mathfrak{l}'$ der $\mathfrak{l}_i$, deren $\mathfrak{s}_i$ die Richtung von $\mathfrak{s}$ haben, Wirkungsvariable ist, und ebenso, daß die Resultierende $\mathfrak{l}''$ der $\mathfrak{l}_i$, deren $\mathfrak{s}_i$ die entgegengesetzte Richtung haben, Wirkungsvariable ist. In dem quantentheoretischen Modell sind also l' und l'' ganzzahlig festzulegen. In dem oben genannten Fall des ^3P-Terms von O, S ... ist dann $l'' = 1$, da nur ein p-Elektron dafür in Frage kommt, l' kann zunächst 0, 1 oder 2 sein. Wenn im Gesamtsystem die PAULIsche Regel für äquivalente Elektronen gelten soll, so muß sie auch für l' und $s' = s_1 + s_2 + s_3$ (Summe der zu $\mathfrak{s}$ parallelen $\mathfrak{s}_i$) gelten. Zu $s' = \frac{3}{2}$ ist dann nur $l' = 0$ möglich. Statt der Gleichung (4) erhält man jetzt

$$W = \alpha^2 R h \cos(\mathfrak{l}\mathfrak{s}) \cdot C_i (l' - l'')$$

also in unserem Beispiel einen verkehrten ^3P-Term. Der Grundterm ^2P der folgenden Spalte (von F, Cl, Br, J) wird dann ebenfalls verkehrt, da aus den gleichen Gründen wie oben $l' = 0$ wird.

Wir können danach für die Grundterme der Spektren angeben, ob sie regelrecht oder verkehrt sind. Solange wir weniger als drei p-, fünf d-, sieben f-Elektronen haben, erhalten wir regelrechte Terme, da im tiefsten Term die höchste Multiplizität verwirklicht ist, also alle $\mathfrak{s}_i$ die gleiche Richtung haben. Haben wir gerade drei p-, fünf d-, sieben f-Elektronen, so erhalten wir einen S-Term. Haben wir mehr Elektronen, so ist $l' = 0$; denn beim tiefsten Term müssen soviel $\mathfrak{s}_i$ gleiche Richtung haben als möglich. Daraus folgen aber verkehrte Terme. Sind außer den äquivalenten Elektronen noch s-Elektronen am Grundterm eines Spektrums beteiligt, so ändert sich nichts.

Wir können also sagen: *Der Ausbau einer Elektronenschale mit bestimmtem l liefert in der ersten Hälfte regelrechte Grundterme, in der Mitte einen S-Term und in der zweiten Hälfte verkehrte Grundterme.* Die abgeschlossene Schale gibt, wie wir wissen, einen ^1S-Term.

Diese Regel ist durch die empirischen Terme bestätigt. Für die Terme, die äquivalenten Elektronen entsprechen, aber nicht Grundterme sind, sagt SLATERs Regel ebenfalls etwas. Eine Möglichkeit, das Ergebnis an der Erfahrung zu prüfen, besteht kaum, da in den meisten in Betracht kommenden Fällen nicht mehr ganz normale Termordnung vorliegt.

Dasselbe Ergebnis wie mit SLATERs Regel erhält man auch, wenn man den Grundterm einer bestimmten Zahl äquivalenter Elektronen aus dem Grundterm der um 1 geringeren Zahl aufbaut. Wir erläutern dies an äquivalenten p-Elektronen.

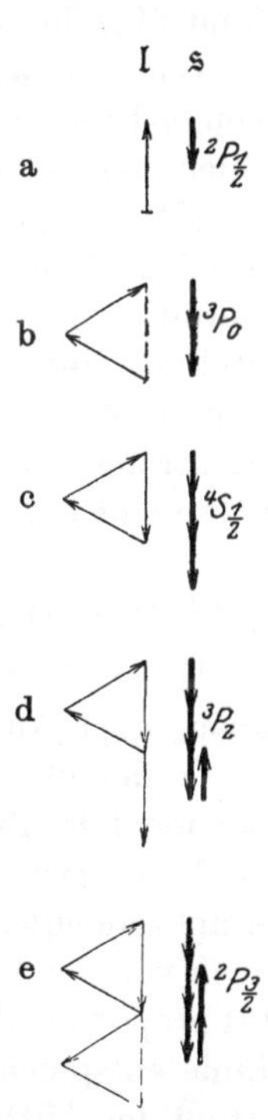

Abb. 17. Regelrechte und verkehrte Grundterme in einer Achterperiode.

Ein oder zwei s-Elektronen geben S-Terme, also Terme, die einfach sind. Ein p-Elektron liefert ein regelrechtes Dublett ^2P; die Anordnung der Drehimpulse $\mathfrak{l}$ und $\mathfrak{s}$ wird für die tiefere Komponente durch Abb. 17a angegeben; die beiden Vektoren geben die tiefere Energie, wenn sie antiparallel stehen. Wir fügen diesem Gebilde ein zweites p-Elektron, also ein zweites solches Vektorenpaar $(\mathfrak{l}, \mathfrak{s})$ zu. Nach Tabelle 45 ist das tiefste daraus entstehende Multiplett ein ^3P-Term. Fügen wir die Vektoren $\mathfrak{l}_1$ und $\mathfrak{l}_2$ zu $\mathfrak{l}$ $(l = 1)$, die Vektoren $\mathfrak{s}_1$ und $\mathfrak{s}_2$ zu $\mathfrak{s}$ $(s = 1)$ so zusammen, daß $\mathfrak{l}_1$ und $\mathfrak{s}_1$ sowie $\mathfrak{l}_2$ und $\mathfrak{s}_2$ ihrer energetisch tiefsten (der antiparallelen) Stellung möglichst nahekommen, so entsteht die Anordnung der Abb. 17b. Es ist $j = 0$, der ^3P-Term wird also regelrecht. Durch Hinzufügung eines dritten p-Elektrons entsteht nach Tabelle 38 als tiefster Term ein ^4S-Term, ihm entspricht Abb. 17c. Fügen wir diesem Gebilde ein viertes p-Elektron zu, so entsteht nach Tabelle 45 als tiefstes Multiplett ein ^3P-Term. Damit ist die Art, wie sich $\mathfrak{s}_4$ an $\mathfrak{s}_1, \mathfrak{s}_2, \mathfrak{s}_3$ anschließt, bestimmt; fügen wir $\mathfrak{l}_4$ so zu, daß $\mathfrak{l}_4$ und $\mathfrak{s}_4$ in ihrer energetisch tiefsten Stellung sind, so entsteht die Anordnung der Abb. 17d. Es ist $j = 2$; wir haben also die tiefste Komponente eines verkehrten ^3P-Terms. Durch Hinzufügung eines fünften p-Elektrons muß ein ^2P-Term entstehen. Fügen wir die Vektoren $\mathfrak{l}_i$ $\mathfrak{s}_i$ so zusammen, daß $l = 1$, $s = \frac{1}{2}$ wird, und daß sie möglichst in ihrer energetisch tiefsten Lage bleiben, entsteht Abb. 17e; d. h. der ^2P-Term wird verkehrt. Wir erhalten also nach dieser Betrachtung beim Ausbau einer p-Schale in der ersten Hälfte regelrechte, in der zweiten verkehrte Grundterme. Dies stimmt mit dem empirischen Befund überein (vgl. die folgenden Kapitel).

Ganz entsprechend vollzieht sich der Ausbau einer Schale von d-Elektronen. Nach Erreichung der Zahl 5 erhalten wir einen S-Term (Tabelle 39) und zugleich die höchste Multiplizität (^6S). Das sechste Elektron erniedrigt die Multiplizität. Fügen wir dem Gebilde mit $l = 0$ die neuen Vektoren $\mathfrak{l}_6\,\mathfrak{s}_6$ so zu, daß die Resultierende $\mathfrak{s}$ erniedrigt und $\mathfrak{l}_6\,\mathfrak{s}_6$ in ihrer energetisch tiefsten Stellung sind, so werden $\mathfrak{l}$ und $\mathfrak{s}$ parallel, wir erhalten die tiefste Komponente eines verkehrten Multipletts. Weiter hinzugefügte Elektronen geben ebenfalls verkehrte Grundterme. Auch dies entspricht der Erfahrung.

§ 27. Intensitäten von Spektrallinien. Kombinationsregeln.

Unser Modell eines Atoms mit mehreren Elektronen läßt auch einige Aussagen zu über die Intensität von Spektrallinien[1]).

In der klassischen Theorie ist die Intensität einer Linie proportional der Zahl der Atome, die sie aussenden, und der pro Atom im Mittel gestrahlten Energie. Die letztere ist proportional dem Amplitudenquadrat der entsprechenden Schwingung und hängt noch von der Frequenz ab. In der Quantentheorie ist die Intensität proportional der Zahl der Atome, die im Anfangszustand des der Linie entsprechenden Übergangs sind, und der von einem solchen Atom im Mittel gestrahlten Energie. Die letztere ist $h\nu$ mal der Übergangswahrscheinlichkeit. Die Zahl der in einem bestimmten Zustand befindlichen Atome ist von der Energie dieses Zustandes abhängig, außerdem ist sie proportional dem „statistischen Gewicht“, d. h. der Zahl der verschiedenen Möglichkeiten, auf die

---

[1]) Die erste korrespondenzmaßige Berechnung von Intensitäten einer Feinstruktur gab H. A. KRAMERS (*58*) für den Starkeffekt des Wasserstoffs. Überlegungen, die den Beginn der hier betrachteten Entwicklung bedeuteten, gaben A. SOMMERFELD u. W. HEISENBERG (*59*). Eine Verschärfung der Korrespondenzüberlegungen wurde durch empirische Ergebnisse von H. B. DORGELO veranlaßt (*60*). Für die daran anschließenden theoretischen Arbeiten vgl. das Literaturverzeichnis (*61* bis *65*).

dieser Zustand verwirklicht werden kann. Die auf ein Atom entfallende Strahlung muß für große Quantenzahlen in die klassische übergehen. Wenn wir die Abhängigkeit von ν außer acht lassen, erhalten wir dann folgende asymptotisch für große Quantenzahlen gültige Beziehung: *Intensität ist proportional Gewicht mal Amplitudenquadrat.*

Damit bestimmen sich die Intensitätsverhältnisse leicht in solchen Fällen, bei denen es auf die Abhängigkeit von ν nicht ankommt, also bei sogenannten Feinstrukturen, d. h. Liniengruppen, deren ν-Differenzen sehr klein gegen die ν-Werte selbst sind. Wir wollen hier aber nur auf die Grundgedanken eingehen[1]).

Am einfachsten zu behandeln sind die *Intensitäten der* Zeeman-*Komponenten.* Die Bahnen der an der Ausstrahlung beteiligten Elektronen in den verschiedenen Zuständen, die zu einem feldfreien Term gehören, unterscheiden sich in erster Näherung nur durch die Orientierung zum Feld. Die Gesamtstrahlung ist für alle die gleiche. Den einzelnen Übergängen $j \to j-1$ mit $m \to m-1$, $m \to m$, $m \to m+1$, ferner $j \to j$ und $j \to j+1$ entsprechen bestimmte Komponenten des elektrischen Moments Die zugehörigen Amplitudenquadrate lassen sich berechnen[2]). Bezeichnen wir mit ϑ den Winkel zwischen dem Drehimpuls und der Feldrichtung, so erhält man für die Strahlungsintensitäten der Bewegungen, die dem Fall $j \to j-1$ und den Unterfällen $m \to m-1$, $m \to m$, $m \to m+1$ entsprechen:

$$\begin{aligned} m \to m-1&: \quad J_- = (1+\cos\vartheta)^2, \\ m \to m\phantom{{}-1}&: \quad J_0 = 2\sin^2\vartheta, \\ m \to m+1&: \quad J_+ = (1-\cos\vartheta)^2. \end{aligned} \tag{1}$$

Da alle Zustände das Gewicht 1 haben, erhalten wir daraus mit $\cos\vartheta = \frac{m}{j}$ direkt die Intensitäten für große Quantenzahlen. Bis auf einen von m unabhängigen Faktor wird

$$J_- = (j+m)^2, \quad J_0 = 2\,(j^2 - m^2), \quad J_+ = (j-m)^2. \tag{2}$$

Exakt gültige Formeln liefert die strenge Quantenmechanik. Wir erhalten sie aber auch durch folgende Überlegung, die zu

---

[1]) Eine umfassende Darstellung des ganzen Gebietes gibt H. Hönl (*65*).

[2]) A. Sommerfeld u. W. Heisenberg, l. c. (*59*).

einer Verschärfung der korrespondenzmäßig erhaltenen Formel führt[1]). Die Formeln (1) ergeben (als klassische Formeln) für jeden Zustand (ϑ) eine von ϑ unabhängige Gesamtstrahlung $J_- + J_0 + J_1$. Formal ist natürlich dann für (2) diese Summe von m unabhängig. Beachten wir jedoch, daß für $m = j$ nur der Übergang $m \rightarrow m - 1$, für $m = j - 1$ nur $m \rightarrow m - 1$ und $m \rightarrow m$ möglich ist usw., so sehen wir, daß die Summe nicht mehr in allen Fällen von m unabhängig ist. Wir wollen nun mit Ornstein, Burger und Dorgelo die exakte Regel aufstellen: Die Gesamtstrahlung, die zu einem festen Anfangs- oder Endzustand gehört, ist stets von m unabhängig. Damit erhalten wir eine Verschärfung der korrespondenzmäßig abgeleiteten Formeln. Wir erfüllen offenbar diesen Summensatz, wenn wir von den Intensitäten noch etwas mehr verlangen, nämlich daß die Formeln für jedes erlaubte m ($|m| \leqq j$) des Anfangs- oder Endzustandes dann 0 ergeben, wenn der betreffende Übergang nicht vorkommt. In dem Schema der Tabelle 47 ($j \rightarrow j - 1$) müssen dann die eingeklammerten J verschwinden, d. h. J_- für $m = -j$ und $m = -(j-1)$, J_0 für $m = \pm j$, J_+ für $m = j - 1$ und $m = j$.

Tabelle 47.

m	$-j$	$-(j-1)$	$-(j-2)$	....	$j-2$	$j-1$	j	m
$-(j+1)$	(J_-)							$-(j+1)$
$-j$	(J_0)	(J_-)						$-j$
$-(j-1)$	J_+	J_0	J_-					$-(j-1)$
$-(j-2)$		J_+	J_0	....				$-(j-2)$
.				....				.
.				....				.
.				....				.
$j-2$				....	J_0	J_-		$j-2$
$j-1$					J_+	J_0	J_-	$j-1$
j						(J_+)	(J_0)	j
$j+1$							(J_+)	$j+1$

Dies wird erfüllt durch die mit (1) für große Quantenzahlen übereinstimmenden Ausdrücke:

$$J_- = (j + m)(j + m - 1),$$
$$J_0 = (j + m)(j - m),$$
$$J_+ = (j - m)(j - m + 1),$$

die wir als exakte Intensitäten ansehen. Sie erfüllen auch die

[1]) Diese Überlegung geht auf Heisenberg zurück, vgl. (*62*) und (*64*).

Forderung, daß die Gesamtstrahlung unpolarisiert ist. Ähnliche Intensitätsformeln lassen sich für $j \to j$ und $j \to j+1$ leicht auffinden.

Wesentlich verwickelter gestalten sich die Rechnungen bei der *Intensität der Komponenten eines Multipletts*. Nur in dem Falle $\Delta l = \pm 1$ der Dublettspektren sind sie sehr einfach, da dort der Summensatz ausreicht. Hier ist die klassische Gesamtstrahlung eines Zustandes von der Orientierung von $\mathfrak{l}$ gegen $\mathfrak{s}$ unabhängig. Die ORNSTEIN-BURGER-DORGELOsche Summenregel lautet also: Die Summe der Intensitäten aller Linien eines Multipletts, die zum gleichen Anfangszustand gehören, ist proportional dem Gewicht $2j_a + 1$ dieses Zustandes. Und ebenso: Die Summe der Intensitäten aller Linien, die zum gleichen Endzustand gehören, ist proportional dem Gewicht $2j_e + 1$ des Endzustandes. Bezeichnen wir die Intensitäten der drei entstehenden Linien (Abb. 18) der Kombination $l \to l-1$ mit x, y, z, so gilt also

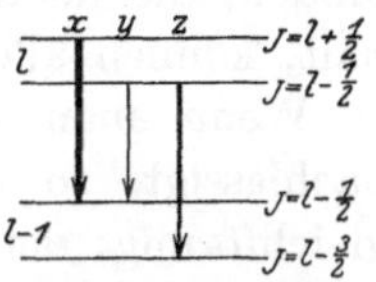

Abb. 18. Intensitäten einer Kombination zwischen Dubletts.

$$\frac{x}{y+z} = \frac{l+1}{l},$$
$$\frac{x+y}{z} = \frac{l}{l-1}.$$

Daraus folgen bis auf einen konstanten Faktor die in Tabelle 48 dargestellten Intensitäten.

Tabelle 48.

l \ $l-1$	$j=l+\frac{1}{2}$	$j=l-\frac{1}{2}$
$j=l-\frac{1}{2}$	$2l^2+l-1$	1
$j=l-\frac{3}{2}$	0	$2l^2-l-1$

In allen Fällen, wo mehr als drei Linien auftreten, also bei allen höheren Multiplizitäten, muß man das Korrespondenzprinzip noch weiter heranziehen. Die für die Grenze großer Quantenzahlen erhaltenen Intensitäten lassen sich dann durch den bei den ZEEMAN-Komponenten angegebenen Gedanken verschärfen.

Wir wollen hier nur einige qualitative Ergebnisse anführen. Die Komponenten, bei denen sich j gleichsinnig mit l ändert, sind intensiver als die, bei denen es sich ungleichsinnig ändert. Die zu größerem j gehörigen Komponenten sind stärker als die zu kleinerem j gehörigen. Diese Regeln haben bei der Ordnung von Termen zu Multipletts große Dienste getan.

Mit der Frage nach den Intensitäten von Spektrallinien hängt auch die Frage nach den möglichen Übergängen zusammen, d. h. die Frage, welche Änderungen der Quantenzahlen $n_i\ l_i\ l\ s\ j\ m$ vorkommen.

Entsprechend der Rosettenbahn des Leuchtelektrons im Modell, die neben der Grundfrequenz alle Oberfrequenzen enthält, können alle Änderungen der Quantenzahlen n_i auftreten.

Wenn man die Koppelung verschiedener Elektronen vernachlässigt, so dreht sich das Perihel einer Elektronenbahn gleichförmig; dem entspricht, daß sich l_i um ± 1 ändern kann. Diese Regel gilt auch, wenn man von Änderungen der Zustände anderer Elektronen als des Leuchtelektrons absehen kann. Die Koppelung der Elektronen miteinander macht die Bewegung verwickelter. Heisenberg (*70*) hat gezeigt, daß durch sie außer der Frequenz ν_1 der Periheldrehung eines Elektrons auch die Kombinationsfrequenzen $\nu_1 + 2\nu_2$, $\nu_1 - 2\nu_2$ auftreten, wo ν_2 die Frequenz der Periheldrehung eines anderen Elektrons ist. Dies bedeutet, daß solche *Übergänge auftreten, bei denen das l_i eines Elektrons sich um ± 1, das eines anderen sich um 0 oder ± 2 ändert.*

Diese Regel scheint empirisch erfüllt zu sein. Laporte (*158*) und Russell (*53a*) stellten auf Grund des empirischen Materials eine Regel auf, die wir mit unserer Bezeichnung so aussprechen müssen: *Es treten nur Übergänge auf, bei denen die Summe der Änderungen aller l_i ungerade ist*[1]). Man kann sie auch so aussprechen: Stellt man im Termschema die Kombinationen durch Verbindungslinien zwischen den Punkten dar, die die Terme bedeuten, so bilden diese Verbindungslinien nur Vielecke mit gerader Seitenzahl.

[1]) Laporte sagte so: Die Terme eines Spektrums lassen sich in zwei Klassen teilen, so daß bei Kombinationen innerhalb einer Klasse Δl ungerade, bei Kombinationen zwischen den Klassen Δl gerade ist. Dieser Satz bedeutet genau so viel, wie der, daß die Kombinationslinien des Termschemas nur geradzahlige Vielecke bilden. Unter Zuhilfenahme der Regel, daß, wenn nur ein Elektron springt, $\Delta l_i = \pm 1$ ist, folgt dann die obige Formulierung.

Übergänge, die der HEISENBERGschen Kombinationsregel genügen, genügen auch der LAPORTEschen. Letztere läßt aber noch mehr Übergänge zu. Die empirisch bekannten Kombinationen fallen alle mit ganz verschwindenden Ausnahmen unter die engere HEISENBERGsche Regel.

Wenn man die $(\mathfrak{l}_i\, \mathfrak{s}_i)$-Wechselwirkung vernachlässigt, präzessieren die $\mathfrak{l}_i$ der einzelnen Elektronen gleichförmig um die Resultierende $\mathfrak{l}$. Daraus folgt die Regel $\Delta\, l = \pm 1$. Die Regel zeigt sich empirisch bei kleiner Multiplettaufspaltung erfüllt. Die Ausnahmen, die bei größerer Multiplettaufspaltung auftreten, dürften auf Störungen der Bewegung durch die $(\mathfrak{l}_i\, \mathfrak{s}_i)$-Wechselwirkung beruhen. Mit der gleichen Annäherung präzessieren die $\mathfrak{s}_i$ um die Resultierende $\mathfrak{s}$. Bei verschwindender $(\mathfrak{l}_i\, \mathfrak{s}_i)$-Wechselwirkung hat diese Bewegung aber keinen Einfluß auf die Bewegung des Leuchtelektrons. Bei kleiner Multiplettaufspaltung sind also die Interkombinationen $\Delta\, s \neq 0$ sehr schwach. Wir werden später die beiden nicht miteinander kombinierenden Termsysteme des He als Singulett- und Triplettsystem auffassen. Das Nichtkombinieren verstehen wir, da die Triplettaufspaltung beim Helium äußerst klein ist. Bei größerer Multiplettaufspaltung kommen Übergänge $\Delta\, s = \pm 1$ vor, in wenigen Fällen auch solche mit $\Delta\, s = \pm 2$.

Die Quantenzahl j entspricht dem Gesamtdrehimpuls des Atoms. Die ihm entsprechende Winkelvariable tritt in der Bewegung (solange keine äußeren Kräfte wirken) stets nur einfach auf. Die Kombinationsregel $\Delta\, j = 0$ oder ± 1 ist auch die, die von allen am besten erfüllt ist.

Auf die Auswahlregeln für m sind wir bei der Behandlung der ZEEMAN-Effekte eingegangen.

Fünftes Kapitel.

Die Spektren der Elemente mit normaler Termordnung.

§ 28. Allgemeine Betrachtungen.

Im folgenden wollen wir mit Hilfe der gewonnenen Gesichtspunkte eine *möglichst deduktive Ableitung der Termschemata aller Elemente* geben. Wir betrachten sie dabei zunächst nur so weit, als die Energie im groben durch die n_i und l_i der einzelnen Elektronen bestimmt ist und die feineren Energiestufen dem klassischen Modell mit den Koppelungsverhältnissen

$$[(S\,\sigma)\,(L\,\lambda)]$$

entsprechen; S, L bezieht sich auf den Atomrumpf, $\sigma\,\lambda$ auf das Leuchtelektron. Für die Anordnung der durch die Koppelung entstehenden Terme haben wir hinreichend viele Regeln gefunden. *Das einzige nicht deduktive Moment* in der Überlegung *ist die energetische Reihenfolge der Bahnen* ($n\,l$) *des Leuchtelektrons.* Sie liegt theoretisch nur fest für große effektive Kernladungen (Röntgenterme). Für geringe effektive Kernladungen bestehen nur die aus der PAULIschen Äquivalenzregel (§ 25) folgenden Höchstbesetzungszahlen für die einzelnen Bahnen. Welche Bahn nach Abschluß einer vorangehenden die stärkst gebundene ist, läßt sich theoretisch nur genähert angeben. Die wirklich nächste Bahn ergibt sich aus BOHRS Übersicht über das periodische System (§ 12). Wir entnehmen daraus folgendes. Die energetische Reihenfolge der Bahnen für geringe effektive Kernladung ist $1\,s$, $2\,s$, $2\,p$, $3\,s$, $3\,p$, dann kommen die ungefähr gleichgebundenen Bahnen $4\,s$ und $3\,d$, dann kommt $4\,p$, weiter die wieder ungefähr gleichgebundenen Bahnen $5s$ und $4\,d$, dann kommt $5\,p$, dann die ungefähr gleichgebundenen Bahnen $6\,s$, $5\,d$, $4\,f$, dann $6\,p$, schließlich die ungefähr gleichgebundenen Bahnen $7\,s$ und $6\,d$.

Unser Verfahren wird folgendes sein. Wir gehen von den tiefsten Zuständen des positiven Ions aus und fügen diesen ein Elektron hinzu. Zu jeder Elektronenanordnung (S, L, λ) ergeben sich dann (gegebenenfalls unter Benutzung der Äquivalenzregel) eine Anzahl Terme, deren Reihenfolge durch die im § 26 angegebenen Regeln bestimmt ist. Dieses theoretische Schema vergleichen wir dann mit dem empirischen.

§ 29. Die Spektren von Wasserstoff und Helium.

Wir müssen noch einmal auf das *Wasserstoffspektrum* zurückkommen. Es entspricht den Bewegungen eines Modells, in dem ein Elektron um einen Kern läuft. Dieses Modell hatten wir (§ 13) auf Grund einer Betrachtung der Alkalien genauer gefaßt. Ihm entspricht ein Spektrum, dessen Mannigfaltigkeit durch die Zahlen $s = \frac{1}{2}$, $l = 0, 1, 2 \ldots j = l \pm \frac{1}{2}$ gegeben ist.

Wir müssen versuchen, die Terme des Wasserstoffspektrums so zu ordnen wie die der Alkalien. Da die Energie im wesentlichen durch n bestimmt ist $\left(W = -\frac{Rh}{n^2}\right)$ und der Einfluß von l nur durch Berücksichtigung der Relativitätstheorie zu erhalten ist, müssen die zu gleichem n gehörigen empirisch bekannten Feinstrukturkomponenten die verschiedenen ^2S-, ^2P- usw. Terme darstellen. Wir müssen aufsuchen:

für $n = 1$ ^2S, also einen Term,
$n = 2$ ^2S, ^2P, also drei Terme,
$n = 3$ ^2S, ^2P, ^2D, also fünf Terme

usw. Empirisch bekannt sind: einer für $n = 1$, zwei für $n = 2$, drei für $n = 3$ usw.

Goudsmit und Uhlenbeck (*90*) und Slater (*91*) brachten das empirische Termschema mit dem theoretischen in Einklang durch die Annahme, daß Terme mit gleichem n und j, aber verschiedenem l zusammenfallen. Die Auffassung ist durch Abb. 19 erläutert, wo die zusammenfallenden Terme noch getrennt, aber sehr nahe beieinander gezeichnet sind.

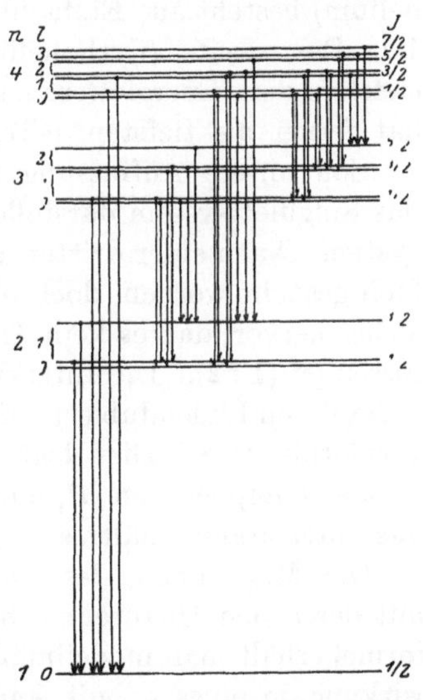

Abb. 19. Termschema des Wasserstoffs.

Das Zusammenfallen der Terme mit gleichem j folgt aus der neuen Quantenmechanik, wie Heisenberg und Jordan (*83*) gezeigt haben. Für Atome mit einem Elektron ist nämlich die Dublettaufspaltung von der gleichen Größenordnung wie der Abstand der Terme verschiedener l, der hier nur durch relativistische Glieder, nicht infolge der Abschirmung der Kernladung durch andere Elektronen verursacht wird. Diese beiden Glieder heben sich im Falle gleicher j gerade auf[1]).

Eine Nachprüfung dieser Auffassung an der Erfahrung ist nicht leicht. Zwar ergeben sich aus der Auffassung ganz bestimmte Aussagen über die auftretenden Kombinationen und ihre Zeeman-Effekte; aber die Abstände der zu gleichem n gehörigen

[1]) Vorher erklärte man bekanntlich die Feinstruktur der H-Terme mit Sommerfeld allein durch die relativistischen Glieder.

Terme sind so gering, daß nur bei $n = 2$ überhaupt der spektroskopische Nachweis möglich ist.

Bei He^+ liegen die Verhältnisse insofern günstiger, als die Aufspaltungen, die mit Z^4 gehen, wesentlich größer sind. Dort hat sich kein Widerspruch mit der GOUDSMIT-UHLENBECK-SLATERschen Auffassung ergeben [1]).

Das *Spektrum des neutralen Heliums* entspricht einem Modell mit zwei Elektronen; es muß also ähnlich gebaut sein wie das Spektrum eines Erdalkalis (§ 18). Es muß aus einem vollständigen Singulettsystem und einem vollständigen Triplettsystem bestehen. Der tiefste Term muß $1\,^1S$ sein; die ^3S-Serie darf erst mit $2\,^3S$ beginnen.

Empirisch bekannt sind zwei Termsysteme, zwischen denen man lange keine Interkombinationen kannte [2]). Das eine (Parhelium) besteht aus Einfachtermen und enthält den Grundzustand $1\,s$. Das zweite (Orthohelium) hat ebenfalls einen s-Term als tiefsten, dem Energiewert nach ist aber $n = 2$; dieses Termsystem hat ferner als tiefsten p-Term ein feines Dublett.

Soll unsere Auffassung richtig sein, so muß das Parhelium das Singulettsystem darstellen und das Orthohelium das Triplettsystem. Nach einer dritten Komponente des p-Dubletts ist mehrfach gesucht worden, doch ohne Erfolg. Aus den Messungen geht sicher hervor, daß es kein Triplett mit normalen Intervallverhältnissen ist (1 : 2). Die Intensitätsmessungen (*94*) ergaben für eine Anzahl von Liniendubletts, die von $2\,p$ ausgehen, das Intensitätsverhältnis 1 : 8. Dies legt die Annahme nahe, daß hier zwei Triplettkomponenten (P_1 und P_2) zusammenfallen, das gibt gerade das Intensitätsverhältnis $1 : (3 + 5)$.

Die Möglichkeit des Zusammenfallens erklärt HEISENBERG mit der neuen Quantenmechanik (*86*). Die LANDÉsche Intervallformel erhält man modellmäßig nur, wenn man allein die Wechselwirkung je eines $\mathfrak{s}_i$ mit seinem $\mathfrak{l}_i$ betrachtet. Die Abweichung beim Helium kommt zustande, indem auch die Wechselwirkung zwischen $\mathfrak{s}_1$ und $\mathfrak{s}_2$ (erstere geht mit $Z_i^2\, Z_a^2$, letztere mit $Z_i\, Z_a^2$, sie kommt also gerade bei kleinem Z in Frage) und die Wechselwirkung $(\mathfrak{s}_1\, \mathfrak{l}_2)$ wesentlich wird. Die Wechselwirkung $(\mathfrak{s}_2\, \mathfrak{l}_2)$ kommt für große Z allein in Frage und liefert ein normales regel-

---

[1]) Vgl. die ausführliche Diskussion bei SOMMERFELD und UNSÖLD (*92*).

[2]) LYMAN (*93*) hat die Kombination zwischen dem Grundterm und dem tiefsten Ortho-p-Term gefunden.

rechtes Triplett. Die Wechselwirkung $(\mathfrak{s}_1 \mathfrak{l}_2)$ ist dem cos des Winkels zwischen $\mathfrak{s}_1$ und $\mathfrak{l}_2$ proportional, sie entsteht aber durch Umlaufen eines negativen Elektrons um $\mathfrak{s}_1$, hat also das entgegengesetzte Vorzeichen als $(\mathfrak{s}_2 \mathfrak{l}_2)$. Außerdem hat sie den doppelten Faktor; sie wirkt also für kleine Z stärker als $(\mathfrak{s}_2 \mathfrak{l}_2)$. Wenn wir die Wechselwirkung $(\mathfrak{s}_1 \mathfrak{s}_2)$ wie die zwischen zwei Magneten auffassen, so ergibt sie für $j = 1$ eine Erniedrigung des Termwertes, verglichen mit $j = 0$ und $j = 2$. Denn für $j = 0$ und 2 stehen im Modell die $\mathfrak{s}_i$ parallel nebeneinander, stoßen sich also ab, während für $j = 1$ sie auf einem Teil der Bahn parallel hintereinanderliegen[1]). Der Verlauf der Triplettaufspaltung dürfte also etwa durch Abb. 20 schematisch angegeben werden. In der Gegend des He müssen sich die Terme $j = 1$ und $j = 2$ schneiden.

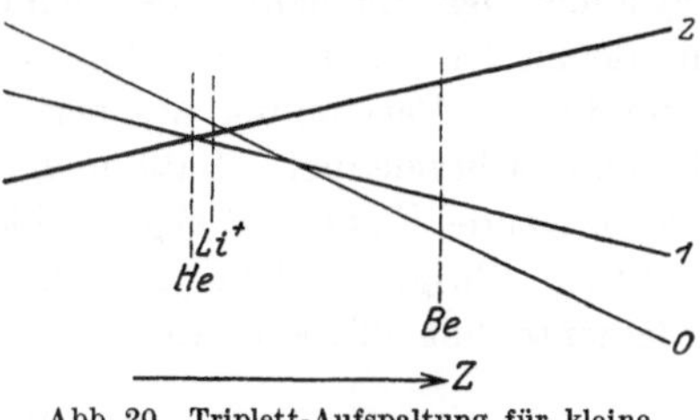

Abb. 20. Triplett-Aufspaltung für kleine Kernladung.

Das schwache Kombinieren der Singulett- und Triplettterme ist nach § 27 zu verstehen; da hier die $(\mathfrak{l}_i \mathfrak{s}_i)$-Wechselwirkung sehr klein ist, treten kaum Interkombinationen auf.

Das *erste Funkenspektrum des Lithiums* (Li^+) zeigt einen dem Heliumbogenspektrum entsprechenden Bau (*95—97*). Wir haben zwei Termsysteme, Para-Li^+, und Ortho-Li^+, die nicht miteinander kombinieren. Das erste entspricht dem Singulett-, das zweite dem Triplettsystem eines Erdalkalispektrums. Der 2 p-Term des Ortho-Li^+ ist ein feines Triplett, das dem Intervallverhältnis nach an die bezeichnete Stelle der schematischen Abb. 20 gehört.

Abb. 20 ist ergänzt durch die Angabe des Be-2 p-Tripletts, das auch ein noch nicht normales Intervallverhältnis zeigt (sondern etwa 2 : 7).

§ 30. Die Achterperioden.

Mit den beiden Elektronen der He-Konfiguration hat die Gruppe der Elektronen mit $n = 1$ ihren Abschluß erreicht. Die

[1]) Diese ganze Überlegung ist natürlich nicht zwingend, da wir die Resonanzerscheinungen außer acht lassen. HEISENBERG gibt die strenge Rechnung.

nun folgende Gruppe $n = 2$ läßt die Nebenquantenzahlen $l = 0$ und $l = 1$ zu und kann daher acht Elektronen aufnehmen; ihr entsprechen die acht Elemente von Li bis Ne (vgl. § 12). In der dritten Elektronenschale $n = 3$, ist $l = 0, 1, 2$ möglich. Sie kann also 18 Elektronen aufnehmen, und bei hinreichend hochgeladenem Kern hat die M-Schale auch soviel Elektronen. Bei geringer Überschußladung des Kernes über die Elektronen ist jedoch die $4\,s$-Bahn nicht lockerer gebunden als die $3\,d$-Bahn. Wir faßten ja das Auftreten des Alkalielements K an der $(2 + 8 + 8) + 1$-ten Stelle so auf, daß die $4\,s$-Bahn die am festesten gebundene ist. In den folgenden Elementen treten dann die $3\,d$-Bahnen gleichberechtigt neben die $4\,s$-Bahnen, so daß die vierte Periode des Systems der Elemente 18 Elemente enthält. Die Elemente, in denen $3\,d$- und später $4\,d$-, $5\,d$-, $4\,f$-Bahnen hinzukommen, sind in der Darstellung des periodischen Systems Abb. 8, S. 50, besonders bezeichnet. Läßt man sie und jedesmal zwei unmittelbar folgende Elemente weg, so bleibt ein *Gerüst des periodischen Systems* übrig, in dem jede Periode von der zweiten ab acht Elemente hat (Tabelle 49).

Tabelle 49.

s		p					
H	He						
Li	Be	B	C	N	O	F	Ne
Na	Mg	Al	Si	P	S	Cl	A
K	Ca	Ga	Ge	As	Se	Br	Kr
Rb	Sr	In	Sn	Sb	Te	J	X
Cs	Ba	Tl	Pb	Bi	Po		Nt
	Ra						

Entsprechend dem Umstand, daß bei gleicher Hauptquantenzahl die Elektronen mit kleinerem l stärker gebunden sind, wird in jeder Periode erst die Gruppe mit $l = 0$ durch zwei Elektronen gefüllt, dann die Gruppe mit $l = 1$ durch sechs Elektronen.

Mit Hilfe unserer Betrachtungen können wir die *Spektren der Elemente einer Achterperiode* leicht verstehen. Zunächst wollen wir die *tiefen Terme* betrachten. Da die beiden s-Elektronen keinen Beitrag zu s und l geben, ergibt die Elektronenanordnung $s^2\,p^n$ dieselben Terme wie p^n. Aus Tabelle 45 können wir dann die tiefsten Terme ablesen. Wir erhalten Tabelle 50.

Tabelle 50.

Zahl der äußeren Elektronen			tiefe Terme	beobachtet bei
insgesamt	$l=0$	$l=1$		
1	1	—	^2S	Alkalien, Cu, Ag, Au } u. vielen Funkenspektren
2	2	—	^1S	Erdalkalien, Zn, Cd, Hg } u. vielen Funkenspektren
3	2	1	^2P	Al, Ga, In, Tl; C^+, Si^+
4	2	2	^3P ^1D ^1S	Si, Sn, Pb; N^+
5	2	3	^4S ^2D ^2P	
6	2	4	^3P ^1D ^1S	O, S
7	2	5	^2P	
8	2	6	^1S	Ne, A

Dort wo sich mehrere Termmultipletts ergeben, erwarten wir die mit größtem s als tiefste; für drei und vier äußere Elektronen erwarten wir regelrechte, für sechs und sieben äußere Elektronen erwarten wir verkehrte Grundmultipletts. Die erwarteten Terme sind überall beobachtet, wo die Spektren überhaupt hinreichend analysiert sind. Unsere Kenntnis der Spektren mit fünf äußeren Elektronen ist sehr lückenhaft; aber wir kennen wenigstens beim Sb fünf Grundterme mit den j-Werten $\frac{1}{2}$, $\frac{3}{2}$, $\frac{5}{2}$, $\frac{3}{2}$, $\frac{3}{2}$; das sind genau die einem ^4S-, ^2D- und ^2P-Term entsprechenden. Auch über die Spektren der Halogene ist wenig bekannt, wir gehen im § 31 darauf ein.

§ 31. Die Spektren in den einzelnen Spalten der Achterperioden.

Wir gehen jetzt genauer auf die einzelnen Spektren ein. Über die Spektren der *Elemente in den ersten drei Spalten* brauchen wir nicht mehr viel zu sagen. Da der Grundterm des positiven Ions stets ein S-Term ist, ist bei den hauptsächlichsten Spektraltermen das l_1 des Leuchtelektrons gleich dem resultierenden l der ganzen Anordnung; s, p, d... ist gleichbedeutend mit S, P, D.... Das Ausfallen des tiefsten ^3S bei den Erdalkalien und des tiefsten ^2S bei den Elementen der dritten Spalte verstanden wir auf Grund der PAULIschen Äquivalenzregel. Zu beachten sind noch die verschobenen Terme. Sie entstehen aus dem zweittiefsten Term des Funkenspektrums, bei Be und Mg aus einem ^2P-Term, bei Ca, Sr, Ba aus einem ^2D-Term. Bei Si^+ fand FOWLER (*117*), und in einer Reihe von Spektren von Atomen mit drei Valenzelektronen (C^+, N^{++}, O^{+++}, Si^+, P^{++}, S^{+++}, Cl^{4+}) fanden BOWEN und MILLIKAN (*101*) charakteristische Liniengruppen, die sie als $sp\ ^2P \rightarrow pp\ ^2P$-Kombinationen deuten; es gibt also auch hier Terme, die aus dem zweittiefsten Term ^3P des nächsthöheren Funkenspektrums entstehen.

Die Terme eines *Elements der vierten Spalte* verstehen wir, indem wir vom $ssp\ ^2P$-Grundterm des Funkenspektrums ausgehen (bei C^+ und Si^+ beobachtet (*101, 117*)) und ein weiteres Elektron hinzufügen. Tabelle 51 gibt die Terme an, die durch Hinzufügen eines p-, s- und d-Elektrons entstehen. Bei Si (Ge, Sn, Pb) heißt es in der ersten Zeile $3\,p$ ($4\,p$, $5\,p$, $6\,p$), weiter unten bei ns und np heißt es $n \geqq 4$ (5, 6, 7).

Tabelle 51.

C^+		C		
l	Term	l	Term	bekannt bei
$s\,s\,p$	^2P	$(s\,s\,p)\ 2\,p$	^3P ^1D ^1S	Si, Sn, Pb
		$(s\,s\,p)\ n\,s$ $n \geqq 3$	^3P ^1P	N^+, Si, Pb
		$(s\,s\,p)\ d$	^3F ^1F ^3D ^1D ^3P ^1P	Si
		$(s\,s\,p)\ np$ $n \geqq 3$	^3D ^1D ^3P ^1P ^3S ^1S	zum Teil bei N^+

Im Si-Spektrum sind einige Terme bekannt (*117, 121*). Abb. 21 gibt das empirisch gefundene Termschema, ergänzt durch die l-Werte der Elektronen. Im Sn sind fünf tiefe Terme bekannt, deren j-Werte mit denen von $^3P\ ^1D\ ^1S$ übereinstimmen (*181—183*). Auch im Pb sind sie festgestellt (*154, 182, 191—197*). Dort sind auch einige Serien bekannt, zwei s-Serien mit $j = 0$ und $j = 1$ müssen der Gruppe $^3P\ ^1P$ angehören, einige d-Serien der Gruppe $^3F\,^3D\,^3P\,^1F\,^1D\,^1P$. Unter Zuhilfenahme von Betrachtungen über die Seriengrenzen gelingt es, diese Serien genauer zu deuten (§ 40).

Auch im N^+-Spektrum sind einige Terme bekannt (*102*): als tiefste ein ^3P- und ein ^1P-Term, darüber mit diesen kombinierend die Terme $^3D\,^3S\,^3P\,^1S\,^1S\,^1D(?)$ und noch höher mit einigen von diesen kombinierend ^3D und ^3P. Die Betrachtung der Tabelle 51 legt es sehr nahe, die erste Gruppe als $ssp \cdot 3s$ aufzufassen, die zweite (außer dem einen ^1S-Term) als $ssp \cdot 3p$; der hohe ^3D-Term dürfte zu $ssp \cdot 3d$ gehören, der hohe ^3P-Term auch hierzu oder zu $ssp \cdot 4s$. Die letztgenannte Annahme würde eine genäherte Berechnung der Termwerte ergeben; die Extrapolation auf den empirisch nicht bekannten Grundterm würde eine Ionisierungsspannung von etwa 23,3 Volt liefern.

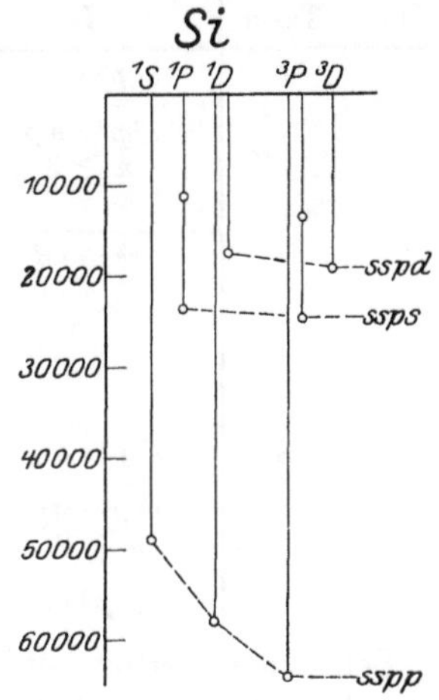

Abb. 21. Termschema des Siliziums.

Aus den tiefsten Termen $sspp \cdot {}^3P$, ^1D und ^1S der Elemente der vierten Spalte leiten wir jetzt (Tabelle 52) die Terme eines *Elements der fünften Spalte* ab. Bei P, As, Sb, Bi ist die Laufzahl des p-Elektrons in der Tabelle um 1, 2, 3, 4 zu erhöhen.

Tabelle 52.

N⁺ l	N⁺ Term	N l	N Term	Gefunden bei	Termwert bei O⁺
$sspp$	^3P	$s^2p^2 \cdot 2p$	^4S	As	—
			^2D		—
			^2P		—
		$s^2p^2 \cdot s$	^4P	N O⁺	100000
			^2P		94000
		$s^2p^2 \cdot np$, $n \geqq 3$	^4D	N O⁺	78600
			^4P		77100
			^4S		73300
			^2D		71400
			^2P		68800
			^2S		79100
		$s^2p^2 \cdot d$	^4F	O⁺	54100
			^4D		52700
			^4P		52700?
			^2F		50300
			^2D		48600
			^2P		49500?

Tabelle 52 (Fortsetzung).

N^+		N		Gefunden bei	Termwert bei O^+
l	Term	l	Term		
	^1D	$s^2p^2 \cdot s$	^2D	O^+	76000
		$s^2p^2 \cdot np$ $n \geqq 3$	^2F ^2D ^2P	O^+	— 53100 50500
		$s^2p^2 \cdot d$	^2G ^2F ^2D ^2P ^2S	O^+	— — 30000? 29200 27400
	^1S	$s^2p^2 \cdot s$	^2S	O^+	87300
		$s^2p^2 \cdot np$ $n \geqq 3$	^2P	—	—
		$s^2p^2 \cdot d$	^2D	—	—

Sehr viele Terme hat A. Fowler (*104*) im Spektrum des O^+ gefunden, die dann R. H. Fowler und Hartree (*105*) im Sinne der Tabelle 52 gedeutet haben. Es fanden sich fast alle erwarteten Terme, auch die aus ^1D und ^1S des O^{++} entstehenden. In Tabelle 52 sind die Werte der O^+-Terme angegeben.

Wir werden später (§ 40) noch einmal auf das N-, O^+- und auch das Bi-Spektrum zurückkommen. Dort wird auch das Termschema des N abgebildet werden (Abb. 40).

Aus dem tiefsten Term ^4S der Atome mit fünf Außenelektronen leiten wir in Tabelle 53 die Terme eines *Elements der sechsten Spalte* ab.

Tabelle 53.

O^+		O		
l	Term	l	Term	gefunden bei
s^2p^3	^4S	$(s^2p^3)\,2\,p$	^3P	O und S
		$(s^2p^3)\,s$	^5S ^3S	
		$(s^2p^3)\,np$ $n \geqq 3$	^5P ^3P	
		$(s^2p^3)\,d$	^5D ^3D	

Genau ein solches Triplett- und Quintettsystem ist im O- und S-Spektrum empirisch bekannt, darunter auch der Grundterm ^3P (*106, 107*). Auch im Se sind einige der Terme gefunden. Das O-, S- und Se-Spektrum gehört zu den Spektren, in denen schon früh

Serien gefunden wurden. Wir sehen jetzt den Grund für ihren einfachen Bau: da das Ion einen S-Term als Grundterm hat, ist die spd ...-Ordnung mit der SPD ...-Ordnung übereinstimmend.

Da die tiefen Terme ^2D und ^2P des Atoms mit fünf Außenelektronen nicht sehr hoch liegen dürften, ist es sehr wohl möglich, daß in den Spektren von O, S ... auch Terme gefunden werden können, die aus jenen tiefen Termen des Ions entstehen.

Die hauptsächlichen Terme eines *Elements der siebenten Spalte* (Halogen-Atoms) gibt Tabelle 54.

Tabelle 54.

F^+		F	
l	Term	l	Term
s^2p^4	^3P	$(s^2p^4)\cdot 2\,p$	^2P
		$(s^2p^4)\cdot s$	^4P ^2P
		$(s^2p^4)\cdot np$ $n \geqq 3$	^4D ^2D ^4P ^2P ^4S ^2S
		$(s^2p^4)\cdot d$	^4F ^2F ^4D ^2D ^4P ^2P

Terme, die aus höheren Termen des F^+ entstehen, sind kaum zu erwarten.

Empirisch ist über die Spektren der Halogenatome wenig bekannt. Im F-Spektrum hat CARRAGAN (*108*) auf Grund von ZEEMAN-Effektmessungen Dublett- und Quartetterme festgestellt; DE BRUIN (*109*) gibt noch einige Terme dazu. Die Realität aller von diesen beiden Autoren angegebenen Terme ist mit unserer theoretischen Erwartung nicht in Einklang zu bringen. Wahrscheinlich ist der angegebene ^4P-Term unser $3\,s\cdot{}^4P$ und die höheren Terme $^4S\ ^4P'\ ^4D$ unsere Gruppe $3\,p\cdot{}^4(SPD)$. Die beiden ^2P-Terme von DE BRUIN sind vielleicht unsere Terme $3\,s\cdot{}^2P$ und $3\,p\cdot{}^2P$. Allerdings müssen dann einige übereinstimmende Differenzen von CARRAGAN und DE BRUIN als zufällig angesehen werden.

In den Spektren von Cl, Br und J fand TURNER (*124*) konstante Differenzen: 880 cm^{-1} bei Cl, 2280 und 3685 bei Br und 7600 bei J. Die Differenzen bei Cl und J und eine der Differenzen bei Br sind sehr wahrscheinlich die Aufspaltungen des ^2P-Grundterms. Ein weiterer Hinweis auf einen Jodterm, der etwa 1 Volt über dem Grundterm liegt, ist nach FRANCK und DYMOND (*184*) daraus zu entnehmen, daß Jodmolekeln durch Lichtabsorption in je ein unangeregtes und ein angeregtes Atom zerfallen können, wobei sich die Anregungsenergie zu etwa 1,2 Volt bestimmen läßt.

Von den *Edelgasspektren* ist das des Neons und das des Argons genauer bekannt. Den von PASCHEN im Neon festgestellten Termen hat LANDÉ innere Quantenzahlen j zugeordnet. Es zeigt sich, daß die Terme sich nicht mehr ohne weiteres zu Multipletts entsprechend dem (ls)-Schema ordnen lassen. Auch sind ZEEMAN-Effekte gemessen (*113*), die nicht mehr der LANDÉschen g-Formel genügen. Dies deutet darauf hin, daß die $(\mathfrak{l}_\iota\, \mathfrak{s}_\iota)$-Wechselwirkung wenigstens bei einem Elektron so groß geworden ist, daß sie die unabhängige Addition der $\mathfrak{l}_\iota$ zur Resultierenden $\mathfrak{l}$ und der $\mathfrak{s}_\iota$ zu $\mathfrak{s}$ stört.

Trotzdem muß die Abzählung der Neonterme auf Grund des (ls)-Schemas möglich sein. Dazu stellen wir zunächst in Tabelle 56 die zu erwartenden Terme zusammen.

Tabelle 55.

Ne^+		Ne		
l	Term	l	Term	empir. Terme
s^2p^5	^2P	$(s^2p^5)\cdot 2p$	^1S	Grundterm
		$(s^2p^5)\cdot s$	^3P ^1P	$s_3 s_4 s_5$ s_2 } von PASCHEN
		$(s^2p^5)\cdot np$ $n \geqq 3$	^3D ^1D ^3P ^1P ^3S ^1S	PASCHENS p-Terme
		$(s^2p^5)\cdot d$	^3F ^1F ^3D ^1D ^3P ^1P	PASCHENS d- und s_1-Terme

Wir vergleichen damit die empirischen Terme. Der Grundterm ist von HERTZ zuerst durch Elektronenstoß, dann auch von ihm und von LYMAN und SAUNDERS optisch nachgewiesen (*110, 111*). Aus seinen Kombinationen schließt man $j = 0$[1]). Die nächsthöheren Terme sind $s_5\, s_4\, s_3\, s_2$ von PASCHEN. $s_5\, s_4\, s_3$ liegen nahe beieinander mit $j = 2, 1, 0$; s_2 liegt etwas höher mit $j = 1$. Wir erblicken darin die Terme ^3P und ^1P. Die Auffassung

[1]) Zuerst aus Absorptionsmessungen von K. W. MEISSNER (*112*) geschlossen von P. JORDAN (*114*) und S. GOUDSMIT (*115*).

wird durch die ZEEMAN-Effekte (*113*) bestätigt. Die gemessenen g-Werte sind 1,50 (s_5); 1,46 (s_4); $\frac{0}{0}$ (s_3) und 1,03 (s_2). Nach dem (ls)-Schema und der LANDÉschen g-Formel hätten wir $\frac{3}{2}$ $\frac{3}{2}$ $\frac{0}{0}$ (^3P) und 1 (^1P). Hier ist also die Wechselwirkung der $\mathfrak{l}_i$ und $\mathfrak{s}_i$ miteinander noch klein gegen die der $\mathfrak{l}_i$ unter sich und der $\mathfrak{s}_i$ unter sich. Wir haben nahezu normale Termordnung. Die nächsthöhere Termgruppe, die p-Terme von PASCHEN, stimmen an Zahl und j-Werten zu den Termen, bei denen das letzte Elektron auf einer p-Bahn läuft. Wir müssen später noch näher darauf eingehen. Die d- und s_1-Terme von PASCHEN sind schließlich die Terme, bei denen das Elektron in einer d-Bahn ist.

Die Neonterme konvergieren gegen zwei Seriengrenzen, die den Termen $^2P_1$ und $^2P_2$ des Ne^+ entsprechen. Diese Erscheinung ist, da sie ja gerade auf der Wechselwirkung von $\mathfrak{l}$ und $\mathfrak{s}$ des Atomrestes beruht, in unserem jetzigen Schema noch nicht zu verstehen. Wir gehen später darauf ein (§ 40).

In allerneuester Zeit ist auch das Argonspektrum durch MEISSNER (*127*) und SAUNDERS (*128*) in Terme geordnet worden. Die Termordnung entspricht durchaus der des Neons. Auf die im Argonspektrum gefundenen Abweichungen von der normalen Termordnung gehen wir auch später ein.

Im Kaliumfunkenspektrum hat T. L. DE BRUIN (*130*) zehn Terme aufgefunden, die nach innerer Quantenzahl und ν-Differenzen den zehn p-Termen des Ne oder A entsprechen. Sie kombinieren mit tiefer liegenden Termen, die sicher nicht alle den tiefen s-Termen von Ne und A entsprechen, unter denen also wohl d-Terme sind. Trotzdem ist es möglich, daß die gefundenen p-Terme 4 p-Terme sind, also den 3 p-Termen des Ne oder den 4 p-Termen des A entsprechen. Wenn nämlich die Reihenfolge der Bindung beim K^+ dieselbe ist wie bei Ca^+, so ist die 3 d-Bahn fester gebunden als die 4 p-Bahn.

§ 32. Die Achtzehnerperioden.

In das im § 30 angegebene Grundgerüst des periodischen Systems der Elemente lagern sich von der vierten Periode ab charakteristische Gruppen von Elementen ein. Diese Elemente

Sc Ti V Cr Mn Fe Co Ni (Cu Zn),
Y Zr Nb Mo Ma Ru Rh Pd (Ag Cd),
La Hf Ta W Re Os Ir Pt (Au Hg)

wollen wir (nach ihren bekanntesten Elementen) als *Eisenreihe*, *Palladiumreihe* und *Platinreihe* bezeichnen. Wir haben ihr Auftreten früher (§ 12) dadurch gedeutet, daß d-Elektronen jetzt fester gebunden werden als die am festesten gebundenen äußeren s- und p-Elektronen.

Wir betrachten zunächst die *Eisenreihe.* Bohrs Gedanken folgend, nahmen wir an, daß beim Sc^{++} das eine äußere Elektron nicht wie bei K und Ca^{+} in einer s-Bahn gebunden ist, sondern in einer d-Bahn mit einer um 1 niedrigeren Hauptquantenzahl. Dieses Ion hätte dann einen ^2D-Term als Grundterm [1]).

Dem d-Elektron des Sc^{++} wird bei Bildung des Sc^{+} ein *zweites Elektron* hinzugefügt, es muß die Quantenzahlen $4\,s$ oder $3\,d$ haben. Mit dem s-Elektron erhalten wir die Terme ^3D und ^1D, von denen ^3D als tiefster zu erwarten ist; mit dem d-Elektron erhalten wir (siehe Tabelle 46, S. 119) $^3F\,^3P\,^1G\,^1D\,^1S$ und erwarten ^3F als tiefsten. Das empirisch bekannte Triplettsystem (*135—138*) des Sc^{+} hat nun in der Tat gerade die Terme ^3D, ^3F, ^3P, von diesen ist ^3D der tiefste. Die Elektronenanordnung $s\,d$ hat also tiefere Energie als $d\,d$.

Das beim Übergang von Sc^{+} zu Sc hinzukommende *dritte Elektron* wird im Grundzustand ebenfalls entweder als $4\,s$ oder als $3\,d$-Elektron gebunden sein. Die erste Möglichkeit ($s\,s\,d$) liefert einen ^2D-Term, die zweite ($s\,d\,d$) die Terme ^4F, ^4P, ^2G, ^2D, ^2S. Nach der Regel, daß Terme mit größerem s und größerem l tiefer liegen, ist im zweiten Fall ^4F als Grundterm zu erwarten. Von den beiden Möglichkeiten ist nun die eine beim Sc (*135*, *136*, *138*, *140*), die andere beim Ti^{+} (*89*, *139*) verwirklicht. Sc hat ^2D, Ti^{+} hat ^4F als Grundterm. Zwischen Sc und Ti^{+} besteht somit ein ähnliches Verhältnis wie zwischen Ca und Sc^{+}: Bei gleicher Elektronenzahl hat das Funkenspektrum eine d-Bahn mehr als das Bogenspektrum. Der Grund ist offenbar der, daß bei höherer Kernladung der Unterschied des Kraftfeldes vom Coulombschen Feld geringer wird und damit die Terme wasserstoffähnlicher werden; im Coulomb-Feld ist die $3\,d$-Bahn fester gebunden als die $4\,s$-Bahn.

Man könnte vermuten, daß es so weitergeht. Wir wollen auch versuchsweise die Annahme machen, daß der *Grundterm*

---

1) Anm. bei der Korrektur: Neuerdings haben Gibbs und White (*130* a) Linien im Sc^{++} gedeutet und gezeigt, daß dem Grundzustand eine $3\,d$-Bahn entspricht.

des Bogenspektrums von einer Anordnung herrührt, die außerhalb der A-Schale *zwei s-Elektronen und sonst lauter d-Elektronen* hat. Wir machen weiter die Annahme, daß im *Grundzustand des Funkenspektrums ein s-Elektron und im übrigen d-Elektronen* gebunden sind. Zur leichten Auffindung der zu einer solchen Elektronenanordnung gehörigen tiefsten Terme stellen wir in Tabelle 56 die zu den Anordnungen d^n, ferner zu sd^{n-1} und schließlich zu s^2d^{n-2} gehörigen tiefsten Terme zusammen.

Tabelle 56.

Elektronenzahl	Zahl der s- Elektronen	Zahl der d- Elektronen	tiefster Term	Zahl der s- Elektronen	Zahl der d- Elektronen	tiefster Term	Zahl der s- Elektronen	Zahl der d- Elektronen	tiefster Term
1	—	1	^2D	1	—	^2S	—	—	—
2	—	2	^3F	1	1	^3D	2	—	^1S
3	—	3	^4F	1	2	^4F	2	1	^2D
4	—	4	^5D	1	3	^5F	2	2	^3F
5	—	5	^6S	1	4	^6D	2	3	^4F
6	—	6	^5D	1	5	^7S	2	4	^5D
7	—	7	^4F	1	6	^6D	2	5	^6S
8	—	8	^3F	1	7	^5F	2	6	^5D
9	—	9	^2D	1	8	^4F	2	7	^4F
10	—	10	^1S	1	9	^3D	2	8	^3F
11				1	10	^2S	2	9	^2D
12							2	10	^1S

Auf Grund der oben ausgesprochenen Vermutung hätten wir für die *Funkenspektren der Eisenreihe* die in der fünften Spalte der Tabelle 56 angegebenen Terme zu erwarten. In der Tat hat Sc^+ einen ^3D-, Ti^+ einen ^4F-, Mn^+ einen ^7S- und Fe^+ einen ^6D-Term als tiefsten bekannten Term. Auch sind die „raies ultimes“ Kombinationen mit diesen Termen (*137*). Bei V^+ ist auch ein ^5F-Term als tiefer Term vorhanden; ein ^5D-Term liegt jedoch noch tiefer (*142*); wir müssen ihn als d^4-Term auffassen. Ebenso ist bei Cr^+ ein ^6D als tiefer Term vorhanden, ein ^6S scheint aber noch tiefer zu liegen; er müßte von der Anordnung d^5 herrühren (*147*). Von Co^+ und Ni^+ sind noch keine Terme bekannt, Cu^+ müssen wir (siehe § 34) einen ^1S-Term der Anordnung von zehn d-Elektronen als tiefsten Term zuschreiben.

Bei den *Bogenspektren der Eisenreihe* finden wir ebenfalls einige Ausnahmen von unserer Vermutung, die zu den in der siebenten Spalte der Tabelle 56 angegegebenen Termen führen muß. Cr hat einen ^7S und Cu einen ^2S als Grundterm; bei allen übrigen jedoch tritt der vermutete Term als Grundterm auf.

Gehen wir jetzt umgekehrt von den empirischen Grundtermen aus und schließen aus ihnen (nach Tabelle 46) auf die energetisch stabilste Elektronenanordnung, so erhalten wir die in Tabelle 57 angegebenen Verhältnisse.

Tabelle 57.

Element	Grund-term	Anordnung	Element	Grund-term	Anordnung
Ca^+	^2S	s	K	^2S	s
Sc^+	^3D	sd	Ca	^1S	s^2
Ti^+	^4F	sd^2 (oder d^3)	Sc	^2D	s^2d
V^+	^5D	d^4	Ti	^3F	s^2d^2
Cr^+	^6S	d^5	V	^4F	s^2d^3
Mn^+	^7S	sd^5	Cr	^7S	sd^5
Fe^+	^6D	sd^6	Mn	^6S	s^2d^5
Co^+			Fe	^5D	s^2d^6
Ni^+			Co	^4F	s^2d^7 (oder sd^8)
Cu^+	^1S	d^{10}	Ni	^3F	s^2d^8
Zn^+	^2S	sd^{10}	Cu	^2S	sd^{10}

Der Schluß vom Grundterm auf die Elektronenanordnung ist nur bei Ti^+ und Co nicht eindeutig. Wir werden später (§ 35) begründen, daß die nicht in Klammer gesetzte Anordnung dem Grundterm entspricht.

Die Tabelle 57 zeigt ferner eine Beziehung zwischen Bogen- und Funkenspektren; der Grundterm des Funkenspektrums eines Elements ist nicht der des Bogenspektrums des vorangehenden Elements; er ist vielmehr (außer bei V^+) bis auf die Multiplizität der Grundterm des Bogenspektrums des gleichen Elements.

Wir stellten früher die Regel auf, daß beim Ausbau einer Gruppe äquivalenter Elektronen in der ersten Hälfte der Reihe der betreffenden Elemente die Grundterme regelrecht sind, in der zweiten Hälfte verkehrt. Beim Übergang zwischen beiden tritt ein S-Term auf. Wir finden diese Regel bestätigt: Sc, Ti, V haben regelrechte, Fe, Co, Ni haben verkehrte Grundterme. Ferner haben Sc^+, Ti^+, V^+, Cr^+ regelrechte und Fe^+ hat einen verkehrten Grundterm.

Wir betrachten jetzt die *Grundterme der Elemente der Palladiumreihe,* Y bis Pd. Wie Tabelle 58 zeigt, entsprechen sie nicht genau denen der Eisenreihe.

Die Grundterme der Bogenspektren zeigen vom Nb ab eine Abweichung von denen der Eisenreihe. Bei ihnen herrscht die gleiche Anordnung vor wie bei den Funkenspektren der Eisenreihe.

Tabelle 58.

Element	Grund-term	Anordnung	Element	Grund-term	Anordnung
Sr^+	^2S	s	Rb	^2S	s
Y^+	^3D	sd	Sr	^1S	s^2
Zr^+	^4F	sd^2	Y	^2D	s^2d
Nb^+	^5D	d^4	Zr	^4F	s^2d^2
Mo^+			Nb	^6D	sd^4
Ma^+			Mo	^7S	sd^5
Ru^+			Ma		
Rh^+			Ru	^5F	sd^7
Pd^+			Rh	^4F	sd^8 (oder s^2d^7)
Ag^+	^1S	d^{10}	Pd	^1S	d^{10}
Cd^+	^2S	sd^{10}	Ag	^2S	sd^{10}

Wir können die Verschiedenheit zwischen Eisen- und Palladiumreihe so aussprechen: In der Palladiumreihe sind die d-Elektronen ($l = 2$), verglichen mit den s-Elektronen, ein wenig fester gebunden als in der Eisenreihe. Die d-Elektronen haben in der Palladiumreihe nämlich größere Hauptquantenzahl, im klassischen Modell entsprechen ihren Bahnen größerer Exzentrizität, also Bahnen, die in größere Nähe des Kernes kommen.

Ist diese Auffassung richtig, so hätten wir in der *Platinreihe* ein noch stärkeres Vorherrschen der d-Bahnen zu erwarten. Tabelle 59 gibt die Grundterme in dieser Reihe.

Tabelle 59.

Element	Grund-term	Anordnung	Element	Grund-term	Anordnung
Ba^+	^2S	s	Cs	^2S	s
La^+	^3F	dd	Ba	^1S	s^2
			La		
Hf^+					
Ta^+			Hf		
W^+			Ta		
Re^+			W	^5D	s^2d^4 (oder d^6)
Os^+			Re		
Ir^+			Os		
Pt^+			Ir		
Au^+			Pt	^3F	s^2d^8
Hg^+	^2S	sd^{10}	Au	^2S	sd^{10}

Bei La^+ sind die d-Elektronen in der Tat fester gebunden als bei Sc^+ und Y^+. Dagegen sind bei Pt die s-Elektronen fester gebunden als in der Eisen- und Palladiumreihe, während der

Wolfram-Term beide Deutungen zuläßt. Wir gehen später genauer auf diese Dinge ein. Offenbar ist das Dazwischentreten der seltenen Erden der Grund, daß das Festerwerden der *d*-Bindung sich hinter La nicht fortsetzt.

Wir können jetzt die im § 12 gegebene Tabelle 7 der Besetzungszahlen der einzelnen Elektronengruppen in der vierten bis sechsten Periode vervollständigen. Tabelle 60 gibt die Ergänzung. In Tabelle 7 und 60 fehlen jetzt nur noch die seltenen Erden.

Tabelle 60.

	1 *s*	2 *s p*	3 *s p d*	4 *s p d f*	5 *s p d*	6 *s p d*	7 *s*
1 H	1						
2 He	2						
3 Li	2	1					
4 Be	2	2					
5 B	2	2 1					
6 C	2	2 2					
7 N	2	2 3					
8 O	2	2 4					
9 F	2	2 5					
10 Ne	2	2 6					
11 Na	2	2 6	1				
12 Mg	2	2 6	2				
13 Al	2	2 6	2 1				
14 Si	2	2 6	2 2				
15 P	2	2 6	2 3				
16 S	2	2 6	2 4				
17 Cl	2	2 6	2 5				
18 A	2	2 6	2 6				
19 K	2	2 6	2 6	1			
20 Ca	2	2 6	2 6	2			
21 Sc	2	2 6	2 6 1	2			
22 Ti	2	2 6	2 6 2	2			
23 V	2	2 6	2 6 3	2			
24 Cr	2	2 6	2 6 5	1			
25 Mn	2	2 6	2 6 5	2			
26 Fe	2	2 6	2 6 6	2			
27 Co	2	2 6	2 6 7	2			
28 Ni	2	2 6	2 6 8	2			
29 Cu	2	2 6	2 6 10	1			
30 Zn	2	2 6	2 6 10	2			
31 Ga	2	2 6	2 6 10	2 1			
32 Ge	2	2 6	2 6 10	2 2			
33 As	2	2 6	2 6 10	2 3			
34 Se	2	2 6	2 6 10	2 4			
35 Br	2	2 6	2 6 10	2 5			
36 Kr	2	2 6	2 6 10	2 6			

Tabelle 60 (Fortsetzung).

	1	2		3			4				5			6			7
	s	*s*	*p*	*s*	*p*	*d*	*s*	*p*	*d*	*f*	*s*	*p*	*d*	*s*	*p*	*d*	*s*
37 Rb	2	2	6	2	6	10	2	6			1						
38 Sr	2	2	6	2	6	10	2	6			2						
39 Y	2	2	6	2	6	10	2	6	1		2						
40 Zr	2	2	6	2	6	10	2	6	2		2						
41 Nb	2	2	6	2	6	10	2	6	4		1						
42 Mo	2	2	6	2	6	10	2	6	5		1						
43 Ma	2	2	6	2	6	10	2	6	(5)		(2)						
44 Ru	2	2	6	2	6	10	2	6	7		1						
45 Rh	2	2	6	2	6	10	2	6	8		1						
46 Pd	2	2	6	2	6	10	2	6	10								
47 Ag	2	2	6	2	6	10	2	6	10		1						
48 Cd	2	2	6	2	6	10	2	6	10		2						
49 In	2	2	6	2	6	10	2	6	10		2	1					
50 Sn	2	2	6	2	6	10	2	6	10		2	2					
51 Sb	2	2	6	2	6	10	2	6	10		2	3					
52 Te	2	2	6	2	6	10	2	6	10		2	4					
53 J	2	2	6	2	6	10	2	6	10		2	5					
54 X	2	2	6	2	6	10	2	6	10		2	6					
55 Cs	2	2	6	2	6	10	2	6	10		2	6		1			
56 Ba	2	2	6	2	6	10	2	6	10		2	6		2			
57 La	2	2	6	2	6	10	2	6	10		2	6	1	2			
58 Ce	2	2	6	2	6	10	2	6	10	(1)	2	6	(1)	(2)			
. .	.	.	.	.	.	.	.	.	.	.	.	.	.	.			
. .	.	.	.	.	.	.	.	.	.	.	.	.	.	.			
72 Hf	2	2	6	2	6	10	2	6	10	14	2	6	(2	(2)			
73 Ta	2	2	6	2	6	10	2	6	10	14	2	6	(3)	(2)			
74 W	2	2	6	2	6	10	2	6	10	14	2	6	4	2			
75 Re	2	2	6	2	6	10	2	6	10	14	2	6	(5)	(2)			
76 Os	2	2	6	2	6	10	2	6	10	14	2	6	(6)	(2)			
77 Ir	2	2	6	2	6	10	2	6	10	14	2	6	(7)	(2)			
78 Pt	2	2	6	2	6	10	2	6	10	14	2	6	8	2			
79 Au	2	2	6	2	6	10	2	6	10	14	2	6	10	1			
80 Hg	2	2	6	2	6	10	2	6	10	14	2	6	10	2			
81 Te	2	2	6	2	6	10	2	6	10	14	2	6	10	2	1		
82 Pb	2	2	6	2	6	10	2	6	10	14	2	6	10	2	2		
83 Bi	2	2	6	2	6	10	2	6	10	14	2	6	10	2	3		
84 Po	2	2	6	2	6	10	2	6	10	14	2	6	10	2	4		
85 —	2	2	6	2	6	10	2	6	10	14	2	6	10	2	5		
86 Nt	2	2	6	2	6	10	2	6	10	14	2	6	10	2	6		
87 —	2	2	6	2	6	10	2	6	10	14	2	6	10	2	6		1
88 Ra	2	2	6	2	6	10	2	6	10	14	2	6	10	2	6		2
89 Ac	2	2	6	2	6	10	2	6	10	14	2	6	10	2	6	(1)	(2)
90 Th	2	2	6	2	6	10	2	6	10	14	2	6	10	2	6	(2)	(2)
91 Pa	2	2	6	2	6	10	2	6	10	14	2	6	10	2	6	(3)	(2)
92 U	2	2	6	2	6	10	2	6	10	14	2	6	10	2	6	(5)	(1)

§ 33. Die Spektren der Eisen-, Palladium- und Platinreihe.

Wir versuchen jetzt die bekannten Terme der Elemente in der Eisen-, Palladium- und Platinreihe zu deuten. Dazu bilden wir uns das theoretisch zu erwartende Termschema und vergleichen es dann mit dem empirisch bekannten.

Ein Elektron: In der dritten (vierten, fünften) Periode sind $3d$- und $4s$- ($4d$- und $5s$-, $5d$- und $6s$-) Elektronen beinahe gleich stark gebunden. K und Ca^+ haben ein $4s$-Elektron (Rb und Sr^+ ein $5s$-, Cs und Ba^+ ein $6s$-Elektron) im Grundterm. Bei Sc^{++}, Y^{++}, La^{++} nehmen wir an, daß die d-Bahn die fester gebundene ist.

Zwei Elektronen. Funkenspektren von Scandium, Yttrium und Lanthan. Zweites Funkenspektrum von Titan: Wir fügen zum vermuteten tiefsten Zustand $d \cdot {}^2D$ des Sc^{++}, Y^{++}, La^{++} ein weiteres Elektron hinzu. Ein s-Elektron ergibt ${}^3D$ und ${}^1D$; ein d-Elektron ergibt (Tabelle 46) ${}^3F$ ${}^3P$ ${}^1G$ ${}^1D$ ${}^1S$. Die bisher genannten sd- und dd-Terme dürfen nicht miteinander kombinieren ($\Delta l_1 = 2$, $\Delta\, l_2 = 0$). Höhere Terme, die mit diesen kombinieren, erhalten wir durch Hinzufügung eines p-Elektrons zu $d \cdot {}^2D$; dies gibt die Terme ${}^3F$, ${}^3D$, ${}^3P$, ${}^1F$, ${}^1D$, ${}^1P$. Da wir vom Ca-Spektrum her wissen, daß zwei Elektronen ihre Quantenzahlen ändern können, müssen wir auch den zweittiefsten Energiezustand des Sc^{++}-Ions ${}^2S$ berücksichtigen. Die daraus entstehenden Terme des Sc^+ sind mit den oben abgeleiteten in der Tabelle 61 zusammengestellt. Die Terme sd, die aus ${}^2D$ und ${}^2S$ des Sc^{++} entstehen, sind natürlich dieselben.

Wir vergleichen damit die empirisch bekannten Terme. Im Sc^+ sind nur Tripletterme bekannt (*135—138*). Im Triplettsystem haben wir nach Tabelle 61 die Terme ${}^3D$, ${}^3F$ und ${}^3P$ als tiefste zu erwarten, etwas höher (der Energie der p-Bahn des Leuchtelektrons entsprechend) die Terme ${}^3F$ ${}^3D$ ${}^3P$ und vielleicht noch einen weiteren ${}^3P$-Term. Genau solche Terme sind empirisch bekannt. Abb. 22 gibt das empirische Termschema; die Termwerte sind außerdem in der fünften Spalte der Tabelle 61 eingetragen (vom Grundterm aus gerechnet). Es kombinieren die drei tiefsten Terme mit der Gruppe der drei nächsthöheren (dp). Der Grundterm kombiniert außerdem mit $sp\,{}^3P$. Es ändert sich also das l_i des einen Elektrons um ± 1, das des anderen um 0 oder ± 2. Wir finden ferner die Regel bestätigt, daß bei gleichen l_i-Werten die Terme mit größerem resultierenden l tiefer liegen.

Tabelle 61.

Sc++		Sc+		
l_i	Terme	l_i	Terme	empir. Terme
d	^2D	ds	^3D ^1D	0—178
		dd (aquiv.)	^3F ^3P ^1G ^1D ^1S	4802— 4987 12073—12154
		dp	^3F ^3D ^3P ^1F ^1D ^1P	27444—27841 27917—28160 29736—29823
s	^2S	ss (äquiv.)	^1S	
		sd	($^3D\,^1D$)	(0—178)
		sp	^3P ^1P	39002—39345

Im Y+ sind auch einige Terme bekannt (*136*, *169*): Sie sind ganz ähnlich angeordnet wie bei Sc+; wir deuten sie daher genau

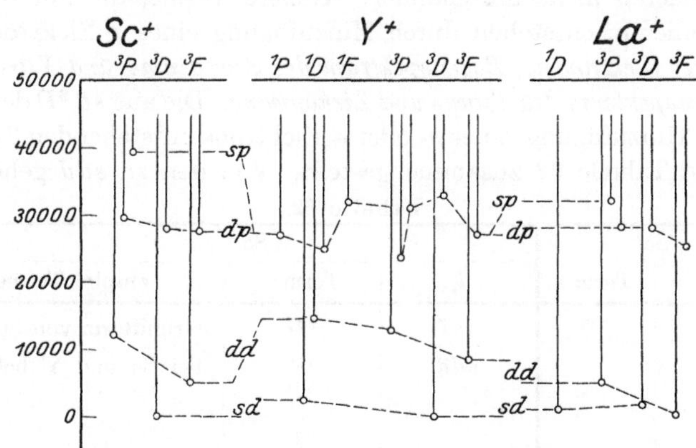

Abb. 22. Termschema der Funkenspektren von Scandium, Yttrium und Lanthan.

so. Zwei tiefe Termgruppen $^3D\,^1D$ und $^3F\,^3P\,^1D$ fassen wir als ds- und als dd-Terme auf. Eine höhere, mit diesen kombinierende Termgruppe enthält dann die dp- und sp-Terme (vgl. Abb. 22).

Auch im La^+ kennt man einige Terme (*185*). Sie sind ebenfalls in Abb. 22 dargestellt und bestimmten Elektronenbahnen zugeordnet. Das tiefste angegebene Termmultiplett ^3F stützt sich allerdings nur auf eine Multiplettkomponente und ist daher nicht ganz so sicher als die andern angegebenen. Wenn dort wirklich ein ^3F-Triplett liegt, so bedeutet dies, daß bei La^+ die Anordnung dd den tiefsten Term liefert und nicht sd wie bei Sc^+ und Y^+.

Im Ti^{++} hat H. N. RUSSELL einige Terme gefunden (*139*)[1]): Einen tiefliegenden ^3D- und ^1D-Term, die offenbar der Anordnung sd angehören, und eine Gruppe damit kombinierender Terme ^1D ^3F ^3D ^3P, die wohl als dp-Terme zu deuten sind. Aus dem Spektrum des Ti^+ ist zu schließen, daß das Ti^{++}-Spektrum als Grundterm dd ^3F hat; dieser Term ist noch nicht beobachtet[2]).

Bei der Behandlung der Atome mit drei oder mehr äußeren Elektronen werden wir ganz entsprechend verfahren. Zur theoretischen Herleitung der Terme eines Bogenspektrums gehen wir aus von den tiefsten Termen (meist sd^{n-2}) des Funkenspektrums; zur Herleitung der Terme eines Funkenspektrums von den mutmaßlich tiefsten Termen (d^{n-1} und sd^{n-2}) des zweiten Funkenspektrums. Durch Hinzufügung eines s- oder d-Elektrons entstehen dann die tiefsten Terme des betrachteten Spektrums. Diese kombinieren nicht miteinander. Höhere Terme, die mit diesen kombinieren, entstehen durch Hinzufügung eines p-Elektrons.

Drei Elektronen. Bogenspektrum des Scandiums und Yttriums. Funkenspektrum des Titans und Zirkoniums. Die aus sd ^3D des Sc^+ durch Hinzufügung eines s- oder d-Elektrons entstehenden Terme sind in Tabelle 62 zusammengestellt. Von den zu sdd gehören-

Tabelle 62.

Sc^+		Sc		
l_i	Term	l_i	Term	empir. Terme
sd	^3D	ssd	^2D	Grundterm von Sc u. Y
		sdd	^4F	bei Sc und Y bekannt
			^4P	
			^2F	
			^2P	

[1]) Herr Prof. RUSSELL war so freundlich, mir die Ergebnisse seiner Untersuchungen an Ti^{++}, Ti^+ und Ti ausführlich brieflich mitzuteilen. Ich möchte ihm dafür meinen allerbesten Dank aussprechen.

[2]) Anm. bei der Korrektur: GIBBS und WHITE (*130a*) haben neuerdings diesen Term gefunden.

den Termen sind nur die angegeben, die auch aus den tiefsten *dd*-Termen entstehen können.

Die davon empirisch bekannten Terme sind in der letzten Spalte angegeben (*135, 136, 138, 140, 169, 170*).

Wir wollen auch einige höhere, mit diesen kombinierende Terme angeben, indem wir den drei tiefsten Zuständen der Funkenspektren $sd\,^3D$, $sd\,^1D$ und $dd\,^3F$ (vgl. Abb. 22) ein p-Elektron hinzufügen. Wir erhalten die Terme der Tabelle 63.

Tabelle 63.

Sc⁺		Sc	
l_i	Term	l_i	Term
sd	^3D	sdp	^4F ^2F ^4D ^2D ^4P ^2P
sd	^1D	sdp	^2F ^2D ^2P
dd	^3F	ddp	^4G ^2G ^4F ^2F ^4D ^2D

Die empirisch bekannten höheren Terme des Sc lassen sich diesen erwarteten Termen nicht eindeutig zuordnen. Etwas besser liegt es bei Y. Man erkennt (Abb. 23) unter den p-Termen leicht die Gruppe ^4G ^4F ^4D ^2F ^2D, die offenbar ddp darstellt. Die etwas

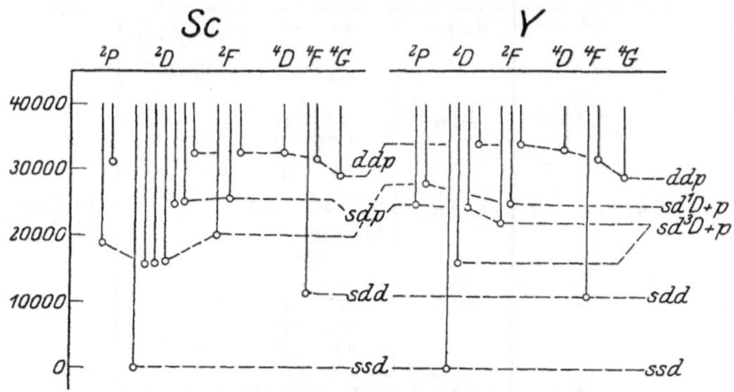

Abb. 23. Termschema von Scandium und Yttrium.

tieferen Terme ^2F ^2F ^2D ^2P ^2P sind wahrscheinlich die sdp-Terme. Schwer zu deuten ist der noch tiefere ^2D-Term; es ist aber sehr wohl möglich, daß er in Wirklichkeit gar kein ^2D-Term ist, sondern zu einem der Quartetterme *sdp* gehört. Gehen wir daraufhin noch einmal zum Sc über, so ist es wahrscheinlich, daß die Terme $^4G\,^4F\,^4D$ zu *ddp* gehören und unter den zu zahlreichen ^2D-Termen auch solche sind, die in Wirklichkeit zu den *sdp*-Quartetts gehören. Die relative Höhenlage des Quartettsystems zum Dublettsystem in Abb. 23 ist bei Sc willkürlich angenommen.

Das Ti⁺-Spektrum ist durch RUSSELL sehr eingehend untersucht (*89*, *139*). Wir wollen die empirischen Ergebnisse mit unserer Erwartung vergleichen und stellen dazu in Tabelle 64 die tiefen (*sdd*, *ssd*, *ddd*) und höheren (*ddp*, *sdp*) Terme zusammen.

Tabelle 64.

Ti^{++}		Ti^{+}		
l_i	Term	l_i	Term	bekannt bei
dd	$^3F\ ^3P$ $^1G\ ^1D\ ^1S$	*sdd*	$^4F\ ^2F$ $^4P\ ^2P$ ^2G ^2D ^2S	Zr⁺; Ti⁺
		ddd	$^4F\ ^4P$ $^2H\ ^2G\ ^2F$ $^2D\ ^2D\ ^2P$	^4F im Zr⁺; Ti⁺
sd	$^3D\ ^1D$	*sdd* *ssd*	(nichts Neues) ^2D	
dd	^3F	*ddp*	$^4G\ ^2G$ $^4F\ ^2F$ $^4D\ ^2D$	$^4G\,^4F\,^4D$ im Zr⁺; Zum großen Teil im Ti⁺
	^3P	*ddp*	$^4D\ ^2D$ $^4P\ ^2P$ $^4S\ ^2S$	Zum großen Teil im Ti⁺
	$^1G\ ^1D\ ^1S$	*ddp*	$^2H\ ^2G\ ^2F$ $^2F\ ^2D\ ^2P$ ^2P	Zum großen Teil im Ti⁺
sd	^3D	*sdp*	$^4F\ ^2F$ $^4D\ ^2D$ $^4P\ ^2P$	Zum großen Teil im Ti⁺
	^1D	*sdp*	$^2F\ ^2D\ ^2P$	

Die Tabelle zeigt die tiefen Terme in folgender Zahl:

^2S	^2P	^2D	^2F	^2G	^2H	^4P	^4F
1	2	4	2	2	1	2	2

Beobachtet sind genau diese Zahlen von Termen, nur von den ^2D-Termen sind bloß drei beobachtet. Es ist möglich (aber nicht sicher), daß die beobachteten gerade die in der Tabelle 64 sind und daß ein ^2D-Term nicht beobachtet ist. Für die höheren Terme gibt Tabelle 65 die Anzahlen der in Tabelle 64 angegebenen und die der beobachteten Terme.

Tabelle 65.

	^2S	^2P	^2D	^2F	^2G	^2H	^4S	^4P	^4D	^4F	^4G
Erwartet	1	5	5	5	2	1	1	2	3	2	1
Beobachtet	1	3	4	4	2	1	1	1	3?	1	2?

Bei den mit ? versehenen Zahlen ist je ein Term als unsicher angegeben. Abb. 24 gibt die beobachteten Terme an und versucht sie den einzelnen Elektronenbahnen zuzuordnen.

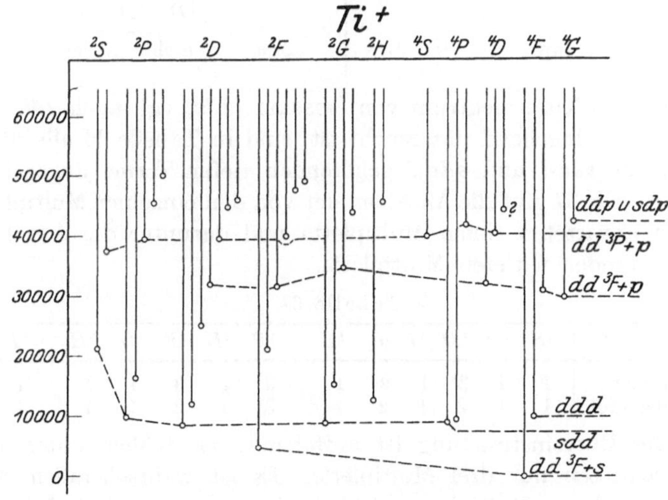

Abb. 24. Termschema des Funkenspektrums von Titan.

Im Zr^+ (*89*) sind die tiefen Terme ^4F ^2F ^4F ^2D bekannt. Die ersten beiden sind offenbar die aus $dd\,^3F$ des Zr^{++} entstehenden sdd-Terme; der nächste Term dürfte $ddd\,^4F$ sein; der vierte Term ist nicht eindeutig anzugeben. An höheren Termen sind ^2F ^2D ^2P und ^4G ^4F ^4D bekannt. Die letzten drei sind wahrscheinlich die aus $dd\,^3F$ entstehenden ddp-Terme, die ersten drei irgendwelche anderen ddp- oder sdp-Terme.

Vier Elektronen. Bogenspektren des Titans und Zirkoniums. Funkenspektrum des Vanadiums und Niobiums. Die tiefsten Terme des Ti^+ und Zr^+ gehören der Anordnung *sdd* an. In Tabelle 66 sind die daraus durch Hinzufügung eines *s*- oder *d*-Elektrons entstehenden tiefen Terme des Ti und Zr angegeben.

Tabelle 66.

Ti^+		Ti	
l_i	Term	l_i	Term
sdd	^4F ^4P ^2F ^2P ^2G ^2D ^2S	*ssdd*	^3F ^3P ^1G ^1D ^1S
		sddd	^5F ^5P ^3F ^3P ^3H ^3G ^3F ^3D ^3D ^3P ^1H ^1G ^1F ^1D ^1D ^1P
ddd	^4F ^4P $^2H\ldots$	*sddd*	nichts Neues

Da das Titanspektrum von RUSSELL (*139*, vgl. auch *140* und *141*) sehr eingehend untersucht ist, sind in Tabelle 66 alle überhaupt zu *ssdd* und *sddd* gehörenden tiefen Terme angegeben. Die Tabelle 67 gibt die Anzahlen der von den einzelnen Multiplettarten erwarteten tiefen Multipletts und darunter die Anzahlen der gefundenen tiefen Multipletts.

Tabelle 67.

	^1S	^1P	^1D	^1F	^1G	^1H	^3P	^3D	^3F	^3G	^3H	^5P	^5F
Erwartet	1	1	3	1	2	1	3	2	3	1	1	1	1
Beobachtet	1	1	2	1	2	1	3	1	2	1	1	1	1

Die Übereinstimmung ist auffallend; es fehlen unter den beobachteten nur drei Multipletts. Es ist wahrscheinlich, daß die gefundenen Multipletts wirklich die erwarteten sind, daß also Terme der Anordnung *dddd* nicht dabei sind. Abb. 25 stellt die tiefen Ti-Terme dar. Sie lassen sich leicht in zwei Gruppen zerlegen, die den Anordnungen *ssdd* und *sddd* entsprechen. Eine Zuordnung der höheren beobachteten Terme zu den theoretisch erwarteten ist schwer möglich. Die Berücksichtigung aller tiefen Terme *sdd* und *ddd* des Ti^+ liefert die in Tabelle 68 angegebenen *p*-Multipletts. Darunter steht jedesmal die Zahl der von RUSSELL gefundenen Multipletts.

Tabelle 68.

	^1S	^1P	^1D	^1F	^1G	^1H	^1J	^3S	^3P	^3D	^3F	^3G	^3H	^3J	^5S	^5P	^5D	^5F	^5G
Erwartet	2	6	7	7	5	3	1	4	8	11	9	7	3	1	2	3	4	2	2
Beobachtet	1	5	5	7	6	3	1	4	7	13	10	7	4	1	2	2	6	1	2

Die Zahlen stimmen gut. Daß bei einigen Multiplettarten mehr beobachtet sind als unter den erwarteten angegeben, bedeutet wohl, daß zum Teil mehrere Glieder einer Serie beobachtet sind.

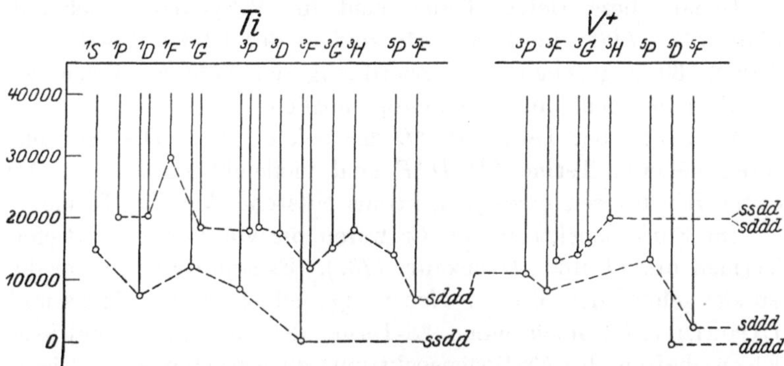

Abb. 25. Termschema des Bogenspektrums von Titan und des Funkenspektrums von Vanadium.

Im Zirkonspektrum (*169*) ist der tiefste bekannte Term ebenfalls ein ^3F-Term, etwas höher liegt ein ^5F-Term. Wir deuten den Grundterm als *ssdd*; *sddd* wäre auch damit verträglich, doch wäre dann ^5F tiefer zu erwarten als ^3F. ^5F deuten wir als *sddd*.

Die Funkenspektren von Vanadium (*142*) und Niobium (*169*) sind sehr interessant. Der tiefste bekannte Term bei beiden ist nämlich ^5D. Wir müssen ihn (Tabelle 46) als *dddd*-Term auffassen. Etwas höher liegt dann der *sddd* ^5F-Term. Es ist auffallend, daß der *dddd* ^5D-Term in keinem der Spektren von Ti und Zr aufgefunden ist. Die tiefen Terme des Vanadium-Funkenspektrums und ihre wahrscheinliche Deutung gibt Abb. 25. Ein ^3G-Term bleibt ungedeutet.

Fünf Elektronen. Bogenspektrum des Vanadiums, Funkenspektrum des Chroms: Die aus $sd^3 \cdot {}^5F$ und $sd^3 \cdot {}^5P$ des V^+ entstehenden tiefen Terme s^2d^3 und sd^4 gibt Tabelle 69. Aus $d^4 \cdot {}^5D$, $sd^3 \cdot {}^3F$ und $sd^3 \cdot {}^3P$ entstehen keine neuen Quartett- und Sextetterme. Von den Termen sd^4 sind nur die angegeben, die aus dem tiefsten d^4-Term entstehen können.

Tabelle 69.

V+		V		
l_i	Term	l_i	Term	Empir. Termwert
sd^3	${}^5F$	s^2d^3	${}^4F$	0—553
		sd^4	${}^6D$	2112—2425
			${}^4D$	8413—8716
	${}^5P$	s^2d^3	${}^4P$	9545—9825

Genau diese tiefen Terme sind im V-Spektrum bekannt (*140*, *143—146*); die Termwerte sind in der letzten Spalte von Tabelle 69 angegeben. Die Zuordnung der höheren Terme zu l_i-Zahlen ist noch nicht eindeutig möglich.

Im Nb ist der Term $sd^4 \cdot {}^6D$ der tiefste (*171*). Die beobachteten höheren Terme ${}^6P$ ${}^6D$ ${}^6F$ sind vielleicht die aus $d^4 \cdot {}^5D$ durch Hinzutreten eines p-Elektrons entstehenden d^4p-Terme.

Im Funkenspektrum des Cr waren bis vor kurzen an tiefen Termen nur ${}^6D$ und ${}^4D$ bekannt (*137*). Es sind dies offenbar die zu sd^4 gehörenden Terme. Neuerdings jedoch fanden Kiess und Laporte (*147*) noch einen ${}^6S$-Term, der auf Grund gewisser Eigenschaften des Cr-Bogenspektrums zu erwarten war. Dieser ${}^6S$-Term liegt tiefer als die D-Terme. Man muß ihn als d^5-Term auffassen. Im Funkenspektrum des Mo ist ein tiefer ${}^6D$-Term bekannt (*169*, *172*).

Sechs Elektronen. Bogenspektrum von Chrom, Molybdän, Wolfram. Aus den Termen $d^5 \cdot {}^6S$ und $sd^4 \cdot {}^6D$ des Cr^+ entstehen die in der Tabelle 70 angegebenen Terme.

Tabelle 70.

Cr+		Cr			Mo	W
l_i	Term	l_i	Term	empir. Termwert	empir. Termwert	empir. Termwert
d^5	${}^6S$	sd^5	${}^7S$	0	0	2951
			${}^5S$	7593	10647	
sd^4	${}^6D$	s^2d^4	${}^5D$	7750—8307	10966—12346	0—5719
		sd^5	${}^5G$		16641—16928	
			${}^5F$			
			${}^5D$			
			${}^5P$		18229—18479	

Die drei erstgenannten Terme sind als tiefe Terme des Cr- und Mo-Spektrums bekannt; im Mo-Spektrum außerdem ein ${}^5G$- und ein ^5P-Term[1]). Im W-Spektrum kennt man ^7S und ^5D. Bei Cr und Mo ist ^7S Grundterm; bei W liegt er innerhalb des ^5D-Quintetts (*147—151, 172—174, 186*).

An Termen im p-Niveau folgen aus $d^5 \cdot {}^6S$ die Multipletts ^7P, ^5P; aus $sd^4 \cdot {}^6D$ folgen ^7P ^7D ^7F, ^5P ^5D ^5F. Im Cr-Spektrum sind an Termen im p-Niveau zutiefst ^7P und ^5P bekannt, wenig darüber ^7P, ^5P ^5D ^5F. Diese Terme mit Ausnahme von ^5D sind auch im Mo-Spektrum gefunden.

Im Mn^+-Spektrum sind die tiefen Terme ^7S und ^5S nachgewiesen.

Sieben Elektronen. Bogenspektrum des Mangans, Funkenspektrum des Eisens. Aus $sd^5 \cdot {}^7S$ des Mn^+ entstehen die Terme s^2d^5 ^6S und $sd^6 \cdot {}^6D$ des Mn. Sie sind die beiden tiefsten Terme des Mn-Spektrums. Da in diesem Spektrum auch die höheren Terme gut geordnet sind, sind in Tabelle 71 auch höhere Terme angegeben.

Tabelle 71.

Mn^+		Mn				
l_i	Term	l_i	Term	Empir. Termwert		
sd^5	^7S	s^2d^5 (äquiv.)	^6S	59937		
		sd^6 (äquiv.)	^6D	42300—42885		
		$(sd^5)p$	^8P	41232–41535	13956	u. höh. Gl.
			^6P	35135–35158	14678–14494	u. höh. Gl.
		$(sd^5)s$	^8S	20506	9780	u. höh. Gl.
			^6S	18533	9033	
		$(sd^5)d$	^8D	13225–13231	7235	u. höh. Gl.
			^6D	12718–12730		
		$(sd^5)f$	^8F	6963	4438	
			^6F	—	—	

Vergleichen wir hiermit das empirische Termschema (*148, 152—156*), so finden wir die Serie der ^8P-Terme, der ^8S-Terme, der ^8D-Terme und der ^8F-Terme (vgl. letzte Spalte der Tabelle 71, Zahlen nach (*156*)); von ^6P sind wahrscheinlich zwei Glieder, von ^6S und ^6D nur ein Glied bekannt.

Für Fe^+ gibt RUSSELLS Liste astrophysikalisch wichtiger Linien (*89*) folgende tiefen Terme ^6D ^4F ^4D ^4P ^4P ^4F ^6S ^4G ^4D. Wir deuten ^6D als sd^6-Term, ebenso ^4D. Der erste ^4F-Term muß

[1]) O. LAPORTE (*77*) verzeichnet außerdem noch einen ^5D-Term.

wohl als d^7-Term aufgefaßt werden. Da für das Spektrum des Fe^+ demnach auch der $d^6 \cdot {}^5D$ des Fe^{++} wesentlich ist, geben wir in Tabelle 72 eine Übersicht über die aus $d^6 \cdot {}^5D$, $sd^5 \cdot {}^7S$ und $sd^5 \cdot {}^5S$ des Fe^{++} entstehenden Terme.

Tabelle 72.

Fe^{++}		Fe^+		
l_i	Term	l_i	Term	Empir. Termwert
d^6	^5D	sd^6	^6D ^4D	0 $\sim$ 8400
		d^7	^4F ^4P	$\sim$ 2700 $\sim$ 14000
sd^5	^7S	s^2d^5	^6S	$\sim$ 23000
	^5S	sd^6	^4D ^4P ^4P	$\sim$ 31000 $\sim$ 22000?

Die noch ungedeuteten Terme ^4F ($\sim$ 23000) und ^4G ($\sim$ 26000) sind vielleicht s^2d^5-Terme, die aus einem anderen sd^5-Term des Fe^{++} entstehen.

Acht Elektronen. Bogenspektren des Eisens und des Rutheniums. Auf diese Spektren der Elemente mit acht äußeren Elektronen wollen wir wieder etwas genauer eingehen, da sie bei Eisen und Ruthenium verhältnismäßig gut bekannt sind. Tabelle 73 gibt die tiefen Terme, die aus den Termen $sd^6 \cdot {}^6D$, $d^7 \cdot {}^4F$, $sd^6 \cdot {}^4D$ und $d^7 \cdot {}^4P$ des Fe^+ entstehen.

Tabelle 73.

Fe^+		Fe		
l_i	Term	l_i	Term	Gefunden bei
sd^6	^6D	s^2d^6 sd^7	^5D ^5F ^5P	Fe Fe und Ru
d^7	^4F	sd^7 d^8	^3F ^3F ^3P	Fe und Ru Ru
sd^6	^4D	(nichts Neues)		
d^7	^4P	sd^7	^3P	Fe und Ru

Durch Anlagerung eines p-Elektrons entstehen aus $sd^6 \cdot {}^6D$ die Terme ^5P ^5D ^5F, ^7P ^7D ^7F, aus $d^7 \cdot {}^4F$ die Terme ^3D ^3F ^3G, ^5D ^5F ^5G, aus $sd^6 \cdot {}^4D$ die Terme ^3P ^3D ^3F, ^5P ^5D ^5F, schließlich aus $d^7 \cdot {}^4P$ die Terme ^3S ^3P ^3D, ^5S ^5P ^5D. Von den noch höher gelegenen Termen wollen wir nur die erwähnen, die durch Hinzufügung eines s-Elektrons entstehen: $^7D\ ^5D$ aus $sd^6 \cdot {}^6D$, $^5D\ ^3D$ aus $sd^6 \cdot {}^4D$, $^5F\ ^3F$ aus $d^7 \cdot {}^4F$ und $^5P\ ^3P$ aus $d^7 \cdot {}^4P$.

Vergleichen wir damit das empirische Eisenspektrum (*151, 157, 158*). Es sind fünf tiefe Terme bekannt, die genau den in Tabelle 73 angegebenen entsprechen. An höheren Termen, die mit diesen kombinieren, sind sechs Gruppen zu je drei Multipletts vorhanden. Wir erkennen darin $^5(PDF)$ $^7(PDF)$ aus ^6D, ferner $^3(PDF)$ $^5(PDF)$ aus ^4D und $^3(DFG)$ $^5(DFG)$ aus ^4F. Schließlich gibt es noch einen ^5S- und ^5P-Term, die wohl aus ^4P entstehen. Die Terme und ihre Deutung sind in Abb. 26 angegeben.

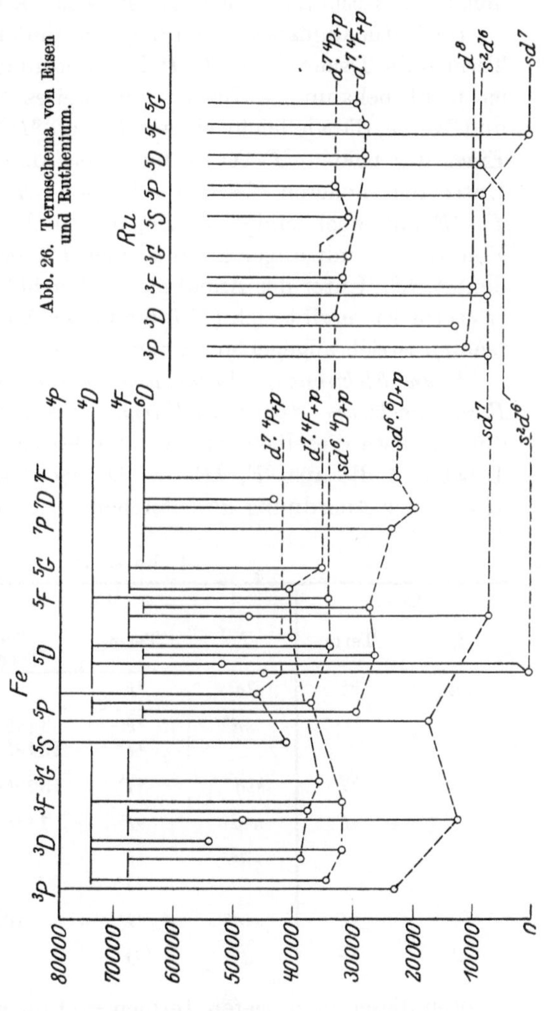

Abb. 26. Termschema von Eisen und Ruthenium.

Ferner sind unter den Termen des Fe-Spektrums Ansätze zu Serien bekannt. Zum Grundterm $s^2d^6 \cdot {}^5D$ haben GIESELER und GROTRIAN (*151*) ein oder zwei höhere Glieder gefunden. LAPORTE (*158*) hat allgemeiner nach höheren Gliedern gesucht und gibt zu $sd^7 \cdot {}^3F$ ein höheres Glied und zu $s^2d^6 \cdot {}^5D$ zwei zu verschiedenen Serien gehörige höhere

Glieder an. Die Differenz der berechneten Seriengrenzen entspricht der der Terme $d^7 \cdot {}^4F$, $sd^6 \cdot {}^6D$ und $sd^6 \cdot {}^4D$ im Fe^+-Spektrum, so daß es sich in allen drei Fällen um Terme handelt, in denen ein s-Elektron angeregt ist (siehe Abb. 26).

Im Rutheniumspektrum (*175, 176*) finden wir unter den tiefen Termen die Terme ${}^5F\,{}^5P\,{}^3F\,{}^3P$ der Anordnung sd^7. Der s^2d^6-Term ist nicht bekannt. Dafür ist ein zweites ${}^3F$-Multiplett bekannt und Terme, die vielleicht einem ${}^3P$- und ${}^3D$-Multiplett angehören. Einer der beiden ${}^3F$-Terme muß der Anordnung d^8 angehören. Unter den höheren Termen erkennen wir ${}^3(DFG)\,{}^5(DFG)$ aus $d^7 \cdot {}^4F$ und noch einige Terme, die wohl aus $d^7 \cdot {}^4D$ entstehen. Von Termen mit angeregtem s- oder d-Elektron ist nur einer gedeutet, ${}^3F$. Unter der Annahme, daß er höheres Glied zum tiefen ${}^3F$-Term ist, ergibt sich (*176*) die in der Abb. 26 durch den wagerechten Strich angegebene Seriengrenze.

Neun Elektronen. Bogenspektren von Kobalt und Rhodium. Funkenspektrum des Palladiums. Die tiefen Terme des Co^+ dürften etwa dieselben sein wie die des Ru. Wir geben daher in Tabelle 74 die aus ${}^5F$, ${}^5P$, ${}^3F$, ${}^3P$ der Anordnung sd^7 und die aus ${}^3F$ der Anordnung d^8 entstehenden tiefen Terme an.

Tabelle 74.

Co^+		Co			Pd^+
l_i	Term	l_i	Term	Empir. Termwert	empir. Termwert
sd^7	${}^5F$	s^2d^7	${}^4F$	0—1809	
		sd^8	${}^4F$ ${}^4P$	3482—5075 15183—16196	1285—2317 2910—4694
	${}^5P$	s^2d^7	${}^4P$	13795—14399	
	${}^3F$	s^2d^7	${}^2F$	7442—8461	
		sd^8	${}^2F$ ${}^2P$		4649—5362 6223
	${}^3P$	s^2d^7	${}^2P$	164717	
d^8	${}^3F$	d^9	${}^2D$		0—3512

Von diesen neun tiefen Termen sind im Kobaltspektrum sechs bekannt (*159, 160*). In höherer Lage sind die mit diesen kombinierenden sechs Gruppen ${}^6(DFG)$, ${}^4(DFG)$, ${}^4(DFG)$, ${}^2(DFG)$, ${}^2(DFG)$, ${}^4(DFG)$ bekannt. Die beiden ersten dürften die aus

$sd^7 \cdot {}^5F$ durch Hinzufügung eines p-Elektrons entstehenden Terme sein. Die nächsten zwei Gruppen dürften aus $sd^7 \cdot {}^3F$ entstehen und die letzten zwei aus $d^8 \cdot {}^3F$.

Im Rhodium ist ein ${}^4F$-Term als Grundterm bekannt (*177*). Er läßt zunächst die Deutung s^2d^7 und sd^8 zu. Da aber im Ru der tiefste Term ein sd^7-Term, im Pd ein d^{10}-Term ist, entscheiden wir uns für sd^8. Weiter sind gefunden ${}^2D$, ${}^2F$, ${}^4P$, ${}^2P$. Der erste ist offenbar ein d^9-Term, die übrigen wieder sd^8-Terme. Wie im Ru tritt also auch hier ein tiefer Term mit lauter d-Elektronen auf.

Im Funkenspektrum des Nickels sind noch keine Terme aufgefunden worden, wohl aber in dem des Palladiums (*178*). Der Grundterm ist ein ${}^2D$-Term, gehört also zur Anordnung d^9. Ferner sind folgende tiefen Terme gefunden ${}^4F$ ${}^2F$ ${}^4P$ ${}^2P$ ${}^2G$ ${}^2D$ ${}^2S$. Sie gehören offenbar (auch ${}^2G$ ${}^2D$ ${}^2S$) der Anordnung sd^8 an. Alle genannten tiefen Terme lassen sich aus $d^8 \cdot {}^3F$, $d^8 \cdot {}^3P$, $d^8 \cdot {}^1G$, $d^8 \cdot {}^1D$ und $d^8 \cdot {}^1S$ durch Hinzufügung eines s- oder d-Elektrons herleiten. Eine Zuordnung von s- und l-Werten zu den mittleren (p-) oder höheren (s- und d-) Termen ist noch nicht gelungen.

Zehn Elektronen. Bogenspektren von Nickel, Palladium und Platin. Die tiefen Terme, die aus ${}^4F$, ${}^4P$ und ${}^2F$ der Anordnung sd^8, aus $s^2d^7 \cdot {}^2F$, sowie aus $d^9 \cdot {}^2D$ entstehen, sind in Tabelle 75 zusammengestellt. $sd^8 \cdot {}^2P$ und $s^2d^7 \cdot {}^4F$ geben keine davon verschiedenen Terme.

Tabelle 75.

Ni⁺ l_i	Ni⁺ Term	Ni l_i	Ni Term	Aufgefunden bei
sd^8	${}^4F$	s^2d^8	${}^3F$	Ni, Pd, Pt
		sd^9	${}^3D$	Ni, Pd, Pt
	${}^4P$	s^2d^8	${}^3P$	Ni, Pt
	${}^2F$	sd^9	${}^1D$	Ni, Pd, Pt
s^2d^7	${}^2F$	s^2d^8	${}^1G$ ${}^1D$	Pt Ni, Pt
d^9	${}^2D$	d^{10}	${}^1S$	Ni? Pd

Im Nickelspektrum sind die tiefen Terme ${}^3F$ ${}^3D$ ${}^3P$, zwei ${}^1D$-Terme und ein ${}^1S$-Term festgestellt (*161*, *162*). Die Deutung der fünf erstgenannten ist in Tabelle 75 angegeben. ${}^1S$ könnte der

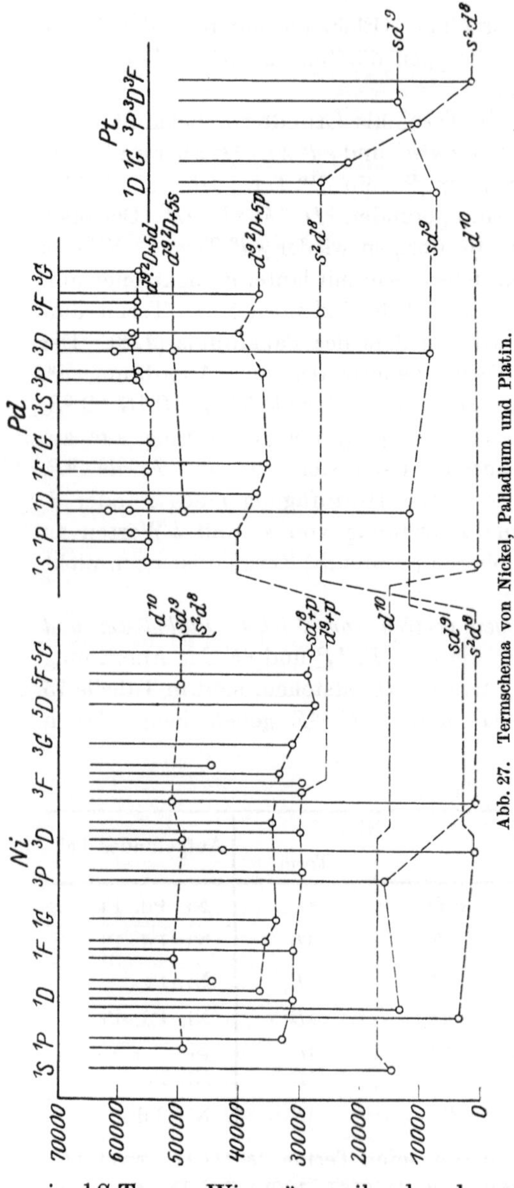

Abb. 27. Termschema von Nickel, Palladium und Platin.

d^{10}-Term sein, der der abgeschlossenen d-Schale entspricht. Es ist aber nicht ausgeschlossen, daß er ein s^2d^8-Term ist; er kann allerdings nicht aus den mutmaßlich tiefsten sd^8- oder s^2d^7-Termen des Ni^+ entstehen. In mittlerer Termlage, mit den tiefen Termen kombinierend, hat das Ni-Spektrum die Gruppen ${}^1(PDF)$, ${}^3(PDF)$, ${}^1(DFG)$, ${}^3(DFG)$ und ${}^5(DFG)$; ferner noch ein paar einzelne Multipletts. Aus $sd^8 \cdot {}^4F$, $sd^8 \cdot {}^2F$ und $d^9 \cdot {}^2D$ entstehend, haben wir auch solche Gruppen zu erwarten. Schließlich hat das Ni-Spektrum noch höhere Terme, die ihren Kombinationen nach s^2d^8- oder sd^9- oder d^{10}-Terme mit einem angeregten s- oder d-Elektron sind.

Das Palladiumspektrum zeigt einige charakteristische Abweichungen (*178—180*). Der tiefste Term ist ein ${}^1S$-Term. Wir müssen ihn der abgeschlossenen d-Schale (d^{10}) zuschreiben. Die sd^9-Terme ${}^3D$ und ${}^1D$ liegen ein ganzes Stück höher. Einen noch höheren ^3F-Term müssen wir als s^2d^8-Term ansehen. Er entspricht dem Grundterm von Ni und Pt, liegt aber hier etwa 26000 cm^{-1} über dem tiefsten Term. Die mittlere (p-) Termgruppe zeigt die Terme $^1(PDF)$ und $^3(PDF)$, wir sehen darin die aus $d^9 \cdot {}^2D$ durch Hinzufügung eines p-Elektrons entstehenden Terme. Noch höher, mit diesen kombinierend, finden wir ^3D und ^1D und vermuten darin die aus $d^9 \cdot {}^2D$ durch Hinzufügung eines $6s$-Elektrons entstehenden Terme. Weiter kommt die Reihe $^1(SPDFG)$ $^3(SPDFG)$, in der wir die aus $d^9 \cdot {}^2D$ durch Hinzufügung eines $5d$-Elektrons entstehenden Terme erblicken. McLennan und Smith (*178*), denen wir uns in der Deutung angeschlossen haben, haben noch weitere höhere Serienglieder gefunden. Die Seriengrenze ist $d^9 \cdot {}^2D$. Da die Aufspaltung dieses Dubletts schon beträchtlich ist (3512 cm^{-1}) und einige Komponenten der Tripletts in den Termserien zur oberen, andere zur unteren Dublettkomponente gehen, verändern die Tripletts mit wachsender Laufzahl ihre Intervallverhältnisse sehr stark. (Wir gehen im sechsten Kapitel darauf ein.)

Im Platinspektrum sind von McLennan und McLay (*187*) nur den tiefen Termen s- und l-Werte zugeordnet. Hier ist, wie im Nickel, ^3F der Grundterm. Wir finden ferner die Terme ^3P ^1G ^1D der Anordnung s^2d^8 und die Terme ^3D und ^1D der Anordnung sd^9. Abb. 27 stellt die Spektren von Ni, Pd und Pt nebeneinander. Bei Pt ist zu beachten, daß wegen der großen Multiplettaufspaltung die Zusammenfassung der Terme zu Multipletts immer etwas unsicher ist.

Auf die Unterschiede der Elemente in den drei großen Perioden gehen wir im § 35 näher ein.

§ 34. Die Spektren von Kupfer, Silber und Gold.

Zwischen den Elementen, in denen d-Elektronenschalen ausgebaut werden, und dem der Achterperiode entsprechenden Ende der langen Perioden finden sich Elemente, deren Spektren deutlich ihre Doppelstellung verraten. Sie enthalten einerseits Züge, die sie den Alkalien entsprechen lassen, und dann Züge, die sie noch unter die Eisen-, Palladium oder Platinreihe einordnen.

Beginnen wir mit dem *Kupfer*. Als Grundterme des Cu^+ kommen $sd^9 \cdot {}^3D$ und $d^{10} \cdot {}^1S$ in Frage. Aus dem ersteren entsteht durch Hinzufügung eines s- bzw. d-Elektrons ein ^2D- bzw. ^2S-Term; aus dem zweiten durch Hinzufügung eines s-Elektrons derselbe ^2S-Term. Der wirklich gefundene Grundterm ist ^2S. Er gehört zu einem schon lange bekannten Termsystem, das genau wie das der Alkalien gebaut ist. Wir haben also ein Elektron außerhalb der abgeschlossenen Schale von 10 d-Elektronen; die Seriengrenze entspricht einem Zustand $d^{10} \cdot {}^1S$ des Cu^+. Neben den Termen dieses Spektrums erwarten wir noch die aus $sd^9 \cdot {}^3D$ hergeleiteten Terme (Tabelle 76), vielleicht sind auch die aus ^1D (mit gleichem l_i) hergeleiteten Terme zu finden.

Tabelle 76.

Cu^+		Cu		
l_i	Term	l_i	Term	Beobachtete Terme
d^{10}	^1S	$d^{10} \cdot s$	^2S	Alkaliähnliche Terme
		$d^{10} \cdot p$	^2P	
		$d^{10} \cdot d$	^2D	
sd^9	^3D	$sd^9 \cdot 4s$	^2D	Tiefes D-Dublett
		$sd^9 \cdot p$	$^4F\ ^4D\ ^4P$ $^2F\ ^2D\ ^2P$	mittlere Gruppe
		$sd^9 \cdot ns$ $n \geqq 5$	$^4D\ ^2D$	Außer ^2P alle in der negativen Termgruppe
		$sd^9 \cdot nd$ $n \geqq 4$	$^4G\ ^4F\ ^4D\ ^4P\ ^4S$ $^2G\ ^2F\ ^2D\ ^2P\ ^2S$	
sd^9	^1D	$sd^9 \cdot p$	$^2F\ ^2D\ ^2P$	Mittlere Gruppe
		$sd^9 \cdot ns$ $n \geqq 5$	^2D	$^2D\ ^2G\ ^2F$ in der negativen Gruppe
		$sd^9 \cdot nd$ $n \geqq 4$	$^2G\ ^2F\ ^2D\ ^2P\ ^2S$	

Der ^2D-Term des nicht-alkaliähnlichen Spektrums ist schon längere Zeit bekannt. In neuester Zeit sind durch eine Reihe von Arbeiten (*163—166*) weitere Terme dieses „zweiten Kupferspektrums“ empirisch bekannt geworden. Legen wir die ausführlichste dieser Untersuchungen, die von SOMMER (*166*), zugrunde, so sehen wir als Terme, die mit den tiefsten Termen ^2S und ^2D kombinieren, bei denen also das Leuchtelektron in einer p-Bahn läuft („mittlere Gruppe“), genau die erwarteten Terme $^4F\ ^4D\ ^4P$,

$^2F\ ^2D\ ^2P$ und noch mal $^2F\ ^2D\ ^2P$ (Abb. 28)[1]). Weiter findet SOMMER eine Reihe noch höherer Terme, die mit diesen kombinieren, bei denen also ein Elektron im angeregten *s*- oder *d*-Zustande ist. Durch sie findet der größere Teil der in dieser Lage erwarteten Terme $sd^9 \cdot 5s$ und $sd^9 \cdot 4d$ seine empirische Bestätigung (vgl. Tabelle 76 und Abb. 28).

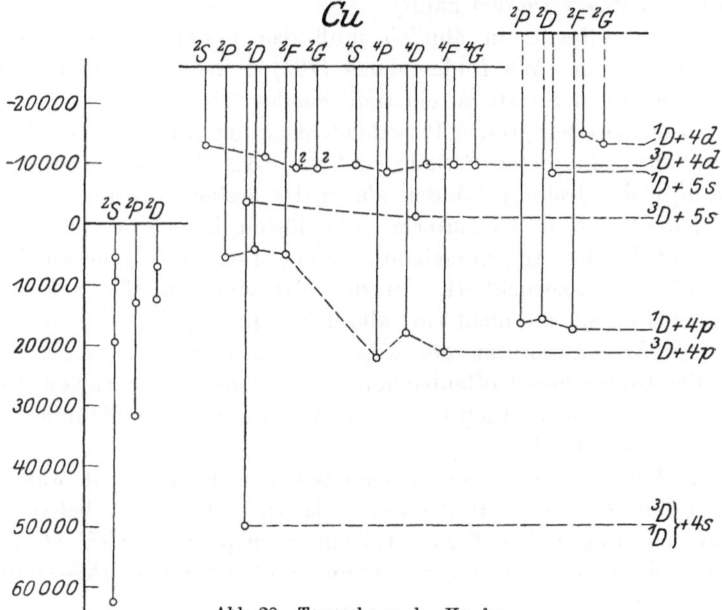

Abb. 28. Termschema des Kupfers.

Abb. 28 gibt die empirisch gefundenen Multipletts an und ordnet sie bestimmten Zuständen des Rumpfes und des Leuchtelektrons zu. In der ^2D-Serie $sd^9 \cdot {}^3D + ns$ haben wir zwei Serienglieder. Mit Hilfe einer RYDBERG-Formel läßt sich daraus die Seriengrenze etwa 26000 cm^{-1} über der des alkaliähnlichen Spektrums berechnen. Daraus folgt für Cu^+ als tiefster Term $d^{10} \cdot {}^1S$ und als etwas höherer metastabiler Term $sd^9 \cdot {}^3D$. Der Term $sd^9 \cdot {}^1D$, der die Grenze zu einigen anderen Cu-Termen liefern muß, dürfte noch etwas höher liegen.

---

[1]) Die Verteilung der beiden Gruppen $^2(FDP)$ auf die beiden Seriengrenzen ist in Abb. 28 so gemacht, daß die verkehrten Multipletts der Grenze ^3D, die regelrechten der Grenze ^1D zugeteilt sind.

Chemisch verhält sich Kupfer anders als die Alkalien. Es tritt zwar auch einwertig auf, meist jedoch zweiwertig. Das bedeutet eben, daß die abgeschlossene Schale von zehn d-Elektronen kein so stabiles Gebilde ist wie die Edelgasschalen[1]). Wir sehen den Zusammenhang mit dem Spektrum, aus dem hervorgeht. daß dieses Gebilde durch verhältnismäßig geringe Energiezufuhr geändert werden kann.

Dem Cu-Spektrum ähnlich muß das Funkenspektrum des Zn gebaut sein. Wir finden darin (*167*) in der Tat außer dem alkaliähnlichen Spektrum ein tiefliegendes ^2D-Dublett.

In der zweiten großen Periode steht an der Stelle des Kupfers das *Silber*. In dieser Periode sind die d-Elektronen verhältnismäßig etwas fester gebunden als in der ersten großen Periode, Pd hat $d^{10} \cdot {}^1S$ als Grundterm. Wir dürfen daher erwarten, daß das auf ^3D des Ag^+ aufgebaute Termsystem des Ag gegen das alkaliähnliche zurücktritt. In der Tat sind im Silber kaum Linien bekannt, die nicht zum alkaliähnlichen Spektrum gehören. Die größere Stabilität der abgeschlossenen Schale von zehn $4d$-Elektronen hängt offenbar mit der strengen Einwertigkeit des Silbers zusammen. Auch im Cd^+ sind keine nicht-alkaliähnlichen Terme bekannt (*167*).

Gold dürfte wegen seiner chemischen Dreiwertigkeit wieder mehr dem Cu ähneln. In der Tat ist das tiefe ^2D-Dublett bekannt, und auch einige höhere Terme (Teile der Multipletts $^2P\,^2D\,^2F\,^4D\,^4F$) des nicht-alkaliähnlichen Spektrums sind gefunden (*188—190*).

§ 35. Vergleich der großen Perioden.

Unsere theoretische Angabe über das Spektrum eines Elements konnte nur qualitativer Art sein. Die theoretische Erwartung bedurfte der Kontrolle an dem empirischen Befund. Nach unserer Erwartung mußten homologe Elemente in den verschiedenen Perioden im wesentlichen die gleichen Spektralterme in ungefähr gleicher Lage haben. Das hat sich auch als richtig gezeigt. Die Unterschiede in der Lage entsprechender Terme bei homologen Elementen sind nicht größer als in den Achterperioden und den ihnen homologen Elementen der langen Perioden. Aber die Spek-

---

[1]) Über die Eigenschaften dieser Schale vgl. H. G. Grimm u. A. Sommerfeld (*23*).

tren der Eisen-, Palladium- und Platinreihe sind empfindlicher; es genügt wegen der ungefähr gleich festen Bindung der s- und d-Elektronen eine geringe Änderung der Termlage, um auch die Reihenfolge der Terme zu ändern und damit die größere oder geringere Vorherrschaft bestimmter Terme und Linien zu bewirken. Dadurch, daß z. B. in einem Funkenspektrum ein anderer Term Grundterm ist als in einem homologen Funkenspektrum, können die darauf aufgebauten Bogenspektren wesentlich anders aussehen. So ist im Fe ein Triplett-, Quintett- und Septettsystem bekannt, im homologen Ru nur ein Triplett- und Quintettsystem. Co hat Dubletts, Quartetts und Sextetts; im Rh kennt man nur Dubletts und Quartetts. Ni hat Singuletts, Tripletts und Quintetts, im Pd sind nur Singuletts und Tripletts gefunden. Der Grund dürfte der sein, daß die Funkenspektren der Eisenreihe einen $s d^{n-1}$-Term als Grundterm haben, und der hat um 1 höhere Multiplizität als d^{n-1} (6 bei Fe^+, 5 bei Co^+, 4 bei Ni^+); die Funkenspektren der Palladiumreihe dagegen haben wahrscheinlich d^n als Grundterm, und der hat (für $n > 5$) um 1 niedrigere Multiplizität als d^{n-1} (4 bei Ru^+, 3 bei Rh^+, 2 bei Pd^+).

Wir können jetzt nachträglich den *Verlauf der relativen Festigkeit in der Bindung der s- und d-Elektronen* überschauen. Zu diesem Zweck tragen wir die relativen Werte der jeweils tiefsten Terme der verschiedenen Elektronenanordnungen in ein Diagramm ein. Es kommen die tiefsten zu $s^2 d^{n-2}$, $s d^{n-1}$ und d^n gehörigen Terme in Betracht. Für jedes Element hat nur die Differenz der Ordinaten wirklich Bedeutung; die Ordinate eines Terms ist willkürlich. Die Abb. 29 ist so gezeichnet, daß im allgemeinen der Mittelwert von $s^2 d^{n-2}$ und $s d^{n-1}$ in gleicher Höhe liegt. Bei der Darstellung der Bogenspektren der Eisenreihe ist bei Cr, Mn und Cu davon abgewichen; denn das auffallende Verhalten der Kurven rührt offenbar daher, daß bei Cr der $s d^5$-Term, bei Mn der $s^2 d^5$-Term und bei Cu der $s d^{10}$-Term besonders tief liegt. Die übrigen Darstellungen der Abb. 29 sind entsprechend behandelt. Die dick gezeichneten Teile entsprechen den beobachteten Werten, die dünn gezeichneten sind nach Analogie geschlossen.

Der Schluß vom s und l des tiefsten Termes auf die Elektronenanordnung war bei Co und W unsicher. Die Abb. 29 zeigt, daß die Deutung des Grundterms von Co als $s^2 d^7$-Term besser in die Kurve paßt, als die Deutung als $s d^8$-Term. Bei W paßt die Deutung als s^2d^4-Term besser zum Pt als die Deutung als d^6-Term.

Die den einzelnen Elektronenanordnungen entsprechenden Kurven zeigen in den sechs Reihen der Bogen- und Funkenspektren ungefähr gleichen Verlauf. Die Kurven aller drei Anordnungen zeigen Minima an den Stellen, wo die Zahl der d-Bahnen 5 oder

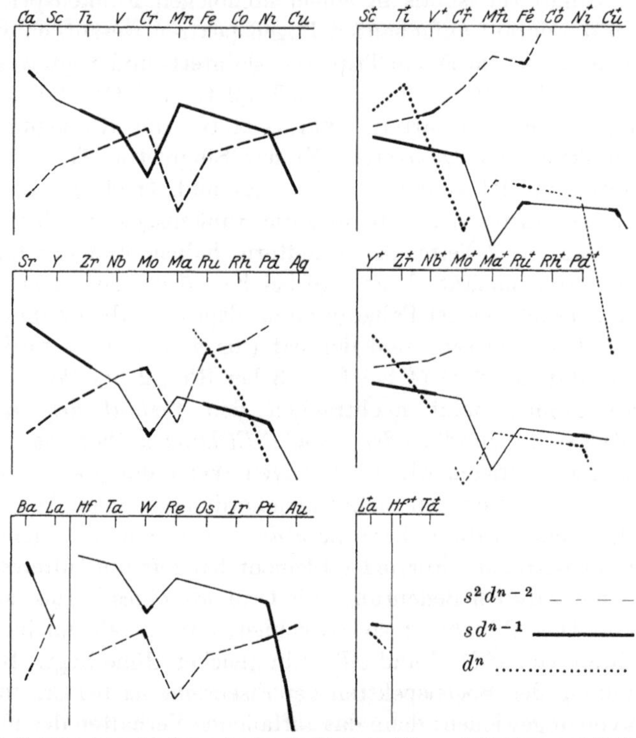

Abb. 29. Relative Lage der Terme in den Spektren der Eisen-, Palladium- und Platinreihe.

10 ist. Daß die abgeschlossene d-Schale eine besonders stabile Anordnung ist, also tiefen Termwert hat, ist nicht verwunderlich. Aber auch die Gruppe von fünf d-Elektronen, die als tiefsten Term einen ^6S-Term, also einen ohne Term resultierenden Bahndrehimpuls liefert, scheint verhältnismäßig stabil zu sein.

Die gegenseitige Lage der drei Kurven ist verschieden. Wir unterscheiden *vier Merkmale.* Erstens: die sd^{n-1}-Kurve senkt sich im Verlauf jeder Elementengruppe verglichen mit der s^2d^{n-2}-

Kurve, die d^n-Kurve senkt sich im Vergleich zur sd^{n-1}-Kurve. Der Grund dürfte sein, daß bei zunehmender Atomnummer die d-Bahnen immer mehr eintauchen. Zweitens: In der Reihe der Funkenspektren liegt die sd^{n-1}-Kurve, verglichen mit der s^2d^{n-2}-Kurve gesenkt, die d^n-Kurve noch stärker. Der Grund ist wohl der, daß in den Ionen die d-Bahnen tiefer tauchen als in den neutralen Atomen mit gleicher Elektronenzahl. Drittens: Gehen wir von der Eisenreihe zur Palladiumreihe, sowohl in den Bogen- wie in den Funkenspektren, so wird die sd^{n-1}- und noch mehr die d^n-Kurve gesenkt. Das gleiche sehen wir beim Übergang vom Y^+ zum La^+. Es kommen zwei Gründe in Frage: $4d$- und $5d$-Bahnen dringen tiefer ein als $3d$-Bahnen, einmal weil die Atomrümpfe von Periode zu Periode zunehmen und diese Zunahme sich bei d-Bahnen stärker zeigt als bei s-Bahnen und dann weil die $4d$- und $5d$-Bahnen stärker elliptisch sind als die $3d$-Bahnen. Viertens: Hinter den seltenen Erden, die in Abb. 29 ausgelassen sind, deuten die wenigen Anzeichen, die wir haben, darauf hin, daß die sd^{n-1}-Kurve und die d^n-Kurve wieder gehoben sind. Hier läßt sich nicht ohne weiteres der Grund angeben. Wir müssen annehmen, daß das Hinzukommen der f-Bahnen und die große Erhöhung der Kernladung mehr auf die s-Bahnen als auf die d-Bahnen wirkt.

Diese vier Merkmale im Verhalten der Kurven geben allerdings noch nicht alle Verschiedenheiten. So ist z. B. bei Fe die s^2d^{n-2}-Anordnung verhältnismäßig stabiler als bei V, während sie bei Ru weniger stabil als bei Nb ist.

Die behandelten Regelmäßigkeiten im Verhalten der Energie der einzelnen Elektronenanordnungen erlauben uns, unbekannte Terme oder *ganz unbekannte Spektren zu interpolieren.* Wir möchten z. B. vermuten, daß in der ganzen Platinreihe vom Hf ab ein s^2d^{n-1}-Term der Grundterm ist und daß die d^n-Terme dort recht hoch liegen. Wir möchten es ferner für wahrscheinlich halten, daß das Spektrum des Ma aus der Reihe der Bogenspektren der Palladiumelemente herausfällt, indem es s^2d^{n-2} als Grundterm hat.

In Abb. 31 ist eine Zusammenstellung der Elektronenanordnungen der Grundterme in den Spektren der Elemente und positiven Ionen der Eisen-, Palladium- und Platinreihe gegeben. Zur Übersicht über die Besetzung der einzelnen Elektronenbahnen im Zusammenhang mit dem periodischen System der

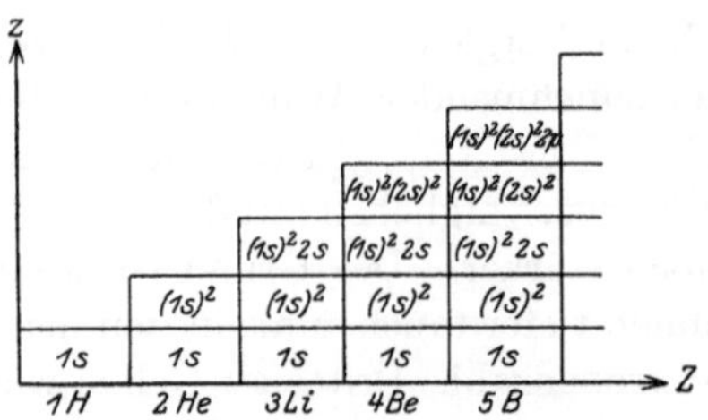

Abb. 30. Die Elektronenbahnen in den Atomen und Ionen der leichten Elemente.

Elemente sollte man nämlich nicht allein (wie in Tabelle 60) die Besetzungszahlen für die neutralen Elemente hinschreiben, sondern auch für ihre positiven Ionen. Ein solches Schema müßte für jede Kernladung Z und für jede Elektronenzahl z ($\leqq Z$) ein Feld haben, in das man die Elektronen des Grundterms des betreffenden Elements oder Ions (Z, z) eintragen könnte. Bei unserer geringen Kenntnis von den Spektren der höheren Ionen ist eine solche Darstellung im ganzen noch nicht möglich. Zur Veranschaulichung des Gedankens sei jedoch in Abb. 30 der Anfang dieser Darstellung (kleine Z) angegeben.

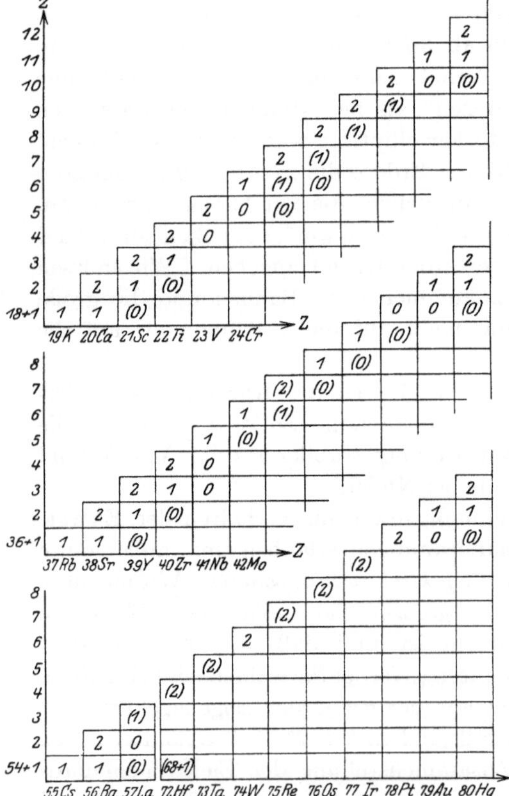

Abb. 31. Elektronenanordnungen der Grundzustände in der Eisen-, Palladium- und Platinreihe.

Abb. 31 soll nun auch drei Stücke aus dieser Darstellung aller Elemente und Ionen geben. Die Abszissen geben, wie in Abb. 30, die Werte der Kernladung Z, die Ordinaten die Zahl z der Elektronen an. In die einzelnen Felder ist hier nur die Zahl der äußeren s-Elektronen eingetragen, die übrigen Außenelektronen sind d-Elektronen. Die inneren Elektronen sind in der Eisenreihe die der Argonschale, in den beiden anderen Reihen die der Krypton- und Xenonschale. Die Zahl 2 bei 25 Fe vertritt also folgende (der Abb. 30) entsprechende Angabe

$$(1\,s)^2 \quad (2\,s)^2 \quad (2\,p)^6 \quad (3\,s)^2 \quad (3\,p)^6 \quad (4\,s)^2 \quad (3\,d)^6.$$

Zweifelhafte Zahlen sind in Klammern gesetzt. Die Zahl (0) bei Sc^{++}, Ti^{++}, Mn^{++}, Fe^{++}, Zn^{++}, Y^{++}, Zr^{++}, Cd^{++}, La^{++} und Hg^{++} ist aus dem magnetischen Verhalten dieser Ionen geschlossen (siehe § 36).

§ 36. Die seltenen Erden.

Die letzten Abschnitte haben uns gezeigt, wie der Bau einer großen Zahl von Spektren zu verstehen ist. Wenn auch noch nicht von allen Elementen die Spektren in Terme geordnet sind, so ist doch wenigstens aus jeder Spalte der Achterperioden des periodischen Systems mit Ausnahme der Halogene und für jede Zahl von Außenelektronen in der Eisen-, Palladium- und Platinreihe mindestens ein Spektrum weitgehend analysiert und in Zusammenhang gebracht mit dem Aufbau der betreffenden Atome. Nur an einer Stelle des periodischen Systems klafft eine große Lücke. Von den *seltenen Erden* ist noch kein Spektrum in Terme geordnet.

Bohr deutete das Auftreten dieser in die sechste Periode eingelagerten Gruppe von Elementen mit ziemlich gleichartigem chemischen Verhalten durch folgende Annahme (§ 12): Die bei La beginnende Ausbildung der Schale der $5\,d$-Elektronen wird bei Ce nicht fortgesetzt, sondern die Zahl der $6\,s$- und $5\,$d-Elektronen bleibt von Ce bis Cp bestehen, und es bildet sich die Schale der $4\,f$-Elektronen aus. Die Dreiwertigkeit der seltenen Erden macht es wahrscheinlich, daß bei jedem Element alle äußeren Elektronen außer dreien $4\,f$-Elektronen sind. Für die drei weiteren ist es wahrscheinlich, daß sie sich wie bei La verteilen. Da bei La^+ die Anordnung $d\,d$ anscheinend den tiefsten Term ergibt, möchten wir $s\,d\,d$ für den Grundterm des La vermuten. Natürlich ist auch $s\,s\,d$ (wie bei Sc und Y) nicht ausgeschlossen. In der Tabelle 77 sind die aus diesen Anordnungen $s\,d^2 f^{n-3}$ und $s^2 d\,f^{n-3}$ der äußeren Elektronen folgenden tiefsten Terme angegeben. Dabei ist wieder die Regel benutzt, daß Terme mit größerem s und l unter sonst gleichen Bedingungen tiefer liegen.

Die Terme sd^2f^{n-3} der Tabelle 77 sind folgendermaßen berechnet. Nach dem im § 25 beschriebenen Verfahren sind die tiefsten Terme der Anordnung von $n-3$ äquivalenten f-Elektronen mittels eines $(l_i\, m_{l_i}\, m_{s_i})$-Schema aufgesucht. Dann sind die Vektoren $\mathfrak{l}$ und $\mathfrak{s}$ dieser Terme mit den Vektoren $\mathfrak{l}$ $(l=3)$ und $\mathfrak{s}$ $(s=1)$ des tiefsten Termes ^3F der Anordnung von zwei äquivalenten d-Elektronen so zusammengefügt, daß das größte resultierende l und s herauskommt. Die Hinzufügung des s-Elektrons erhöht dann noch die Multiplizität um 1. Die Terme s^2df^{n-3} sind so gefunden, daß zu den Vektoren $\mathfrak{l}$ und $\mathfrak{s}$ der tiefsten f^{n-3}-Terme die Vektoren $\mathfrak{l}$ $(l=2)$ und $\mathfrak{s}$ $(s=\frac{1}{2})$ des d-Elektrons zu möglichst großem l und s hinzugefügt wurden. Die beiden s-Elektronen ändern dann nichts mehr.

Tabelle 77.

	4f	5d	6s	Grundterm	4f	5d	6s	Grundterm
55 Cs	—	—	1	^2S	—	—	1	^2S
56 Ba	—	—	2	^1S	—	—	2	^1S
57 La	—	2	1	^4F	—	1	2	^2D
58 Ce	1	2	1	^5J	1	1	2	^3H
59 Pr	2	2	1	^6L	2	1	2	^4K
60 Nd	3	2	1	^7M	3	1	2	^5L
61 —	4	2	1	^8M	4	1	2	^6L
62 Sm	5	2	1	^9L	5	1	2	^7K
63 Eu	6	2	1	^{10}J	6	1	2	^8H
64 Gd	7	2	1	^{11}F	7	1	2	^9D
65 Tb	8	2	1	^{10}J	8	1	2	^8H
66 Ds	9	2	1	^9L	9	1	2	^7K
67 Ho	10	2	1	^8M	10	1	2	^6L
68 Er	11	2	1	^7M	11	1	2	^5L
69 Tu	12	2	1	^6L	12	1	2	^4K
70 Yb	13	2	1	^5J	13	1	2	^3H
71 Gp	14	2	1	^4F	14	1	2	^2D
72 Hf					14	2	2	^3F
73 Ta					14	3	2	^4F
74 W					14	4	2	^5D

Da für Hf nach den Betrachtungen des § 35 wahrscheinlich $ssdd$ den Grundterm liefert, ist es sehr wohl möglich, daß die Grundterme für die leichteren seltenen Erden die im linken Teil der Tabelle stehenden sind und daß von einer gewissen Stelle ab die im rechten Teil stehenden auftreten. Doch sind da natürlich auch kleine Unregelmäßigkeiten möglich. Auf jeden Fall aber müssen die angegebenen Terme unter den tiefsten Termen der betreffenden Elemente vorkommen.

Die *Multiplizität* des tiefsten $s d^2 f^{n-3}$-Terms ist zugleich die Höchstmultiplizität des Spektrums des betreffenden Elements. Die höchste im ganzen zu erwartende Multiplizität ist 11 und tritt bei Gd auf.

Die Tabelle 77 zeigt, wie verwickelt die Spektren der seltenen Erden sein müssen. Ferner ist zu bedenken, daß für so schwere Elemente wegen der großen $(\mathfrak{l}_i \mathfrak{s}_i)$-Wechselwirkung die Termordnung nicht mehr die normale ist (Landésche g-Formel und Intervallregel gelten nicht mehr). Eine Termordnung der Spektren der seltenen Erden und ihre Zuordnung zu Elektronenbahnen dürfte daher kein leichtes Stück Arbeit sein.

Über die neutralen seltenen Erden läßt sich also von unserem Standpunkt aus nicht viel sagen. Über ihre *dreifach positiven Ionen* jedoch läßt sich eine nachprüfbare Aussage machen. Von diesen Ionen dürfen wir annehmen, daß außerhalb der Xenonschale nur $4f$-Elektronen auftreten. Diese Annahme findet eine starke Stütze durch die aus gemessenen Magnetisierungszahlen der Salze der seltenen Erden berechneten Magnetisierungszahlen der dreifach positiven Ionen.

Bekanntlich erklärt man den Paramagnetismus einiger Stoffe durch die Annahme, daß ihre Atome ein magnetisches Moment haben. Langevin erhielt die Temperaturabhängigkeit des Paramagnetismus, indem er überlegte, wie diese Elementarmagnete in ihrem Bestreben, sich einem äußeren Magnetfeld parallel zu stellen, durch die Wärmebewegung gehindert werden. Es bildet sich für jede Temperatur eine bestimmte statistische Verteilung der Achsen der magnetischen Momente aus. Ist μ das feste Moment der Atome, so ergibt sich als mittleres Moment eines Atoms in der Feldrichtung[1])

$$\overline{\mu} = \tfrac{1}{3} \mu \frac{\mu \mathfrak{H}}{k T}$$

[1]) Vgl. z. B. M. Abraham: Theorie der Elektrizität. 4. Aufl. Bd. 2, § 31, S. 263.

(k ist die BOLTZMANNsche Konstante). Das pro Mol und Magnetfeld 1 induzierte Moment ist gleich der (Mol-) Suszeptibilität χ. Es gilt also

$$\chi \cdot T = C = \frac{\mu^2 N^2}{3R},$$

wo N die Zahl der Atome pro Mol ist. LANGEVIN hat natürlich alle Orientierungen der atomaren Momente als möglich angenommen. Wenn wir berücksichtigen, daß wegen der räumlichen Quantelung von j gegen das Feld nur diskrete Lagen möglich sind, erhalten wir nach PAULI (*19*)[1]) statt des Faktors $\frac{1}{3}$ den Mittelwert von $\frac{m^2}{j^2}$. In unserem Modell ist

$$\frac{m^2}{j^2} = \frac{1}{j^2} \cdot \frac{1}{2j+1} \sum_{m=-j}^{j} m^2 = \frac{j(j+1)}{3j^2}.$$

Es folgt also

$$C = \frac{\mu^2 N^2}{3R} \cdot \frac{j+1}{j}.$$

Das magnetische Moment eines Atoms fanden wir früher zu

$$\mu = \mu_0 \cdot g j,$$

wo

$$\mu_0 = \frac{e h}{4 \pi m c}$$

ist (BOHRsches Magneton). Es wird also

$$C = \frac{N^2 \mu_0^2}{3R} \cdot g^2 j (j+1).$$

Ohne Kenntnis von j kann man also aus den empirischen Werten der CURIEschen Konstanten nicht das Atommoment μ oder gj schließen, sondern nur die Größe

$$g \sqrt{j(j+1)} = \mu \frac{\sqrt{j+1}}{j} = \frac{4 \pi m c}{e h N} \sqrt{3RC}.$$

Sie geht für große j in gj über. Ihr Zahlenwert[2]) ist

$$g \sqrt{j(j+1)} = 2{,}83 \cdot \sqrt{C}.$$

---

[1]) Vgl. auch A. SOMMERFELD: Atombau und Spektrallinien. 4. Aufl. S. 637ff.

[2]) P. WEISS glaubte, die magnetischen Momente als Vielfache einer bestimmten Größe darstellen zu können, namlich von 1123 abs. Einh. Die Anzahlen solcher „WEISSschen Magnetonen" geben natürlich auch $g \sqrt{j(j+1)}$ an, und zwar ist die Zahl der WEISSschen Magnetonen

$$4{,}97 \cdot g \sqrt{j(j+1)}.$$

Wir wollen jetzt die Größen $g\sqrt{j(j+1)}$ für die dreifach ionisierten seltenen Erden unter folgenden Annahmen berechnen:

1. Alle äußeren Elektronen sind f-Elektronen;

2. Von den damit vereinbaren Termen ist der mit größtem s und größtem l Grundterm;

3. Diese Terme sind regelrecht für die erste Hälfte, verkehrt für die zweite Hälfte der seltenen Erden.

Tabelle 78 gibt die so erhaltenen Grundterme, sowie die theoretischen Werte von $g\sqrt{j(j+1)}$ und die empirischen Werte von $2{,}83\sqrt{C}$ an.

Tabelle 78.

Element	Zahl der Elektronen mit $k=3$	Grundterm	j	g	Theor. Wert von $g\sqrt{j(j+1)}$	Empir. Wert von $2{,}83\sqrt{C}$ CABRERA (*201*)	Empir. Wert von $2{,}83\sqrt{C}$ ST. MEYER (*200*)
La^{+++}	—	^1S	0	$\frac{0}{0}$	0,00	diamagn.	diamagn.
Ce^{+++}	1	^2F	$\frac{5}{2}$	$\frac{6}{7}$	2,54	2,39	2,77 (Pr^{4+})
Pr^{+++}	2	^3H	4	$\frac{4}{5}$	3,58	3,60	3,47
Nd^{+++}	3	^4J	$\frac{9}{2}$	$\frac{8}{11}$	3,62	3,62	3,51
—	4	^5J	4	$\frac{3}{5}$	2,68	—	—
Sm^{+++}	5	^6H	$\frac{5}{2}$	$\frac{2}{7}$	0,84	1,54?	1,32
Eu^{+++}	6	^7F	0	$\frac{0}{0}$	0,00	3,61	3,12
Gd^{+++}	7	^8S	$\frac{7}{2}$	2	7,9	8,2	8,1
Tb^{+++}	8	^7F	6	$\frac{3}{2}$	9,7	9,6	9,0
Ds^{+++}	9	^6H	$\frac{15}{2}$	$\frac{4}{3}$	10,6	10,5	10,6
Ho^{+++}	10	^5J	8	$\frac{5}{4}$	10,6	10,5	10,4
Er^{+++}	11	^4J	$\frac{15}{2}$	$\frac{6}{5}$	9,6	9,5	9,4
Tu^{+++}	12	^3H	6	$\frac{7}{6}$	7,5	7,2	7,5
Yb^{+++}	13	^2F	$\frac{7}{2}$	$\frac{8}{7}$	4,5	4,4	4,6
Cp^{+++}	14	^1S	0	$\frac{0}{0}$	0,00	diamagn.	diamagn.

Abb. 32 gibt die theoretischen und die empirischen Werte von CABRERA an. Die Übereinstimmung ist recht gut. Nur bei Eu zeigt sich eine größere Differenz (ST. MEYER hat die Verunreinigung durch Gd bei seiner Zahl schon berücksichtigt). Ob der Unterschied auf einer noch unbekannten Verunreinigung beruht oder ob an der Übergangsstelle zwischen regelrechten und verkehrten Termen vielleicht ein partiell verkehrter Term auftritt, oder ob ein merklicher Teil der *Eu*-Atome nicht im tiefsten Zustand ist, muß dahingestellt bleiben.

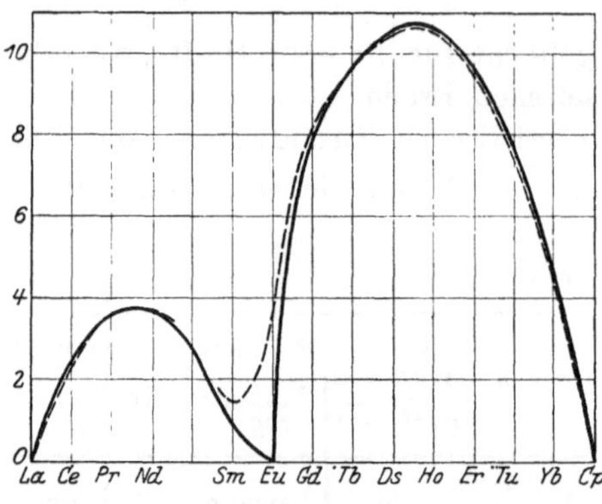

Abb. 32. Paramagnetismus der seltenen Erden.

Die gute Übereinstimmung zwischen empirischen und theoretischen Werten bestätigt die oben gemachte Annahme über die Grundterme der Ionen der seltenen Erden.

Man könnte die für einige *zweifach und dreifach positive Ionen der Elemente Sc bis Ni* bekannten Suszeptibilitäten in entsprechender Weise benutzen, um nachzuprüfen, ob diese Ionen im Grundterm nur d-Elektronen haben. Berechnet man mit dieser Annahme die Werte von $g\sqrt{j(j+1)}$, so erhält man die in Abb. 33 ausgezogene Kurve. Die gestrichelte Kurve der empirischen Werte[1]) weicht beträchtlich davon ab.

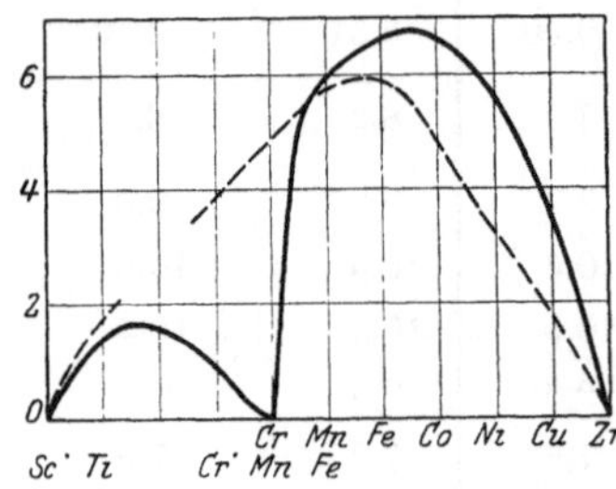

Abb. 33. Paramagnetismus in der Eisenreihe.

Zum Verständnis dieser Abweichungen ist zu berücksichtigen, daß bei den Elementen der Eisenreihe die Aufspaltungen der Multipletts noch so gering sind, daß bei gewöhnlicher Temperatur auch die höheren Komponenten des Grundmultipletts mit angeregt sind. Schätzt man auf Grund plausibler Annahmen über die Aufspaltungen der Grundmultipletts die durch Mitanregung höherer Komponenten verursachte Änderung der Größe $2{,}83\sqrt{C}$, so erhält man eine Kurve, die sich der empirischen schon mehr

[1]) Aus der Zusammenstellung von W. Gerlach: Ergebn. d. exakt. Naturwiss. (*199*).

nähert. Doch ist die Übereinstimmung noch lange nicht so gut wie bei den seltenen Erden; dies ist ein Zeichen, daß wohl auch Komponenten anderer tiefer Terme mit angeregt werden oder auch daß die Ionen durch Einwirkung der Ionen, mit denen sie Verbindungen eingehen, gestört werden. Bei den seltenen Erden sind die Aufspaltungen der tiefen Multipletts schon so groß, daß die höheren Komponenten nicht mehr merklich angeregt werden[1]).

Sehr interessant dürfte ein Vergleich der theoretischen Werte von $g\sqrt{j(j+1)}$ und der empirischen CURIEschen Konstanten für die Ionen der Palladium- und Platinreihe sein, wo die Aufspaltung der Terme schon größer ist. Leider ist darüber kaum empirisches Material vorhanden.

§ 37. Die Röntgenterme.

Im Anschluß an die Termschemata der Elemente mit mehreren äußeren Elektronen müssen wir noch kurz auf das *Schema der Röntgenterme* der Elemente eingehen. Die Röntgenterme entsprechen nach KOSSELS Deutung (vgl. § 10) den Energien von Zuständen des Atoms, in denen ein inneres Elektron fehlt. Denken wir uns nun aus einer abgeschlossenen Schale ein Elektron entfernt, so gibt das einen Spektralterm, der dem Term entspricht, den ein solches Elektron allein hervorrufen würde (vgl. § 25). Entfernen wir aus einer vollen Schale von sechs p-Elektronen eines, so erhalten wir wie im Grundzustand der Halogene einen verkehrten ^2P-Term; entfernen wir aus einer vollen Schale von zehn d-Elektronen eines, so erhalten wir einen verkehrten ^2D-Term, der dem $d^9 \cdot {}^2D$-Term des Cu oder Au entspricht. Der Termwert selbst ist im wesentlichen durch die Hauptquantenzahl n der Schale bestimmt, in der ein Elektron fehlt. Auf diese Weise erhalten wir ein Termschema, dessen Terme in erster Näherung nach n geordnet sind, erst kommen die K-, dann die L-, M- usw. Terme. Es gibt nur einen K-Term, den wir auch mit $1s \cdot {}^2S$ bezeichnen können, wenn wir im Termsymbol die unverletzten Elektronenschalen außer acht lassen. Es gibt drei L-Terme, die wir mit $2sp^6 \cdot {}^2S$ und $2s^2p^5 \cdot {}^2P_{\frac{1}{2},\frac{3}{2}}$ bezeichnen können; ferner finden sich fünf M-Terme: $3sp^6d^{10} \cdot {}^2S$, $3s^2p^5d^{10} \cdot {}^2P_{\frac{1}{2},\frac{3}{2}}$ und $3s^2p^6d^9 \cdot {}^2D_{\frac{3}{2},\frac{5}{2}}$.

---

[1]) Anm. bei der Korrektur: In einer neuen Arbeit (*79b*) diskutieren LAPORTE und SOMMERFELD die Magnetonenzahlen in der Eisenreihe.

Daß die Termordnung der Röntgenspektren (von den Energiewerten abgesehen) die gleiche ist wie die eines Alkalispektrums (nur mit verkehrten Dubletts) ist schon lange bekannt[1]). Ferner hat man manche Gesetzmäßigkeiten, z. B. die Größe des Dublettabstandes (quantitative Darstellung durch SOMMERFELD (*28*)), an den Röntgenspektren früher bemerkt als an den optischen.

Abb. 7 (S. 46) gibt den Verlauf der Röntgenterme mit wachsender Kernladung wieder. Sie zeigt deutlich den Unterschied der beiden Arten von Aufspaltung innerhalb einer Termgruppe mit bestimmtem n. Die Dublettaufspaltung ${}^2P_{\frac{1}{2}} - {}^2P_{\frac{3}{2}}$, ${}^2D_{\frac{1}{2}} - {}^2D_{\frac{3}{2}}$ usw. ist an der raschen Zunahme mit Z kenntlich (früher „relativistische Dubletts“ oder nach SOMMERFELD auch reguläre Dubletts). Die Abstände ${}^2S - {}^2P$, ${}^2P - {}^2D$ usw. nehmen viel langsamer mit Z zu (Abschirmungsdubletts oder irreguläre Dubletts).

Durch Entfernung zweier Elektronen aus einer inneren Schale eines Atoms kann man sich weitere Röntgenterme entstanden denken. WENTZEL (*67*), der diese untersucht, nennt sie *Röntgenfunkenspektren*. Ihre Termordnung entspricht der der Erdalkalien.

Sechstes Kapitel.

Allgemeinere Koppelungsverhältnisse.

§ 38. Nichtnormale Termordnung. Allgemeines Modell.

Wir konnten die Mannigfaltigkeit und Anordnung der tiefen Terme und in einigen Fällen auch der höheren Terme der Spektren durch die Annahme verstehen, daß in erster Näherung die Energie durch die unabhängig gedachten Bahnen der einzelnen Elektronen (also durch n_i und l_i) bestimmt ist und daß in nächster Näherung sich die Vektoren $\mathfrak{l}_i$ der einzelnen Elektronen zu einer Resultierenden $\mathfrak{l}$, die Vektoren $\mathfrak{s}_i$ zu einer Resultierenden $\mathfrak{s}$ vereinigen. In nächster Näherung kommt dann die Vereinigung von $\mathfrak{l}$ und $\mathfrak{s}$ zu $\mathfrak{j}$ in Betracht. Wir sprachen in diesem Fall von normalen Koppelungsverhältnissen. Die aus dieser Modellvorstellung gezogenen Folgerungen über die *Lage* und *Anordnung* der Terme,

[1]) Die Systematik ist zuerst von G. WENTZEL (*32*) gegeben.

z. B. die LANDÉsche Intervallregel (§ 22) und g-Formel (§ 23) gelten nur so lange, als die Koppelung der $\mathfrak{l}_i$ mit den $\mathfrak{s}_i$ klein ist. Dagegen gilt die erhaltene *Abzählung* der Terme auch dann noch, wenn die zugrunde gelegten Koppelungsverhältnisse nicht mehr der Wirklichkeit entsprechen.

Wir wissen, daß die Koppelung der $\mathfrak{l}_i$ mit den $\mathfrak{s}_i$ mit zunehmender Kernladung wächst; es ist ferner klar, daß die Wechselwirkung des $\mathfrak{l}$ und $\mathfrak{s}$ des zuletzt hinzugekommenen Elektrons mit den $\mathfrak{l}_i$ und $\mathfrak{s}_i$ der Rumpfelektronen um so kleiner ist, je stärker das Elektron angeregt ist. Man sieht also, die normalen Koppelungsverhältnisse entsprechen der Wirklichkeit um so mehr, je leichter das Atom ist, und zweitens um so mehr, je tiefer der Term liegt. Dies entspricht auch im allgemeinen der Wirklichkeit. Gehen wir z. B. die Eisenreihe durch, so finden wir zuerst bei den zum Term ^2D des Ca^+ gehörenden verschobenen Ca-Termen Abweichungen von der g-Formel. Der $dp\ ^3F$-Term hat nach BACK[1]) die empirischen g-Werte 0,75; 1,08; 1,25 statt der Werte $\frac{2}{3}$, $\frac{13}{12}$, $\frac{5}{4}$ nach der g-Formel. Auch bei den folgenden Elementen finden sich in den höheren Termen Abweichungen; dagegen folgen die g-Werte der tiefen Terme noch LANDÉs Formel. Die Intervallregel gilt ebenfalls im allgemeinen gut, sie ist nur gelegentlich bei höheren Termen verletzt. Von Co ab treten auch in tieferen Termen gröbere Verletzungen der Intervallregel auf: der $ssd^7 \cdot {}^4P$-Term hat das Verhältnis 3,3 : 5 statt 5 : 3; der $sd^8 \cdot {}^4P$-Term hat 5 : 3,6 statt 5 : 3. In den höheren Termen gilt die Intervallregel auch nicht einmal mehr qualitativ. Die Abweichungen der gemessenen ZEEMAN-Effekte von den nach LANDÉs Formel gerechneten sind auch schon beträchtlich. Bei den Nickeltermen und den nichtalkaliähnlichen Kupfertermen liegen ähnliche Verhältnisse vor. Stärker als in der Eisenreihe sind die Abweichungen von der normalen Termordnung in der Palladiumreihe, noch stärker in der Platinreihe. Das ist der Grund dafür, daß unsere Kenntnis von den höheren Termen immer lückenhafter wird. Bei Pt selbst ist es kaum noch möglich gewesen (*187*), den tiefsten Termen l- und s-Werte zuzuordnen.

Wie schon betont, kann unser Atommodell die Nichtgültigkeit der normalen Termordnung erklären. Um aber die Art der Ab-

---

[1]) E. BACK (*133*). In der Arbeit finden sich noch andere Ausnahmen von Regeln angegeben, die bei normaler Termordnung gelten würden.

weichung wenigstens genähert zu erhalten, müßte man das mechanische Verhalten des Modells bei beliebigen Koppelungsverhältnissen studieren. Das ist aber wieder das Mehrkörperproblem. Nur in einfachen Grenzfällen, wo irgendwelche Wechselwirkungen klein sind gegen andere, können wir zu einfachen Aussagen über die Bewegung des klassischen Modells und die Energiestufen des Atoms gelangen. Ein solcher Fall wird im § 39 behandelt.

§ 39. Die Bestimmung der Seriengrenzen für die einzelnen Multiplettkomponenten.

Einer der wichtigsten Fälle der Abweichung von normaler Termordnung ist der, bei dem *ein Elektron hoch angeregt* ist. Betrachten wir zunächst ein Atom mit nur zwei Elektronen außerhalb einer abgeschlossenen Schale, so lassen sich im Fall normaler Multipletts die Wechselwirkungsverhältnisse durch das Symbol

$$[(\mathfrak{s}_1 \mathfrak{s}_2)(\mathfrak{l}_1 \mathfrak{l}_2)]$$

darstellen; dem entspricht die Beschreibung der Terme durch die Zahlen (die n lassen wir fort)

$$l_1\, l_2\, s\, l\, j\, (m)$$

oder durch Symbole wie

$$ss\,{}^1S_0, \quad sp\,{}^3P_1, \quad pp\,{}^3P_0$$

usw. Im Falle der vollständigen Entfernung eines Elektrons haben wir die Wechselwirkung

$$(\mathfrak{s}_1 \mathfrak{l}_1)\, \mathfrak{s}_2 \mathfrak{l}_2;$$

die Energie entspricht einem Term $(l_1 j_1)$ des Ions. Im Falle hoher Anregung des zweiten Elektrons haben wir die Wechselwirkung

$$[(\mathfrak{s}_1 \mathfrak{l}_1)\, \mathfrak{s}_2 \mathfrak{l}_2];$$

für die Energie kommt in erster Linie der Termwert $(l_1 j_1)$ des Ions in Betracht. Die Terme konvergieren mit wachsender Laufzahl gegen die durch $l_1 j_1$ bezeichneten Terme des Ions (Funkenspektrums). Die Komponenten eines Multipletts konvergieren also mit wachsendem n im allgemeinen gegen verschiedene Seriengrenzen, die den Komponenten eines Multipletts des Ions entsprechen.

Wir bekommen für hohe Laufzahlen (n) *der Terme im allgemeinen eine ganz andere Anordnung als für niedrige.* Für die Erkenntnis eines Spektrums ist es wichtig zu wissen, wie die Terme im Falle normaler Multipletts den Termen in der Nähe der Seriengrenzen zuzuordnen sind, insbesondere *nach welchen Seriengrenzen die einzelnen Komponenten eines Multipletts mit zunehmendem n konvergieren.*

Die Antwort auf diese Frage bedeutet eine Zuordnung der durch

$$l_1\, l_2\, s\, l\, j$$

beschriebenen Terme in normalen Multipletts zu den durch

$$l_1\, j_1$$

beschriebenen Seriengrenzen. Wir gaben früher (§ 24) eine Zuordnung der durch

$$l_1 m_{l_1}\, m_{s_1}\, l_2 m_{l_2}\, m_{s_2}$$

beschriebenen Terme zu den durch

$$l_1\, l_2\, s\, l\, j$$

beschriebenen. Zur Beantwortung unserer Frage brauchen wir also nur noch die Zuordnung von

$$l_1\, j_1$$

zu

$$l_1\, m_{l_1}\, m_{s_1},$$

und das ist genau die, die bei der Zuordnung der Terme in schwachen und starken Magnetfeldern in Betracht kam (§ 23).

Die Frage nach der Zuordnung der Terme in normalen Multipletts zu den Seriengrenzen ist also zurückgeführt auf die Zuordnung der Terme in schwachen und starken Magnetfeldern.

Für s-Elektronen ($l_1 = 0$) ist j_1 bestimmt. Die Terme, die durch Hinzufügung des zweiten Elektrons entstehen, haben alle eine einzige Seriengrenze. Da $\mathfrak{l}_1$ nicht mit anderen Vektoren in Wechselwirkung tritt, liefert die Koppelung

$$[(\mathfrak{s}_1 \mathfrak{l}_1)\, \mathfrak{s}_2 \mathfrak{l}_2]$$

keine wesentlich andere Termordnung als

$$[(\mathfrak{s}_1 \mathfrak{s}_2)\, (\mathfrak{l}_1 \mathfrak{l}_2)].$$

Wir haben bis zu hohen Laufzahlen eine Ordnung in Singuletts und Tripletts. Dies ist der Fall in den Termen der Erdalkalispektren, bei denen ein Elektron in einer s-Bahn gebunden ist. Man hat solche Spektren auch als Spektren erster Stufe bezeichnet (*54*, *55*).

Um die Zuordnungsverhältnisse in allgemeinen Fällen zu studieren, schreiben wir in einer Tabelle zu $l_1 l_2 j_1$ alle Möglichkeiten für $m_{l_1}\, m_{s_1}\, m_{l_2}\, m_{s_2}$ auf. Dabei benutzen wir Tabelle **36**, um die $m_{l_1}\, m_{s_1}$ den Werten von $l_1\, j_1$ zuzuordnen. Weiterhin bilden wir

$m_l m_s$ wie im § 24. Jetzt müssen wir jedoch alle zu einem bestimmten Wert von j_1 gehörenden m_l und m_s zu s-, l- und j-Werten zusammenfassen. Diese gehören dann zu der durch j_1 angegebenen Seriengrenze. Tabelle 79 führt dies für den Fall durch, daß beide Elektronen in p-Bahnen laufen ($l_1 = l_s = 1$).

Um die Zuordnung der $m_l m_s$ zu slj bequem ausführen zu können, beginne man in jeder für sich zu ordnenden Gruppe mit den größten m_l, und unter diesen Termen mit dem größten m_s. Im oberen Teil der Tabelle 79 also mit 2, 0. Dieses Zahlenpaar gehört zu $l \geqq 2$, da aber (wegen $l_1 = l_2 = 1$) $l \leqq 2$ ist, zu $l = 2$. s kann zunächst 1 oder 0 sein; wäre $s = 0$, so müßte auch $m_l = -2$, $m_s = 0$ da sein, also ist $s = 1$. Dann gehört, nach Tabelle 36, das Zahlenpaar $m_l = 2$, $m_s = 0$ zu einem ${}^3D$-Term. Zu diesem gehören ferner m_l, $m_s = 1, 0;\ 0, 0;\ -1, 0;\ -1, -1$. Wenn wir sie in Tabelle 79 wegstreichen, bleibt $m_l = 2$, $m_s = 1$ der Term mit größtem m_l. Mit diesem Term verfahren wir genau so. Wegen des Fehlens von $-1, 0$ gehört er zu $s = 1$; ferner ist $l = 2$; es handelt sich also um einen ${}^3D_1$-Term. Wir streichen nun die zu ${}^3D_1$ gehörigen $m_l\, m_s$-Werte ($2, -1;\ 1, -1;\ 0, -1$) fort und verfahren mit dem Rest ebenso. Im ganzen erhalten wir ${}^3D_2\, {}^3D_1\, {}^3P_1\, {}^3P_0$ als zur einen Seriengrenze ($j_1 = \frac{1}{2}$; ${}^2P_{\frac{1}{2}}$ des Funkenspektrums) gehörig.

Tabelle 79.

$l_1\ l_2$	j_1	m_{l_1}	m_{l_2}	m_{s_1}	m_{s_2}	m_l	m_s	Terme
1 1	$\frac{1}{2}$	1	1	$-\frac{1}{2}$	$\frac{1}{2}$	2	0	
					$-\frac{1}{2}$		-1	
			0		$\frac{1}{2}$	1	0	
					$-\frac{1}{2}$		-1	
			-1		$\frac{1}{2}$	0	0	
					$-\frac{1}{2}$		-1	${}^3D_2$ ${}^3D_1$ ${}^3P_1$ ${}^3P_0$
		0	1	$-\frac{1}{2}$	$\frac{1}{2}$	1	0	
					$-\frac{1}{2}$		-1	
			0		$\frac{1}{2}$	0	0	
					$-\frac{1}{2}$		-1	
			-1		$\frac{1}{2}$	-1	0	
					$-\frac{1}{2}$		-1	

Tabelle 79 (Fortsetzung).

$l_1 l_2$	j_1	m_{l_1}	m_{l_2}	m_{s_1}	m_{s_2}	m_l	m_s	Terme
	$\frac{3}{2}$	1	1	$\frac{1}{2}$	$\frac{1}{2}$	2	1	
					$-\frac{1}{2}$		0	
			0		$\frac{1}{2}$	1	1	
					$-\frac{1}{2}$		0	
			-1		$\frac{1}{2}$	0	1	
					$-\frac{1}{2}$		0	
		0	1	$\frac{1}{2}$	$\frac{1}{2}$	1	1	
					$-\frac{1}{2}$		0	
			0		$\frac{1}{2}$	0	1	
					$-\frac{1}{2}$		0	
			-1		$\frac{1}{2}$	-1	1	
					$-\frac{1}{2}$		0	${}^3D_3\,{}^3P_2\,{}^3S_1$
		-1	1	$\frac{1}{2}$	$\frac{1}{2}$	0	1	${}^1D_2\,{}^1P_1\,{}^1S_0$
					$-\frac{1}{2}$		0	
			0		$\frac{1}{2}$	-1	1	
					$-\frac{1}{2}$		0	
			-1		$\frac{1}{2}$	-2	1	
					$-\frac{1}{2}$		0	
		-1	1	$-\frac{1}{2}$	$\frac{1}{2}$	0	0	
					$-\frac{1}{2}$		-1	
			0		$\frac{1}{2}$	-1	0	
					$-\frac{1}{2}$		-1	
			-1		$\frac{1}{2}$	-2	0	
					$-\frac{1}{2}$		-1	

Der in Tabelle 79 dargestellte physikalische Sachverhalt ist der: Für kleine Laufzahlen n (und nicht zu großer $(\mathfrak{l}_i\,\mathfrak{s}_i)$-Koppelung) geben zwei nicht äquivalente Elektronen mit $l_1 = l_2 = 1$ Anlaß zu S-, P-, D-Tripletts und -Singuletts. Von diesen zehn Termen rücken, wenn das n eines Elektrons größer und größer wird, je die beiden Terme mit tiefsten j-Werten des P- und D-Tripletts zu der tiefer gelegenen Seriengrenze, die dritten Terme jener Tripletts, der ${}^3S$-Term und die Singuletterme zu der höheren Seriengrenze.

Eine Betrachtung allgemeinerer Fälle liefert folgende Ergebnisse: Haben wir ein p-Elektron (mit $l_1 = 1$) und ein zweites mit beliebigem $l_2 \geqq 1$, so erhalten wir (außer im Fall der Äquivalenz der Elektronen) drei Tripletts ($l = l_2 + 1$, l_2, $l_2 - 1$) und drei Singuletts. Mit wachsendem n des zweiten Elektrons und bei festem n des ersten gehen vier Terme der Tripletts mit den beiden höchsten Werten von l ($l = l_2 + 1$, l_2) zur tieferen Seriengrenze, nämlich aus jedem dieser beiden Tripletts die beiden Terme mit niedrigsten j ($j = l_2$, $l_2 + 1$ und $l_2 - 1$, l_2). Die dritten Terme dieser beiden Tripletts ($j = l_2 + 2$ und $l_2 + 1$), das ganze Triplett mit kleinstem l ($l = l_2 - 1$), sowie alle Singuletterme gehen zur höchsten Seriengrenze. Haben wir ein d-Elektron mit $l_1 = 2$ und ein zweites mit beliebigem $l_2 \geqq 2$, so erhalten wir fünf Tripletts und fünf Singuletts. Mit wachsendem n des zweiten Elektrons gehen acht Terme der Tripletts mit den vier höchsten Werten von l ($l = l_2 + 2$, $l_2 + 1$, l_2, $l_2 - 1$) zur tieferen Seriengrenze, nämlich aus jedem dieser vier Tripletts die beiden Terme mit kleinstem j ($j = l_2 + 1$, $l_2 + 2$; l_2, $l_2 + 1$; $l_2 - 1$, l_2; $l_2 - 2$, $l_2 - 1$). Die dritten Terme dieser vier Tripletts ($j = l_2 + 3$, $l_2 + 2$, $l_2 + 1$, l_2), das ganze Triplett mit kleinstem l ($l = l_2 - 2$), sowie alle Singuletterme gehen zur höheren Seriengrenze. Ist im letzteren Falle $l_2 = 1$, so erhalten wir drei Tripletts und drei Singuletts. Aus jedem Triplett gehen die zwei Terme kleineren j-Wertes zur ersten Grenze, die dritten Terme der Tripletts sowie alle Singuletterme gehen zur zweiten Grenze.

Für den Fall von mehr als zwei Elektronen lassen sich entsprechende Überlegungen ausführen. Bezeichnen wir mit L bzw. S das resultierende l bzw. s des Atomrestes, mit J sein j und wenden wir für das letzte Elektron die Zeichen λ und σ an, so bedeutet die Frage nach den Seriengrenzen die Zuordnung der durch

$$L \; \lambda \; s \; l \; j$$

beschriebenen Terme in normalen Multipletts zu den durch

$$L \; S \; J$$

beschriebenen Seriengrenzen. Da die Zuordnung von

$$L \; m_L \; m_S \; \lambda \; m_\lambda \; m_\sigma$$

zu

$$L \; \lambda \; s \; l \; j$$

früher (§ 24) gegeben wurde, brauchen wir nur noch die von

$$L\ S\ J$$

zu

$$L\ m_L\ m_S$$

auszuführen. Auch hier ist die Frage *nach den Seriengrenzen zurückgeführt auf die Zuordnung der Terme in schwachen und starken Feldern.*

Für $L = 0$ gibt es bei jedem S nur einen Term (ein j_1). Terme, die durch Hinzufügung eines weiteren Elektrons entstehen, gehen zu einer Seriengrenze. Hierher gehört z. B. das (in § 31 erwähnte) Triplett- und Quintettsystem des O, das durch Hinzufügung eines Elektrons zur ^4S-Konfiguration des O^+ entsteht.

Für allgemeinere Fälle haben wir uns wieder in einer Tabelle zu $L \lambda S J$ die Möglichkeiten für $m_L\, m_S\, m_\lambda\, m_\sigma$ aufzuschreiben und für jedes $L \lambda S$ die $m_l m_s$ zu Termen $l s j$ zusammenzufassen. Tabelle 80 führt das für drei p-Elektronen durch. Aus zwei äquivalenten p-Elektronen erhält man fünf Terme $^3P_{012}$, ^1D, ^1S. Für die aus ^1D und ^1S durch Hinzufügung eines dritten p-Elektrons entstehenden Terme erhalten wir je eine einfache Grenze, in der Tabelle 80 sind daher nur die aus ^3P entstehenden Terme ($L = 1$, $S = 1$) untersucht.

Die Möglichkeiten für $J = 2$ brauchen wir nicht aufzuschreiben; sie liefern die noch übrigen Terme $^4D_{\frac{7}{2}}\ ^2D_{\frac{5}{2}}\ ^4P_{\frac{5}{2}}\ ^2P_{\frac{3}{2}}\ ^4S_{\frac{3}{2}}\ ^2S_{\frac{1}{2}}$, die aus ^3P durch Hinzufügung eines p-Elektrons entstehen können.

Die Tabelle 36 des § 23 gibt die Zuordnung von $m_l\, m_s$ zu $l s j$ für regelrechte Multipletts. Bei verkehrten Multipletts sind die Vorzeichen von m_l und m_s beide zu vertauschen. Für die Zuordnung zu den Seriengrenzen ändert das nichts, da zweimal die Tabelle 36 in entgegengesetztem Sinne angewandt wird.

In Abb. 34 (am Schluß des Buches) sind die Seriengrenzen der einzelnen Multiplettkomponenten für die hauptsächlich vorkommenden Fälle zusammengestellt. Die wagerechten Linien entsprechen den Seriengrenzen oder den Termen des Ions, die senkrechten Linien entsprechen den einzelnen Termserien des betreffenden Spektrums, ihr oberes Ende gibt die Grenze der betreffenden Termserie an. Es sind angegeben die durch Hinzufügung eines s-, p- und d-Elektrons aus einem ^2P- ^2D- ^2F-, ^3P-... ^7F-Term des Ions entstehenden Terme.

Tabelle 80.

L	λ	S	J	m_L	m_λ	m_S	m_σ	m_l	m_s	Terme
1	1	1	0	1	1	-1	$\frac{1}{2}$	2	$-\frac{1}{2}$	$^4D_{\frac{3}{2}}$ $^4D_{\frac{1}{2}}$
							$-\frac{1}{2}$		$-\frac{3}{2}$	
					0		$\frac{1}{2}$	1	$-\frac{1}{2}$	
							$-\frac{1}{2}$		$-\frac{3}{2}$	
					-1		$\frac{1}{2}$	0	$-\frac{1}{2}$	
							$-\frac{1}{2}$		$-\frac{3}{2}$	
			1	1	1	0	$\frac{1}{2}$	2	$\frac{1}{2}$	$^4D_{\frac{5}{2}}$ $^2D_{\frac{3}{2}}$ $^4P_{\frac{3}{2}}$ $^4P_{\frac{1}{2}}$ $^2P_{\frac{1}{2}}$
							$-\frac{1}{2}$		$-\frac{1}{2}$	
					0		$\frac{1}{2}$	1	$\frac{1}{2}$	
							$-\frac{1}{2}$		$-\frac{1}{2}$	
					-1		$\frac{1}{2}$	0	$\frac{1}{2}$	
							$-\frac{1}{2}$		$-\frac{1}{2}$	
				0	1	0	$\frac{1}{2}$	1	$\frac{1}{2}$	
							$-\frac{1}{2}$		$-\frac{1}{2}$	
					0		$\frac{1}{2}$	0	$\frac{1}{2}$	
							$-\frac{1}{2}$		$-\frac{1}{2}$	
					-1		$\frac{1}{2}$	-1	$\frac{1}{2}$	
							$-\frac{1}{2}$		$-\frac{1}{2}$	
				0	1	-1	$\frac{1}{2}$	1	$-\frac{1}{2}$	
							$-\frac{1}{2}$		$-\frac{3}{2}$	
					0		$\frac{1}{2}$	0	$-\frac{1}{2}$	
							$-\frac{1}{2}$		$-\frac{3}{2}$	
					-1		$\frac{1}{2}$	-1	$-\frac{1}{2}$	
							$-\frac{1}{2}$		$-\frac{3}{2}$	
			2	.....						

Für die Auffindung der in Abb. 34 gegebenen Zuordnung der Terme zu Seriengrenzen läßt sich folgende Regel angeben: Für jedes gegebene Termmultiplett (SL) des Ions mit den Komponenten $J = L + S,\ L + S - 1\ \ldots\ L - S$ und gegebenes λ des Leuchtelektrons mache man sich ein Schema von leeren Feldern, das für jede Komponente J von (SL) eine Zeile hat, die oberste Zeile möge dem größten J entsprechen. Jede Zeile erhält rechts stets an der gleichen Stelle beginnend soviel Felder als j-Werte aus dem J des Ions durch vektorielle Addition von $\lambda - \frac{1}{2}$ und $\lambda + \frac{1}{2}$ (für $\lambda = 0$ nur $\lambda + \frac{1}{2}$) entstehen können, für $J = 0$ also 2 (bei $\lambda = 0$ nur 1), für $J = \frac{1}{2}$ also 4 (bei $\lambda = 0$ nur 2) usw. Dann nehme man von den aus (SL) durch Hinzufügung von $(\sigma\lambda)$ entstehenden Multipletts (sl) das mit größtem l und s und schreibe seine Komponenten, mit dem größten j beginnend, von oben nach unten in die letzte Spalte; wenn diese voll ist, schreibe man die noch übrigen Komponenten in die letzte Zeile. Dann nehme man das Multiplett mit gleichem l und um 1 kleineren s, schreibe seine Komponenten, mit dem größten j beginnend, von oben nach unten in die letzte Spalte, die freie Felder hat; wenn sie voll ist, schreibe man die noch übrigen Komponenten in die letzte Zeile, die noch freie Felder hat. Dann nehme man das um 1 kleinere l und größte s und verfahre ebenso. Das Verfahren setze man fort, bis alle Komponenten untergebracht und alle Felder besetzt sind. In jeder Zeile stehen dann die Komponenten, deren Seriengrenze dem betreffenden J des Ions entspricht. Für ${}^4P + d$ sieht das Schema folgendermaßen aus:

Tabelle 81.

	$\frac{5}{2}$	${}^3P_0$	${}^3P_1$	${}^3P_2$	${}^5P_1$	${}^5P_2$	${}^5P_3$	${}^3D_3$	${}^5D_4$	${}^3F_4$	${}^5F_5$
${}^4P$	$\frac{3}{2}$			${}^3D_1$	${}^3D_2$	${}^5D_0$	${}^5D_1$	${}^5D_2$	${}^5D_3$	${}^3F_3$	${}^5F_4$
	$\frac{1}{2}$							${}^3F_2$	${}^5F_1$	${}^5F_2$	${}^5F_3$

und für ${}^7D + d$ folgendermaßen:

Tabelle 82.

	5	${}^6S_{\frac{5}{2}}$	${}^8S_{\frac{7}{2}}$	${}^6P_{\frac{7}{2}}$	${}^8P_{\frac{9}{2}}$	${}^6D_{\frac{9}{2}}$	${}^8D_{\frac{11}{2}}$	${}^6F_{\frac{11}{2}}$	${}^8F_{\frac{13}{2}}$	${}^6G_{\frac{13}{2}}$	${}^8G_{\frac{15}{2}}$
	4	${}^6P_{\frac{3}{2}}$	${}^6P_{\frac{5}{2}}$	${}^8P_{\frac{5}{2}}$	${}^8P_{\frac{7}{2}}$	${}^6D_{\frac{7}{2}}$	${}^8D_{\frac{9}{2}}$	${}^6F_{\frac{9}{2}}$	${}^8F_{\frac{11}{2}}$	${}^6G_{\frac{11}{2}}$	${}^8G_{\frac{13}{2}}$
${}^7D$	3	${}^6D_{\frac{1}{2}}$	${}^6D_{\frac{3}{2}}$	${}^6D_{\frac{5}{2}}$	${}^8D_{\frac{3}{2}}$	${}^8D_{\frac{5}{2}}$	${}^8D_{\frac{7}{2}}$	${}^6F_{\frac{7}{2}}$	${}^8F_{\frac{9}{2}}$	${}^6G_{\frac{9}{2}}$	${}^8G_{\frac{11}{2}}$
	2		${}^6F_{\frac{1}{2}}$	${}^6F_{\frac{3}{2}}$	${}^6F_{\frac{5}{2}}$	${}^8F_{\frac{1}{2}}$	${}^8F_{\frac{3}{2}}$	${}^8F_{\frac{5}{2}}$	${}^8F_{\frac{7}{2}}$	${}^6G_{\frac{7}{2}}$	${}^8G_{\frac{9}{2}}$
	1					${}^6G_{\frac{3}{2}}$	${}^6G_{\frac{5}{2}}$	${}^8G_{\frac{1}{2}}$	${}^8G_{\frac{3}{2}}$	${}^8G_{\frac{5}{2}}$	${}^8G_{\frac{7}{2}}$

Im Zusammenhang mit den Seriengrenzen für die einzelnen Multiplettkomponenten müssen wir noch einmal auf die *Frage der regelrechten und verkehrten Multipletts* zurückkommen. Man erhält nach dem auf S. 189 behandelten Verfahren nur dann eine Zuordnung der Komponenten zu den Grenzen, entweder wenn man das den Grenzen entsprechende Multiplett (SL) als regelrechtes behandelt und das Multiplett (sl), das die Termserie bildet, ebenfalls, oder wenn man (SL) als verkehrtes Multiplett behandelt und (sl) ebenfalls. Die Zuordnung ist für beide Fälle dieselbe. Die Festlegung, ob (sl) regelrecht oder verkehrt zu behandeln sei, ist nur dann gleichgültig, wenn alle seine Komponenten zur gleichen Grenze gehen.

Aus der Zwangsläufigkeit der Zuordnung möchten wir schließen, daß ein Multiplett, das aus einem regelrechten (bzw. verkehrten) Multiplett des Ions entsteht und dessen Komponenten nicht alle dieselbe Seriengrenze haben, im Falle normaler Termordnung ebenfalls regelrecht (bzw. verkehrt) ist. Wir erhalten damit folgende Fälle. Es sei stets $S \neq 0$, $L \neq 0$ und λ möge die Nebenquantenzahl des neu hinzukommenden Elektrons sein.

Tabelle 83.

(SL) regelrecht	$\lambda \leqq L$		(sl) regelrecht
	$\lambda > L$	$\lambda \leqq l$	(sl) regelrecht
		$\lambda > l$	(sl) regelrecht oder verkehrt
(SL) verkehrt	$\lambda \leqq L$		(sl) verkehrt
	$\lambda > L$	$\lambda \leqq l$	(sl) verkehrt
		$\lambda > l$	(sl) regelrecht oder verkehrt

Durch Anwendung der Formel (6), § 26, für den Termwert einer Multiplettkomponente

$$W = \alpha^2 R h \cos(\mathfrak{l}\mathfrak{s}) \left[\pm C L \cos(L\mathfrak{l}) \pm \gamma \lambda \cos(\lambda \mathfrak{l})\right] \qquad (1)$$

erhalten wir kein widersprechendes Ergebnis. In dieser Gleichung gilt das $+$-Zeichen, wenn S bzw. σ die gleiche Richtung hat wie s, im anderen Fall das $-$-Zeichen; für höhere Glieder ist γ klein gegen C wegen der Proportionalität mit $\frac{1}{n^{*3}}$. Ob ein Multiplett regelrecht ist, hängt also wesentlich davon ab, ob bei gleicher (entgegengesetzter) Richtung von S und s der Winkel (Ll) spitz (stumpf) ist. Wir haben im Falle $\lambda \leqq L$ und im Falle $\lambda > L$, $\lambda \leqq l$ stets spitzen Winkel, $(s\,l)$ hat also den gleichen Charakter wie $(S\,L)$. Im Falle $\lambda > L$, $\lambda > l$ haben wir spitzen oder stumpfen Winkel, bei kleineren Werten der Quantenzahlen stets stumpfen Winkel. Für die Anwendung dieser Betrachtung ist aber zu beachten, daß die gemachten Voraussetzungen für die Gültigkeit der benutzten Annäherung bei Termen in mittleren und höheren Lagen kaum erfüllt sind.

Die Formel (1) läßt sich auch auf die Fälle $L = 0$ und $S = 0$ anwenden. Im Falle $L = 0$ kommt nur das zweite Glied von (1) in Frage, wir bekommen ein regelrechtes Multiplett $(s\,l)$, wenn $s > S$ ist und ein verkehrtes, wenn $s < S$ ist. Es sei an die Terme des Mn-Spektrums erinnert, die aus dem ^7S-Term des Mn^+ entstehen (vgl. § 33); die Oktetterme sind alle regelrecht, die Sextettterme wenigstens zum großen Teil verkehrt. Im Falle $S = 0$ hätten wir $C = 0$ zu setzen und erhalten regelrechte Terme. Dies ist der Grund, daß wir in Abb. 28 (S. 169) die ^2P- ^2D- ^2F-Terme des Kupfers in bestimmter Weise den Seriengrenzen zugeordnet haben.

§ 40. Beispiele nicht normaler Termordnung. Vollständige Termschemata.

Im fünften Kapitel hatten wir im wesentlichen auf die tieferen Terme der Spektren geachtet, insbesondere hatten wir die durch die Annäherung an die Seriengrenzen bedingte Umordnung der Terme vorläufig beiseitegestellt. Dies wollen wir jetzt nachholen.

Die Terme der *Alkalispektren,* sowie die meisten bekannten Terme der *Spektren der Erdalkalien* und von Al, Ga, In, Tl entsprechen Elektronenanordnungen, die aus einem ^1S- oder ^2S-Term durch Hinzufügung eines weiteren Elektrons entstehen. Sie haben also alle eine einzige Seriengrenze. Das einfachste Beispiel einer mehrfachen Seriengrenze geben die *verschobenen Terme der Erdalkalien,* sie entstehen aus einem ^2P- oder ^2D-Term des Ions. Wir beschränken uns auf die verschobenen Terme von Ca, Sr, Ba (§ 20). Für große Laufzahlen streben sie zwei Seriengrenzen zu, die den beiden Komponenten des tiefsten ^2D-Dubletts des Funkenspektrums entsprechen. Aus Abb. 34 entnehmen wir, daß von den durch Zufügung eines p-Elektrons entstehenden Termen $^3F_2\ ^3F_3\ ^3D_1\ ^3D_2\ ^3P_0\ ^3P_1$ zur tieferen und $^3F_4\ ^3D_3\ ^3P_2\ ^1F\ ^1D\ ^1P$ zur höheren Grenze gehen. Von den durch Zufügung eines d-Elektrons entstehenden Termen gehen $^3G_3\ ^3G_4\ ^3F_2\ ^3F_3\ ^3D_1\ ^3D_2\ ^3P_0\ ^3P_1$ zur tieferen und $^3G_5\ ^3F_4\ ^3D_3\ ^3P_2\ ^3S_1\ ^1G\ ^1F\ ^1D\ ^1P\ ^1S$ zur höheren Grenze. Abb. 35 gibt schematisch dieses Verhalten.

Von der $d\,^3P$-Serie des Ca ($^3P'$ der Abb. 15, S. 87) sind fünf Tripletts bekannt. Abb. 36 zeigt, wie sich die Intervalle von dem normalen Verhalten beim tiefsten Triplett mehr und mehr der Anordnung der Seriengrenzen nähern. Der Abstand der beiden Seriengrenzen muß 61 cm^{-1} betragen, denn dies ist die Aufspaltung des tiefsten ^2D-Terms im Ca$^+$-Spektrum.

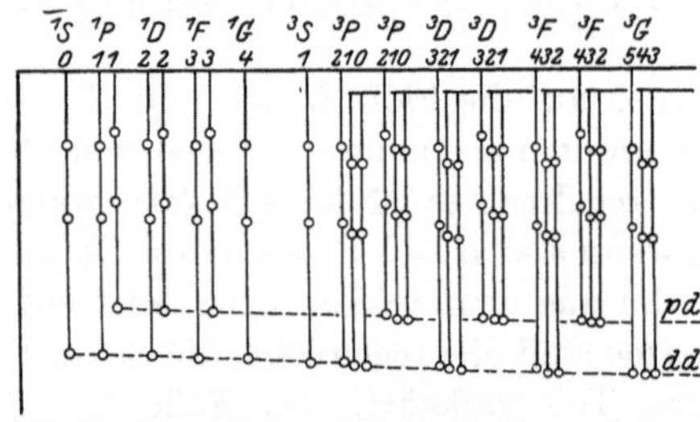

Abb. 35. Theoretisches Schema fur die verschobenen Terme von Ca, Sr und Ba.

Die wesentlichen Terme der Spektren der *Elemente in der vierten Spalte* des periodischen Systems (C, Si, Ge, Sn, Pb) entstehen, wenn man der Anordnung der ^2P-Grundterme der Funkenspektren (bei Si$^+$ bekannt) ein weiteres Elektron zufügt. Wir erwarten also zwei Seriengrenzen. Aus Abb. 34 entnehmen wir die Zuordnung der Terme zu den Seriengrenzen. Abb. 37 gibt das so erhaltene Termschema für ein Element der vierten Spalte. Es sind nur die Terme eingezeichnet, die einer s-, p- oder d-Bahn des Leuchtelektrons entsprechen. Die Reihenfolge der s-, p-, d-Terme ist dabei gleich der beim Al-Spektrum gewählt, nämlich p, s, d, p. Die gleiche Reihenfolge ist bei Si zu erwarten. Bei C und N$^+$ ist die Reihenfolge p, s, p, d; ebenso ist sie bei Ge, Sn und Pb zu erwarten.

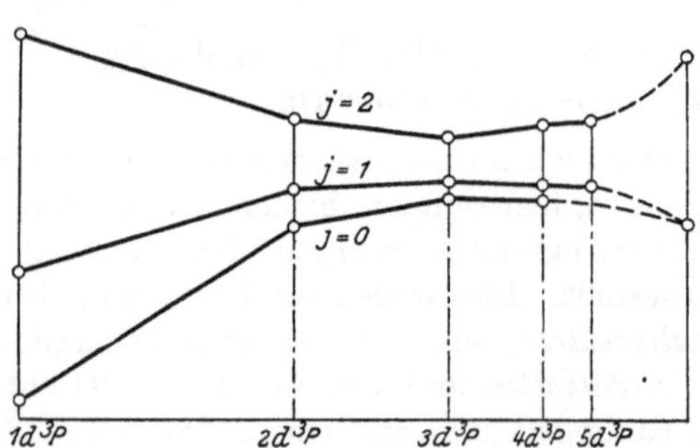

Abb. 36. Aufspaltung der dd^3P-Terme des Ca.

Der Abstand der Seriengrenzen beträgt bei Si 287 cm^{-1}

(^2P-Aufspaltung des Si^+); bei C erwarten wir ihn kleiner; in der Reihe Ge, Sn, Pb muß er zunehmen.

Die Zuordnung der Terme zu Seriengrenzen kann in manchen Fällen zur Deutung der empirisch bekannten Terme führen. Wenn nämlich der Abstand der beiden Seriengrenzen groß ist, dann erhält man empirisch die Serien mit der tieferen Grenze viel leichter als die mit der höheren. Wenn also einige Termserien mit gemeinsamer Grenze bekannt sind, so kommen für diese nur verhältnismäßig wenige der Serien des theoretischen Schemas in Betracht.

Diese Gesichtspunkte benutzten GIESELER und GROTRIAN (*197*) zur Deutung der empirisch bekannten *Blei*-Terme. Im Pb-Spektrum (*154*, *182*, *191* bis *197*) kennt man außer den fünf Grundtermen zwei s-Serien mit den j-Werten 0 und 1, drei (oder vier) d-Serien mit den j-Werten 1, 2, 3 (und 2). GIESELER und GROTRIAN fanden neuerdings dazu noch drei p-Serien mit $j = 0, 1, 1$. Außerdem sind einige einzelne Terme bekannt. Die Serien haben alle gemeinsame Grenze, sie können nur die Serien unseres theoretischen Schemas (Abb. 37) sein, die zur tieferen Seriengrenze gehen. Die beiden s-Serien sind damit eindeutig $ns\,^3P_0$ und $ns\,^3P_1$. Die d-Serien sind $nd\,^3D_1$, $nd\,^3D_2$, $nd\,^3F_2$, $nd\,^3F_3$. Eine der Serien mit $j = 2$ ist dabei nicht ganz sicher. Die p-Serien sind $^3P_0$, $^3P_1$ und $^3D_1$; zu den ersten beiden gehören auch die zwei tiefsten Terme des Pb-Spektrums, Abb. 38 gibt die gedeuteten Terme an. Die d-Serie mit $j = 2$, von der viele Glieder bekannt sind, ist $^3D_2$ zugeschrieben; es könnte aber auch $^3F_2$ sein. Einige weitere von GIESELER und GROTRIAN gedeutete Terme sind hinzugefügt. Unter ihnen sind zwei Glieder

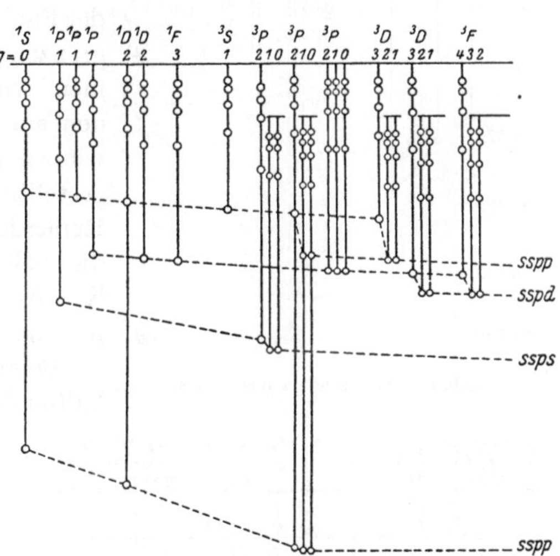

Abb. 37. Theoretisches Termschema eines Elements der vierten Spalte.

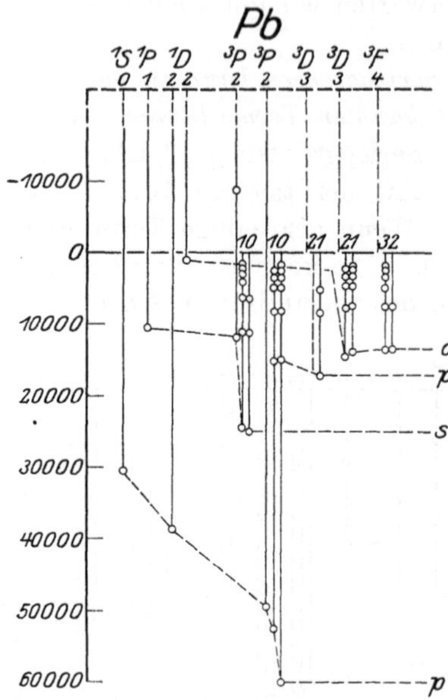

Abb. 38. Termschema des Bleies.

von $s\,^3P_2$. Wenn ihre Zugehörigkeit zu einer Serie der Wirklichkeit entspricht, so folgt daraus die Lage der höheren Seriengrenze etwa 23000 cm^{-1} oberhalb der tieferen.

Für die *Elemente der fünften Spalte* (N, P, As, Sb, Bi) liefert der vermutete Grundterm ^3P der Funkenspektren drei Seriengrenzen. Aus Abb. 34 entnehmen wir ihre Zuordnung zu den einzelnen Termen und gewinnen so das in Abb. 39 dargestellte Termschema. Die Reihenfolge p, s, d, p ... ist die bei P zu erwartende; bei N, As, Sb, Bi dürfte sie p, s, p, d... sein.

Beim O$^+$ läßt sich das Verhalten der einzelnen Multipletts zum Teil nachprüfen[1]). Zum Dublett $(s\,s\,p\,p)$-$s \cdot {}^2P$ bei 94100 (vgl. Tabelle 52) sind noch zwei höhere Serienglieder bekannt. Die Aufspaltungen dieser drei Dubletts betragen 180 cm^{-1}, 187 cm^{-1}, 193 cm^{-1}, sie nehmen also mit wachsender Laufzahl zu. Ein Blick

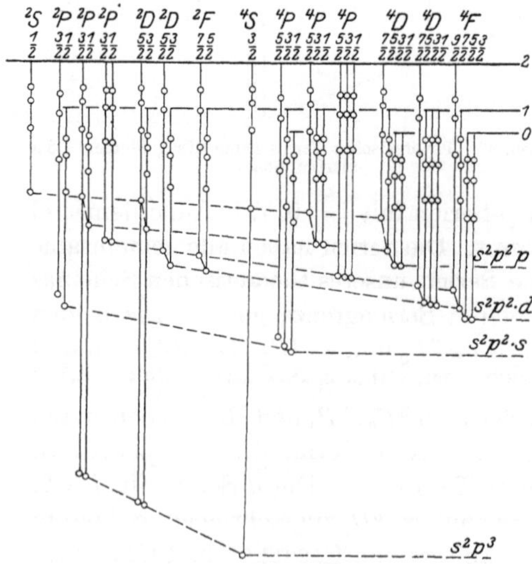

Abb. 39. Theoretisches Termschema eines Elements der fünften Spalte.

1) Der Vergleich zwischen theoretischem und empirischem Termschema ist bei R. H. Fowler u. D. R. Hartree (*105*) ausführlich behandelt.

auf Abb. 39 zeigt, daß die beiden Dublettkomponenten zu verschiedenen Seriengrenzen gehen. Zum Term $s \cdot {}^4P$ bei 100000 mit den Intervallen ${}^4P_2 - {}^4P_1 = 105$, ${}^4P_1 - {}^4P_0 = 109$ ist ebenfalls ein höheres Glied gefunden mit den Intervallen 165 und 105. Abb. 39 zeigt, daß die drei Komponenten von $s\,{}^4P$ zu den drei verschiedenen Grenzen gehen. Das ${}^3P$-Triplett des O^{++}, das der Seriengrenze entspricht, ist wahrscheinlich ein von MILLIKAN und BOWEN gefundenes Termtriplett mit den Aufspaltungen 204 und 107.

Bei N geben die in Abb. 39 niedergelegten Überlegungen eine kleine Stütze für die früher (Tabelle 52, S. 141) ausgesprochene Vermutung, daß die tiefsten nach C. C. KIESS (*103*) im Dublett- und Quartettsystem bekannten Terme die Terme $s\,{}^2P$ und $s\,{}^4P$ sind. Die empirischen Terme ${}^2S$ und ${}^4S$ können nämlich nach Tabelle 52 nur p-Terme sein, daraus folgt aber für ${}^2P$ und ${}^4P$, die mit diesen kombinieren, daß es s- oder d-Terme sind. Nach Abb. 39 geht nun $d\,{}^4P$ zu einer einfachen und $s\,{}^4P$ zu einer dreifachen Seriengrenze. Der empirische ${}^4P$-Term gehört aber einer Serie an, deren Aufspaltungen 47, 34; 70, 44; 72, 44 mit wachsender Laufzahl zunehmen; er hat also eine dreifache Seriengrenze und ist $s\,{}^4P$. Damit ist zunächst das Quartettsystem gedeutet. Da zwischen Quartett- und Dublettermen keine Kombinationen bekannt sind, ist die Lage der Dubletterme noch unsicher. Am wahrscheinlichsten dürfte die Anordnung der Abb. 40 sein. Da ist der tiefste ${}^2P$-Term ein $s\,{}^2P$-Term, die beiden damit kombinierenden ${}^2P$-Terme sind als Glieder einer Serie aufgefaßt, zwischen denen eines fehlt. Neuerdings hat HOPFIELD (*103a*) einige Serien im Ultravioletten gefunden. Eine davon geht von den ${}^4P$-Termen zu einem tiefen Term bei etwa 117000 cm^{-1}, der offenbar der ${}^4S$-Grundterm ist. Zwei andere Serien gehen zu einem tiefen Term bei 98000 cm^{-1}, der ${}^2D$ oder ${}^2P$ sein muß.

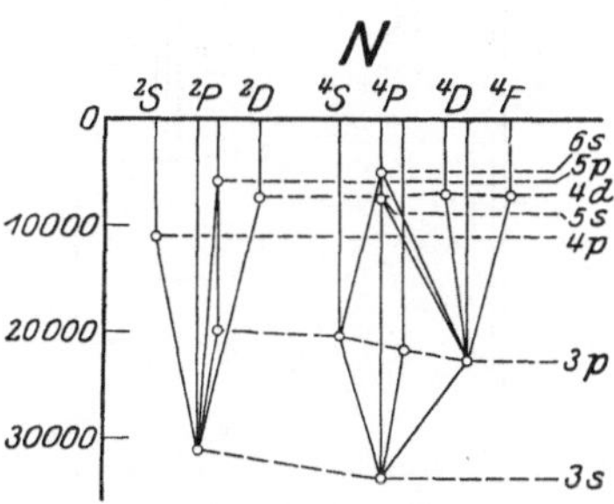

Abb. 40. Termschema des Stickstoffs.

Die wichtigsten Terme der Spektren der *Elemente in der*

sechsten Spalte entstehen aus dem tiefen ^4S-Term der Funkenspektren. Sie gehen also nach einer einfachen Seriengrenze. In der *siebenten Spalte* erwarten wir, dem verkehrten ^3P-Grundterm der Funkenspektren entsprechend, eine dreifache Seriengrenze. Abb. 41 gibt das theoretische Termschema an.

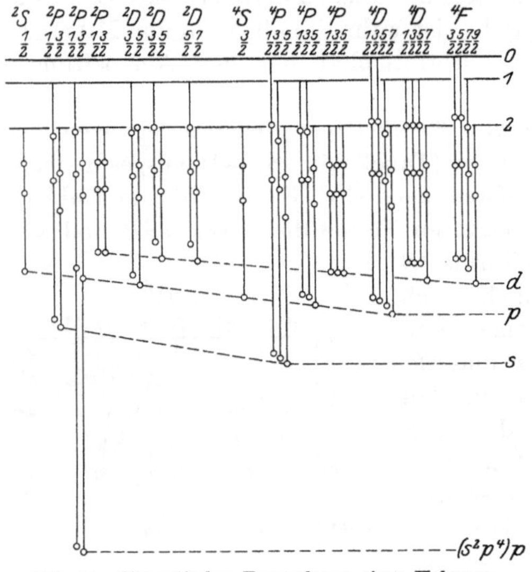

Abb. 41. Theoretisches Termschema eines Halogens.

Die *Spektren der Edelgase* müssen wieder zwei Seriengrenzen ($^2P_{\frac{1}{2}}$ und $^2P_{\frac{3}{2}}$) haben[1]). Von den s-Termen $^1P_1$ $^3P_{012}$ gehen (vgl. Abb. 34) die Terme $^3P_0$ und $^3P_1$ zur Grenze mit $j = \frac{1}{2}$, die hier die höhere ist; die Terme $^3P_2$ und $^1P_1$ gehen zur tieferen Grenze. Von den p-Termen gehen $^3P_0$ $^3P_1$ $^3D_1$ $^3D_2$ zur höheren, die ụbrigen sechs zur tieferen Grenze; von den d-Termen endlich gehen $^3D_1$ $^3D_2$ $^3F_1$ $^3F_2$ zur höheren, die übrigen acht zur tieferen Grenze. Wir versuchen jetzt die von PASCHEN empirisch gefundenen Terme $s_2 s_3 s_4 s_5$ und $p_1 p_2 \ldots p_{10}$ des Neons, sowie die von MEISSNER (*127*) und SAUNDERS (*128*) gefundenen Terme des Argons unseren Symbolen $^3P_0$ $^3P_1 \ldots$ zuzuordnen. Für die höheren Serienglieder ist die Zuordnung fast eindeutig, nur die p-Terme mit gleicher Seriengrenze und gleichem j (p_2 und p_5, p_7 und p_{10}, p_6 und p_8) sind vielleicht noch zu vertauschen. Abb. 42 gibt die Zuordnung für Ne und A.

Was die tieferen Terme anlangt, so ist zunächst bei Argon an

---

[1]) Das Neonspektrum ist bekanntlich das erste Spektrum gewesen, bei dem man das Vorhandensein zweier Seriengrenzen erkannte (F. PASCHEN) und durch zwei verschiedene Zustände des Atomrestes deutete (W. GROTRIAN (*33*)).

der MEISSNERschen Zuordnung der p-Terme zu Serien nicht zu zweifeln; damit ist bei A auch die Zuordnung der tiefen p-Terme zu s- und l-Werten gegeben. Bei den s-Termen legt die Reihenfolge der Terme die Zusammenfassung von $s_3 s_4 s_5$ zum ^3P-Triplett

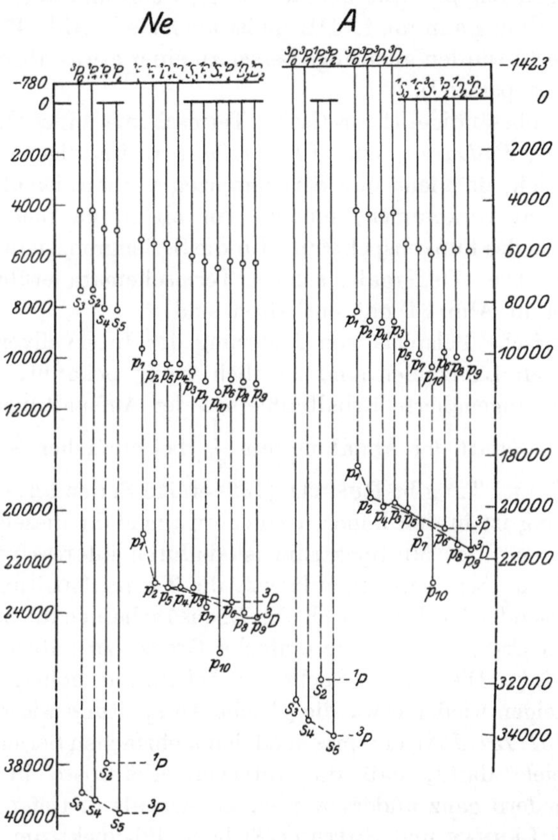

Abb. 42. Deutung der s- und p-Terme von Neon und Argon.

nahe. Bei Neon wird diese Ordnung der s-Terme durch die ZEEMAN-Effekte bestätigt. $s_3 s_4 s_5$ haben nahezu die g-Werte, die aus LANDÉs Formel für die Terme $^3P_0\,^3P_1\,^3P_2$ folgen und s_2 hat den g-Wert von ^1P. Bei den p-Termen ist die g-Formel schon schlechter erfüllt, so daß sie keine eindeutige Zuordnung ermöglicht. Andererseits ist der Abstand der beiden Seriengrenzen geringer als bei A, so daß die PASCHENsche Zuordnung der hohen $p_1 p_2 \ldots p_{10}$-Terme zu den tiefen $p_1 p_2 \ldots p_{10}$-Termen nicht unbedingt richtig zu sein braucht, wenn sie auch nach den n^*-Werten die wahrscheinlichste ist. Man erhält aber fast die gleiche relative Lage der tiefen p-Terme bei Ne und A, wenn man die PASCHENsche Zuordnung annimmt. Darum ist auch sie in Abb. 42 gewählt. Die g-Werte würden allerdings besser zu einer etwas abgeänderten Zuordnung passen[1]).

Das vollständige theoretische Termschema eines Elementes der *Eisen-*, *Palladium-* oder *Platinreihe* wird im allgemeinen sehr umfangreich, da nicht nur Seriengrenzen verhältnismäßig hoher Multiplizität vorkommen, sondern vor allem, da mehrere tiefe Multipletts des Funkenspektrums für die Seriengrenzen in Betracht kommen. Die Wiedergabe solcher Termschemata erübrigt sich, da sie ja in Abb. 34 mit enthalten sind.

Empirische Beispiele von Änderung der Intervallverhältnisse bei höheren Laufzahlen sind ziemlich wenig bekannt. Häufiger schon das angenäherte Erhaltenbleiben der Aufspaltungsweite in einer Serie (statt der Abnahme mit $\frac{1}{n^{*3}}$ bei einfacher Grenze).

Bei Ti und Ti^+ gibt RUSSELL (*139*) einige Serien an; die Termaufspaltung ist in den höheren Gliedern ungefähr dieselbe wie in den tieferen. Das Mn-Spektrum ist dadurch interessant, daß es eine einfache Seriengrenze aufweist, die Termaufspaltung nimmt mit wachsender Laufzahl rasch ab. Ebenso scheinen die bekannten Serien im Cr-Spektrum eine einfache Grenze zu haben, nämlich ^6S des Cr^+. Die im Fe-Spektrum bekannten höheren Serienglieder zeigen wieder etwa die gleiche Aufspaltung wie die tiefen Terme (*151, 157, 158*), entsprechend den mehrfachen Seriengrenzen.

Beispiele dafür, daß die Intervallverhältnisse in höheren Seriengliedern ganz anders werden können als in tiefen Termen, geben MCLENNAN und SMITH (*178*) beim Pd-Spektrum. Abb. 43 gibt das Termschema mit den empirisch gefundenen Termen. Betrachten wir z. B. die $s\,^3D$-Serie: im tiefsten Glied sind die Intervalle 1191 ($^3D_2 - {}^3D_3$) und 2339 ($^3D_1 - {}^3D_2$), im höheren Glied 3783 und — 251, in einem dritten Glied ist nur das Intervall

[1]) Auf Grund der ZEEMAN-Effekte hatten S. GOUDSMIT (*69*) und ich (*71*) eine etwas andere Zuordnung angegeben. Vgl. auch S. GOUDSMIT und G. E. UHLENBECK (*75*).

36 von $^3D_1$ und $^3D_2$ bekannt. Man sieht wie $^3D_2$ und $^3D_1$ zusammenrücken. Die Terme $d\,^3P$, $d\,^3D$, $d\,^3F$ und $d\,^3G$ haben ebenfalls ganz anomales Intervallverhältnis, nämlich:

$d\,^3P$	3375,	486,
$d\,^3D$	3501,	— 40,
$d\,^3F$	3536,	— 6,
$d\,^3G$	3258,	285.

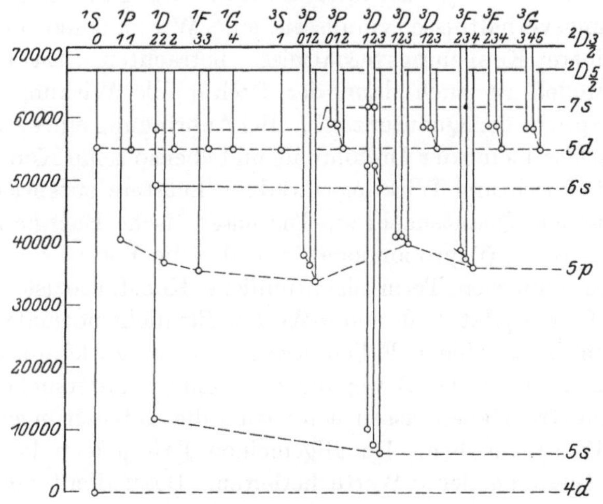

Abb. 43. Termschema des Palladiums.

Der Grund ist das Zusammenrücken der beiden Komponenten mit kleinerem j zu einer Seriengrenze.

§ 41. ZEEMAN-Effekte nicht normaler Multipletts.

Im § 23 haben wir Regeln kennengelernt für das Verhalten der Spektralterme im Magnetfeld bei den Koppelungsverhältnissen

$$\{[(\mathfrak{s}_1\mathfrak{s}_2\ldots)\,(\mathfrak{l}_1\mathfrak{l}_2\ldots)]\mathfrak{H}\}$$

(schwaches Feld) und

$$\{[(\mathfrak{s}_1\mathfrak{s}_2\ldots)\,\mathfrak{H}]\,[(\mathfrak{l}_1\mathfrak{l}_2\ldots)\mathfrak{H}]\}$$

(starkes Feld), d. h. für normale Termordnung. Es galt dabei folgender Summensatz (Pauli): Die Summe der magnetischen Energien aller Terme mit gleichem m, aber verschiedenem j, die zu einem Multiplett $(s\,l)$ gehören, ist im schwachen Feld und im starken Feld die gleiche, wenn sie an der normalen Energie $h\,o$ gemessen wird

$$\sum_{j} m\,g = \sum_{j} m_l + 2\,m_s. \qquad (1)$$

Für nicht normale Termordnung zeigen die bisher gewonnenen empirischen Ergebnisse andere Zeeman-Effekte, was auch zu verstehen ist, da wir ja bei ihrer theoretischen Ableitung normale Koppelungsverhältnisse voraussetzten. Wir müssen also jetzt allgemeinere Koppelungsverhältnisse betrachten. Im mechanischen Modell ist auch dann der Drehimpuls Wirkungsvariable und entspricht der Quantenzahl j. Bei Anbringung eines *schwachen Magnetfeldes* bleibt der Drehimpuls und ebenso seine Komponente in der Feldrichtung Wirkungsvariable. Letztere entspricht einer magnetischen Quantenzahl m. Die magnetische Energie ist auch hier dem cos $(\mathfrak{j}\,\mathfrak{H})$ proportional, hat also die Form $h\,o\,m \cdot g$, wo g eine dem feldfreien Term eigentümliche Konstante ist.

Wir fragen jetzt nach den g-Werten für nicht normale Koppelung. Um in beliebigen Fällen etwas aussagen zu können, müßte man die mechanische Bewegung des Modells untersuchen. Nur in einigen Grenzfällen lassen sich wieder die Aufspaltungen in einfacher Weise angeben. Im allgemeinen Fall jedoch lassen sich gewisse Summen der g-Werte herleiten. Dazu dient eine etwas erweiterte Fassung des oben genannten Summensatzes:

Wenn außer m noch andere der einen Term kennzeichnenden Quantenzahlen $l_1 l_2 \ldots l\,s\,j \ldots$ bei einer Änderung des Magnetfeldes und der Koppelungsverhältnisse ihre physikalische Bedeutung (als Drehimpuls usw.) beibehalten, so bleibt die Summe der magnetischen Energien aller zu einem Wert dieser Quantenzahlen gehörenden Terme bei Änderung der Koppelungsverhältnisse eine lineare Funktion der Feldstärke. Mißt man die Energie an der normalen $h\,o$ und läßt man von $\mathfrak{H}$ unabhängige Glieder weg, so bleibt die Summe der magnetischen Energien konstant.

Der erstgenannte Summensatz folgt hieraus für normale Koppelung und den Übergang von einem schwachen Feld zu einem Feld, das stark ist gegen die Wechselwirkung von l und s, aber noch nicht die Anordnung der Multipletts im ganzen stört (starkes

Feld des § 15 und § 23). $l_1, l_2 \ldots l$, s und m behalten ihre physikalische Bedeutung, nur j verliert sie.

Wir benutzen jetzt unseren allgemeinen Summensatz zu Aussagen über die ZEEMAN-Effekte bei nicht normaler Termordnung. Dazu bieten sich uns zwei Wege. Wir betrachten die Terme, die aus einem bestimmten Zustand (LS) des Ions durch Hinzufügung eines Elektrons $(\lambda\sigma)$ entstehen. Beim ersten Weg vergleichen wir nach LANDÉ (*56*) den Fall des schwachen Feldes

$$\{(S L \sigma \lambda)\mathfrak{H}\}$$

mit dem eines Feldes, dessen Einwirkung groß ist gegen alle Wechselwirkungen von S, L, σ und λ

$$[(S\mathfrak{H})\,(\sigma\mathfrak{H})\,(L\mathfrak{H})\,(\lambda\mathfrak{H})].$$

Beim Übergang vom einen zum andern Fall verliert z. B. j seine physikalische Bedeutung, aber m behält seine bei; im zweiten Fall ist

$$m = m_S + m_\sigma + m_L + m_\lambda.$$

Es gilt also $\sum\limits_j mg = \sum\limits_m 2m_S + 2\,m_\sigma + m_L + m_\lambda$, wobei über alle Terme zu summieren ist, die zu gleichem $(L S \lambda)$ gehören. Wenn zu einem m nur ein j gehört, so ist damit das betreffende g eindeutig bestimmt.

Der andere Weg, g-Summen zu finden, beruht auf folgender Überlegung: Wir gehen von den normalen Koppelungsverhältnissen und schwachem Feld

$$\{[(S\sigma)\,(L\lambda)]\,\mathfrak{H}\}$$

zu den allgemeinen Koppelungsverhältnissen und schwachem Feld über, also zu

$$\{[S\sigma L\lambda]\,\mathfrak{H}\}.$$

Beim Übergang behält j und m seine physikalische Bedeutung. Die Summe der g-Werte der zu gleichem j und zu gleichem $(L S \lambda)$ gehörenden Terme ist also im allgemeinen Fall die gleiche wie bei normaler Termordnung.

Als Beispiel für diese Überlegungen benutzen wir (mit LANDÉ) die ZEEMAN-Effekte der Neonterme. Betrachten wir zunächst die s-Terme. Die für den ersten Weg der Ableitung nötigen Angaben enthält Tabelle 84.

Tabelle 84.

$m_L\, m_S\, m_\sigma$	m	$2(m_S+m_\sigma)+m_L$	Σmg	Σg
$1\;\frac{1}{2}\;\frac{1}{2}$	2	3	3	$\frac{3}{2}$
$1\;\frac{1}{2}\;-\frac{1}{2}$		1		
$1\;-\frac{1}{2}\;\frac{1}{2}$	1	1	4	$\frac{3}{2}+\frac{5}{2}$
$0\;\frac{1}{2}\;\frac{1}{2}$		2		

Spalte 1 gibt die möglichen m_L-, m_S-, m_σ-Werte für die in Spalte 2 angegebenen Werte $m = 2$ und $m = 1$; Spalte 3 gibt die Aufspaltung im starken Feld; Spalte 4 die Summe der Aufspaltungen im schwachen Feld. Da $m = 2$ nur zu $j = 2$ gehört, folgt sofort $g = \frac{3}{2}$ für den einen Term mit $j = 2$. $m = 1$ gehört zum Term mit $j = 2$ und zwei Termen mit $j = 1$. Für letztere bleibt die g-Summe $\frac{5}{2}$ übrig. Der vierte s-Term hat $j = 0$, spaltet also nicht auf.

Beim zweiten Weg der Ableitung beachten wir, daß die vier s-Terme den Termen ${}^1P_1\;{}^3P_0\;{}^3P_1\;{}^3P_2$ einer normalen Termordnung entsprechen. Daraus folgt sofort für den Term mit $j = 2$ der g-Wert $\frac{3}{2}$ des ${}^3P_2$-Terms; für die Terme mit $j = 1$ folgt die Summe $\frac{5}{2}$ der g-Werte $\frac{3}{2}$ von ${}^3P_1$ und 1 von ${}^1P_1$.

Entsprechend kann man g-Summen für die p- und d-Terme des Neons ableiten und erhält die von Landé angegebenen Werte der Tabelle 85. Das Zeichen $\frac{5}{2} : 2$ bedeutet, daß die Summe $\frac{5}{2}$ sich in unbekannter Weise auf zwei g-Werte verteilt.

Tabelle 85.

j	0	1	2	3	4
s	$\frac{0}{0}$	$\frac{5}{2} : 2$	$\frac{3}{2}$		
p	$\frac{0}{0}$	$5 : 4$	$\frac{11}{3} : 4$	$\frac{4}{3}$	
d	$\frac{0}{0}$	$3 : 3$	$\frac{13}{3} : 3$	$\frac{41}{12} : 3$	$\frac{5}{4}$

Wir vergleichen sie mit den von Back gemessenen Werten der s- und p-Terme.

Tabelle 86.

j	Term	g	g-Summe
0	s_3	$\frac{0}{0}$	
1	s_2 s_4	1,034 1,464	2,498
2	s_5	1,503	

Tabelle 86 (Fortsetzung).

j	Term	g	g-Summe
0	p_1	$\frac{0}{0}$	
	p_3	$\frac{0}{0}$	
1	p_2	1,340	5,992
	p_5	0,999	
	p_7	1,669	
	p_{10}	1,984	
2	p_4	1,301	3,667
	p_6	1,229	
	p_8	1,137	
3	p_9	1,329	

Für Terme in der Nähe der Seriengrenzen lassen sich etwas genauere Angaben machen. Nach PAULI betrachte man dann ein Feld, dessen Aufspaltung klein ist gegen den Abstand der verschiedenen Seriengrenzen, aber groß gegen den Abstand von Termen mit gleichem Anregungszustand des Leuchtelektrons und gleicher Seriengrenze. Die Aufspaltung in diesem „mittelstarken Feld" setzt sich zusammen aus der Aufspaltung $m g_{\text{schwach}}$ des Terms des Atomrestes und der Aufspaltung $m_\lambda + 2\, m_\sigma$, die vom Leuchtelektron herrührt. Von diesen Aufspaltungen schließt

Tabelle 87.

$L\ \lambda$	J	m_L	m_S	m_σ	m_J	Aufspaltung	m	Σg
1 0	$\frac{3}{2}$	1	$\frac{1}{2}$	$\frac{1}{2}$	$\frac{3}{2}$	$2+1$	2	$\frac{3}{2}$
				$-\frac{1}{2}$		-1	1	$\frac{3}{2}+\frac{7}{6}$
			$-\frac{1}{2}$	$\frac{1}{2}$	$\frac{1}{2}$	$\frac{2}{3}+1$	1	
				$-\frac{1}{2}$		-1	0	$\frac{3}{2}+\frac{7}{6}+\frac{0}{0}$
		0	$-\frac{1}{2}$	$\frac{1}{2}$	$-\frac{1}{2}$	$-\frac{2}{3}+1$	0	
				$-\frac{1}{2}$		-1	-1	$\frac{3}{2}+\frac{7}{6}$
		-1	$-\frac{1}{2}$	$\frac{1}{2}$	$-\frac{3}{2}$	$-2+1$	-1	
				$-\frac{1}{2}$		$+1$	-2	$\frac{3}{2}$
	$\frac{1}{2}$	0	$\frac{1}{2}$	$\frac{1}{2}$	$\frac{1}{2}$	$\frac{1}{3}+1$	1	$\frac{4}{3}$
				$-\frac{1}{2}$		-1	0	$\frac{4}{3}+\frac{0}{0}$
		-1	$\frac{1}{2}$	$\frac{1}{2}$	$-\frac{1}{2}$	$-\frac{1}{3}+1$	0	
				$-\frac{1}{2}$		-1	-1	$\frac{4}{3}$

man dann mit Hilfe des Summensatzes auf g-Summen für die hochangeregten Terme.

Von den vier s-Termen des Neons, die ${}^1P_1\,{}^3P_0\,{}^3P_1\,{}^3P_2$ einer normalen Termordnung entsprechen, gehen ${}^3P_2$ und ${}^1P_1$ zur tieferen Seriengrenze (${}^2P_{\frac{3}{2}}$ von Ne^+) und ${}^3P_1$ und ${}^3P_0$ zur höheren (${}^2P_{\frac{1}{2}}$ von Ne^+), wie aus Abb. 34 folgt. Da zu jeder Grenze von jedem j höchstens ein Term gehört, erhalten wir eindeutige g-Werte. In Tabelle 87 sind zu $L\lambda J$ die möglichen Werte von $m_L m_s m_\sigma$ aufgeschrieben, dahinter $m_J = m_L + m_s$. Die nächste Spalte gibt dann die Aufspaltung $m_J g + 2\,m_\sigma$ im mittelstarken Feld. Durch Division durch m und Addition der zu gleichem m gehörenden Terme folgt $\Sigma\, g$ für schwache Felder; die Summe zerfällt auf die in der letzten Spalte angegebene Weise in einzelne g-Werte.

Tabelle 88.

	g normale Ordnung	g allgemein	g Seriengrenze	g beobachtet
s ${}^3P_0$	$\frac{0}{0}$	$\frac{0}{0}$	$\frac{0}{0}$	$\frac{0}{0}$
${}^3P_1$	$\frac{3}{2}$	$\frac{5}{2}:2$ (${}^3P_1$, ${}^1P_1$)	$\frac{4}{3}$	1,46
${}^1P_1$	1		$\frac{7}{6}$	1,03
${}^3P_2$	$\frac{3}{2}$	$\frac{3}{2}$	$\frac{3}{2}$	1,50
p ${}^3P_0$	$\frac{0}{0}$	$\frac{0}{0}$	$\frac{0}{0}$	$\frac{0}{0}$
${}^1S_0$	$\frac{0}{0}$	$\frac{0}{0}$	$\frac{0}{0}$	$\frac{0}{0}$
${}^3P_1$	$\frac{3}{2}$	$5:4$ (${}^3P_1$, ${}^3D_1$, ${}^1P_1$, ${}^3S_1$)	$\frac{13}{6}:2$ (${}^3P_1$, ${}^3D_1$)	1,34 0,67 1,00 1,98 (${}^3P_1$, ${}^3D_1$, ${}^1P_1$, ${}^3S_1$)
${}^3D_1$	$\frac{1}{2}$			
${}^1P_1$	1		$\frac{17}{6}:2$ (${}^1P_1$, ${}^3S_1$)	
${}^3S_1$	2			
${}^3D_2$	$\frac{7}{6}$	$\frac{11}{3}:3$ (${}^3D_2$, ${}^3P_2$, ${}^1D_2$)	$\frac{7}{6}$	1,23 1,30 1,14 (${}^3D_2$, ${}^3P_2$, ${}^1D_2$)
${}^3P_2$	$\frac{3}{2}$		$\frac{5}{2}:2$ (${}^3P_2$, ${}^1D_2$)	
${}^1D_2$	1			
${}^3D_3$	$\frac{4}{3}$	$\frac{4}{3}$	$\frac{4}{3}$	1,33

Für die p-Terme erhält man auf entsprechende Weise g-Summen für ein oder zwei Terme. In Tabelle 88 sind für die s- und p-Terme die LANDÉschen g-Werte für normale Termordnung, die g-Summen für beliebige Termordnung, die g-Summen für hochangeregte Terme und schließlich die beim tiefsten Serienglied beobachteten g-Werte angegeben.

Wir hatten früher gesehen, daß in allen Fällen, wo Terme auf anderen als S-Termen des Rumpfes aufgebaut sind, in höheren Seriengliedern die normale Termordnung mehr und mehr abgeändert wird. Unsere jetzigen Betrachtungen lehren uns, daß dann auch die g-Werte mehr und mehr von den LANDÉschen abweichen müssen. Es gilt also nicht mehr die PRESTONsche Regel.

Diese g-Werte interessieren uns für alle Zwischenfälle zwischen den Koppelungen

$$\{(S\sigma)\,(L\lambda)\}$$

und (Seriengrenze):

$$(S L)\,\sigma\lambda\,.$$

Im allgemeinen Zwischenfall ist jedoch die Bewegung und die Energie nicht in einfacher Weise anzugeben. Nur wo die Koppelung sich wieder einem einfachen Fall nähert, können wir Einzel-g-Werte berechnen. Es kommen dafür folgende Grenzfälle in Betracht:

$$\{[(S\sigma)\,L]\,\lambda\}\,,$$
$$\{[(S L)\,\sigma]\,\lambda\}\,,$$
$$\{(S L)\,(\sigma\lambda)\}\,.$$

In Wirklichkeit wird nie einer dieser Fälle angenähert verwirklicht sein. Man kann also aus den berechneten g-Werten nur dann auf die Wirklichkeit schließen, wenn sie für die drei Fälle nicht sehr verschieden sind.

Die g-Werte für diese Fälle sind von GOUDSMIT und UHLENBECK berechnet (*75*).

Literatur.

Ältere spektroskopische Arbeiten.

(1) J. J. BALMER: Wied. Ann. Bd. 25, S. 80. 1885 (Balmer-Formel).

(2) J. R. RYDBERG: K. Svenska Akad. Handl. Bd. 23, 1889 (Seriengesetze).

(3) H. KAYSER u. C. RUNGE: Abh. d. Akad. d. Wiss. Berlin, zahlreiche Arbeiten 1889—1894 (Erforschung von Spektren).

(4) W. RITZ: Physikal. Zeitschr. Bd. 4, S. 406. 1903; Ges. Werke S. 78 (Ritz-Formel).

(5) W. RITZ: Physikal. Zeitschr. Bd. 9, S. 521. 1908; Ges. Werke S. 141 (Kombinationsprinzip).

(6) H. G. J. MOSELEY: Philosoph. mag. Bd. 26, S. 1024. 1913; Bd. 27. S. 703. 1914 (Röntgenspektren).

Quantentheorie des Atoms. Allgemeines.

Monographien und Lehrbücher:

(7) N. BOHR: Abhandlungen uber Atombau. Braunschweig 1921.

(8) N. BOHR: Die Quantentheorie der Linienspektren. Braunschweig 1923.

(9) A. SOMMERFELD: Atombau und Spektrallinien. 4. Aufl. Braunschweig 1924.

(10) E. BACK u. A. LANDÉ: Zeemaneffekt und Multiplettstruktur. Berlin 1925 (Bd. 1 dieser Sammlung).

(11) M. BORN: Vorlesungen über Atommechanik I. Berlin 1925 (Bd. 2 dieser Sammlung).

(12) M. BORN: Probleme der Atomdynamik. Berlin 1926.

(13) W. PAULI: Quantentheorie. Handb. d. Physik (GEIGER u. SCHEEL) Bd. 23, Kap. 1. 1926.

(14) J. FRANCK u. P. JORDAN: Anregung von Quantensprungen durch Stöße. Berlin 1926 (Bd. 3 dieser Sammlung).

Abhandlungen:

(15) N. BOHR: Philosoph. mag. Bd. 26, S. 1 u. 476. 1913 und zahlreiche Arbeiten in den folgenden Jahren (vgl. 7). (Grundlegung der Quantentheorie des Atoms.)

(16) P. EHRENFEST: Proc. of the roy. acad. Amsterdam Bd. 16, S. 591. 1914; Ann. d. Physik Bd. 51, S. 327. 1916 (Adiabatenhypothese).

(17) W. KOSSEL: Verhandl. d. dtsch. physikal. Ges. Bd. 16, S. 898 u. 953. 1914; Bd. 18, S. 339. 1916 (Röntgenspektren).

(*18*) W. Kossel: Ann. d. Physik Bd. 49, S. 229. 1916 (Atombau und chemische Eigenschaften).
(*19*) W. Pauli: Physikal. Zeitschr. Bd. 21, S. 615. 1920 (Magneton).
(*20*) R. Ladenburg: Zeitschr. f. Elektrochem. Bd. 26, S. 262. 1920 (Periodisches System der Elemente).
(*21*) N. Bohr: Zeitschr. f. Physik Bd. 9, S. 1. 1922 (Periodisches System der Elemente).
(*22*) E. C. Stoner: Philosoph. mag. Bd. 48, S. 719. 1924 (Besetzungszahlen der Elektronenschalen).
(*23*) H. G. Grimm u. A. Sommerfeld: Zeitschr. f. Physik Bd. 36, S. 36. 1926 (Atombau und chemische Eigenschaften).
(*24*) W. Heisenberg: Zeitschr. f. Physik Bd. 33, S. 879. 1925 (Grundlegung der neuen Quantenmechanik).
(*25*) M. Born u. P. Jordan: Zeitschr. f. Physik Bd. 34, S. 858. 1925. — P. A. M. Dirac: Proc. of the roy. soc. of London, Ser. A. Bd. 109, S. 642; Bd. 110, S. 561. 1926. — M. Born, W. Heisenberg und P. Jordan: Zeitschr. f. Physik Bd. 35, S. 557. 1926 (Ausbau der neuen Quantenmechanik).
(*26*) L. de Broglie: Ann. de physique Ser. 10, Bd. 2, S. 22. 1925 (Wellentheorie der Materie). — E. Schrödinger: Ann. d. Physik Bd. 79, S. 361, 489 u. 734; Bd. 80, S. 437; Bd. 81, S. 109. 1926 (Quantisierung als Eigenwertproblem).
(*27*) W. Heisenberg: Zeitschr. f. Physik Bd. 38, S. 411. 1926 (Resonanz).

Formale Beschreibung und modellmäßige Deutung der Linienspektren.

Wasserstoffatom:

(*15*) N. Bohr: l. c.
(*28*) A. Sommerfeld: Ann. d. Physik Bd. 51, S. 1. 1916 (Relativistische Feinstruktur).

Leuchtelektron:

(*29*) A. Sommerfeld: Münch. Akad. 1915, S. 425 u. 459; 1916, S. 131 (*s*-, *p*-, *d*-Terme, raumliche Quantelung).
(*30*) W. Kossel u. A. Sommerfeld: Verhandl. d. dtsch. physikal. Ges. Bd. 21, S. 240. 1919 (Verschiebungssatz).
(*31*) E. Schrödinger: Zeitschr. f. Physik Bd. 4, S. 347. 1921 (Tauchbahnen).
(*32*) G. Wentzel: Zeitschr. f. Physik Bd. 6, S. 84. 1921 (Systematik der Röntgenspektren).
(*33*) W. Grotrian: Zeitschr. f. Physik Bd. 8, S. 116. 1921 (Seriengrenzen des Neon).
(*34*) R. Becker: Zeitschr. f. Physik Bd. 9, S. 332. 1922 (Stark-Effekt der Alkalien).
(*35*) E. Fues: Zeitschr. f. Physik Bd. 11, S. 364. 1922; Bd. 12, S. 1; Bd. 13, S. 211. 1923 (Leuchtelektron im Zentralfeld).
(*36*) G. Wentzel: Physikal. Zeitschr. Bd. 24, S. 104. 1923; Bd. 25, S. 182. 1924 (Verschobene Terme).
(*37*) N. Bohr u. D. Coster: Zeitschr. f. Physik Bd. 12, S. 342. 1923 (Röntgenterme).
(*38*) M. Born u. W. Heisenberg: Zeitschr. f. Physik Bd. 23, S. 388. 1924 (Polarisierbarkeit des Atomrumpfes).

(39) R. LADENBURG: Zeitschr. f. Physik Bd. 28, S. 51. 1924 (STARK-Effekt am Na).
(40) D. R. HARTREE: Proc. of the roy. soc. of London. Ser. A Bd. 106, S. 552. 1924; Proc. of the Cambridge philos. soc. Bd. 21, S. 625. 1925 (Berechnung von Termgrößen fur außere und eindringende Bahnen).
(41) E. SCHRÖDINGER: Ann. d. Physik Bd. 77, S. 43. 1925 (Polarisierbarkeit des Atomrumpfes).
(42) K. B. LINDSAY: Americ. journ. of the opt. soc. Bd. 11, S. 17. 1925 (Berechnung von Termgrößen für eindringende Bahnen).
(43) A. UNSÖLD: Zeitschr. f. Physik Bd. 36, S. 92. 1926 (Termgrößen fur äußere Bahnen).

Einfaches (*s*, *l*, *j*)-Vektormodell (einschl. ZEEMAN-Effekt):

(44) A. LANDÉ: Verhandl. d. dtsch. physikal. Ges. Bd. 21, S. 585. 1919 (Vektormodell).
(45) A. SOMMERFELD: Ann. d. Physik Bd. 63, S. 221. 1920; Bd. 70, S. 32. 1923 (Innere Quantenzahl).
(46) A. LANDÉ: Zeitschr. f. Physik Bd. 5, S. 231. 1921; Bd. 7, S. 398. 1921 (Anomaler ZEEMAN-Effekt fur Dublett- und Triplettspektren).
(47) A. SOMMERFELD: Zeitschr. f. Physik Bd. 8, S. 257. 1922 (Na-ZEEMAN-Effekt in schwachen und starken Feldern).
(48) W. HEISENBERG: Zeitschr. f. Physik Bd. 8, S. 273. 1922 (Zur Theorie des anomalen ZEEMAN-Effektes).
(49) A. LANDÉ: Zeitschr. f. Physik Bd. 15, S. 189. 1923 (Allgemeine *g*-Formel).
(50) W. PAULI: Zeitschr. f. Physik Bd. 16, S. 155. 1923 (Summenregel, Aufspaltung in starken Feldern).
(51) A. LANDÉ: Zeitschr. f. Physik Bd. 19, S. 112. 1923 (Übergang vom schwachen zum starken Feld).
(52) W. PAULI: Zeitschr. f. Physik Bd. 20, S. 371. 1923 (Begründung der Zuordnung von schwachem zu starkem Feld).
(53) A. LANDÉ: Zeitschr. f. Physik Bd. 25, S. 46. 1924 (Dublettaufspaltung).
(53a) H. N. RUSSELL: Science Bd. 69, S. 512. 1924 (Kombinationsregel).
(54) A. LANDÉ u. W. HEISENBERG: Zeitschr. f. Physik Bd. 25, S. 279. 1924 (Verzweigungssatz).
(55) W. HEISENBERG: Zeitschr. f. Physik Bd. 26, S. 291. 1924 (Zur Theorie des anomalen ZEEMAN-Effektes).
(56) A. LANDÉ: Ann. d. Physik Bd. 76, S. 273. 1925 (ZEEMAN-Effekt bei Multipletts hoherer Stufe).
(57) W. THOMAS: Zeitschr. f. Physik Bd. 34, S. 586. 1925 (STARK-Effekt der Alkalien).

Intensitäten von Spektrallinien:

(58) H. A. KRAMERS: Intensities of spectral lines. Diss. Leyden. Kopenhagen 1919. (Anwendung des Korrespondenzprinzips auf Intensitäten, bes. der Linien des STARK-Effektes von Wasserstoff.)
(59) A. SOMMERFELD u. W. HEISENBERG: Zeitschr. f. Physik Bd. 11, S. 131. 1922 (Korrespondenzmäßige Überlegungen für Multiplett- und ZEEMAN-Komponenten).

(*60*) H. B. DORGELO: Zeitschr. f. Physik Bd. 13, S. 206. 1923; Bd. 22, S. 170. 1924 (Ganzzahlige Verhältnisse bei Multiplettkomponenten, Intensitätssummen und j-Werte).

(*61*) H. C. BURGER u. H. B. DORGELO: Zeitschr. f. Physik Bd. 23, S. 258. 1924 (Intensitätsregeln für Multiplettkomponenten).

(*62*) L. S. ORNSTEIN u. H. C. BURGER: Zeitschr. f. Physik Bd. 28, S. 135; Bd. 29, S. 241. 1924. — S. GOUDSMIT u. R. DE L. KRONIG: Naturwissenschaften Bd. 13, S. 90. 1925. — H. HÖNL: Zeitschr. f. Physik Bd. 31, S. 340. 1925 (Intensitätsregeln fur ZEEMAN-Komponenten).

(*63*) W. HEISENBERG: Zeitschr. f. Physik Bd. 31, S. 617. 1925 (Korrespondenzmaßige Auffassung der BURGER-DORGELOschen Summenregeln).

(*64*) R. DE L. KRONIG: Zeitschr. f. Physik Bd. 31, S. 885. 1925; Bd. 33, S. 261. 1925. — A. SOMMERFELD u. H. HONL: Sitzungsber. d. preuß. Akad. d. Wiss., 1925, S. 141. — H. N. RUSSELL: Nature Bd. 115, S. 835. 1925; Proc. of the nat. acad. of sciences (U. S. A.) Bd. 11, S. 314. 1925 (Intensitäten von Multiplettkomponenten).

(*65*) H. HONL: Ann. d. Physik Bd. 79, S. 273. 1926 (Zusammenfassende systematische Darstellung).

Allgemeines Vektormodell:

(*66*) H. N. RUSSELL u. F. A. SAUNDERS: Astrophys. journ. Bd. 61, S. 38. 1925 (Addition der Bahndrehimpulse).

(*67*) G. WENTZEL: Zeitschr. f. Physik Bd. 31, S. 445. 1925 (Röntgenfunkenspektren).

(*68*) W. PAULI: Zeitschr. f. Physik Bd. 31, S. 765. 1925 (Vier Quantenzahlen pro Elektron, Regel für äquivalente Bahnen, Schalenabschluß).

(*69*) S. GOUDSMIT: Zeitschr. f. Physik Bd. 32, S. 794. 1925 (Ableitung von s und l aus den Quantenzahlen der Elektronen).

(*70*) W. HEISENBERG: Zeitschr. f. Physik Bd. 32, S. 841. 1925 (Vergleich der Formalismen fur die (sl)-Wechselwirkung. Auswahlregeln).

(*71*) F. HUND: Zeitschr. f. Physik Bd. 33, S. 345. 1925 (Deutung verwickelter Spektren, Regeln für die Termlage).

(*72*) F. HUND: Zeitschr. f. Physik Bd. 33, S. 855. 1925 (Deutung des Magnetismus der seltenen Erden).

(*73*) F. HUND: Zeitschr. f. Physik Bd. 34, S. 296. 1925 (Seriengrenzen der Multiplettkomponenten, g-Werte für nichtnormale Termordnung).

(*74*) G. E. UHLENBECK u. S. GOUDSMIT: Naturwissenschaften Bd. 13, S. 953. 1925; Nature Bd. 117, S. 264. 1926 (Hypothese des Kreiselelektrons).

(*75*) S. GOUDSMIT u. G. E. UHLENBECK: Zeitschr. f. Physik Bd. 35, S. 618. 1926 (g-Werte für nichtnormale Termordnung).

(*76*) K. BECHERT u. M. A. CATALÁN: Zeitschr. f. Physik Bd. 37, S. 658. 1926 (Empirische Regelmaßigkeiten in Spektren).

(*77*) O. LAPORTE: Americ. journ. of the opt. soc. Bd. 13, S. 1. 1926 (Deutung der Spektren der zweiten großen Periode).

(*78*) J. C. SLATER: Physical review Bd. 28, S. 291. 1926 (Quantitative Untersuchung der Wechselwirkung der Drehimpulse, Regel für regelrechte und verkehrte Terme).

(*79*) G. Breit: Physical review Bd. 28, S. 334. 1926 (Zuordnungsfragen).

(*79 a*) O. Laporte: Zeitschr. f. Physik Bd. 39, S. 123. 1926 (Vergleich der großen Perioden).

(*79b*) O. Laporte u. A. Sommerfeld: Zeitschr. f. Physik Bd. 40, S.333. 1926 (Magnetismus in der Eisenreihe).

Berechnung von Spektraltermen.

(*80*) H. A. Kramers: Zeitschr. f. Physik Bd. 13, S. 312. 1923 (Grundzustand des Helium).

(*81*) M. Born u. W. Heisenberg: Zeitschr. f. Physik Bd. 16, S. 229. 1923 (Angeregte Zustande des Helium).

(*82*) P. A. M. Dirac: Proc. of the roy. soc. of London, Ser. A Bd. 110, S. 561. 1926. — W. Pauli: Zeitschr. f. Physik Bd. 36, S. 336. 1926 (H-Spektrum).

(*83*) W. Heisenberg u. P. Jordan: Zeitschr. f. Physik Bd. 37, S. 263. 1926 (Zeeman-Effekt, Dublettaufspaltung).

(*84*) L. H. Thomas: Nature Bd. 117, S. 514. 1926 (Wechselwirkung von s und l des Elektrons).

(*85*) I. Waller: Zeitschr. f. Physik Bd. 38, S. 635. 1926 (Stark-Effekt) zweiter Ordnung des H).

(*86*) W. Heisenberg: Zeitschr. f. Physik Bd. 39, S. 499. 1926 (Heliumspektrum).

Termdarstellung und Deutung einzelner Spektren.

Es sind nur die nach Abschluß von (*87*) und (*88*) erschienenen Arbeiten angegeben. Was die zugrunde liegenden Messungen anlangt, muß auf die in den einzelnen Arbeiten angegebenen Quellen verwiesen werden.

Allgemeines:

(*87*) F. Paschen u. R. Götze: Seriengesetze der niLienspektren. Berlin 1922.

(*88*) A. Fowler: Report on series and line spectra. London 1922.

(*89*) H. N. Russell: A list of ultimate and penultimate lines of astrophysical interest. Astrophys. journ. Bd. 61, S. 223. 1925.

Einzelne Spektren:

H: (*90*) S. Goudsmit u. G. E. Uhlenbeck: Physica Bd. 5, S. 266. 1925.

(*91*) J. C. Slater: Proc. of the nat. acad. of sciences (U. S. A.) Bd. 11, S. 732. 1925.

(*92*) A. Sommerfeld u. A. Unsöld: Zeitschr. f. Physik Bd. 36, S. 259. 1926 und Bd. 38, S. 237. 1926.

He: (*93*) Th. Lyman: Nature Bd. 110, 278. 1922; Astrophys. journ. Bd. 60, S. 1. 1924.

(*90*) S. Goudsmit u. G. E. Uhlenbeck: l. c.

(*91*) J. C. Slater: l. c.

(*94*) D. Burger: Zeitschr. f. Physik Bd. 38, S. 437. 1926.

Li^+: (*95*) H. Schüler: Naturwissenschaften Bd. 12, S. 579. 1924; Ann. d. Physik Bd. 76, S. 292. 1925; Zeitschr. f. Physik Bd. 37, S. 568. 1926.

(*96*) S. Werner: Nature Bd. 115, S. 191. 1925; Bd. 116, S. 574. 1925.

(97) Y. SUGIURA: Journ. de physique Bd. 6, S. 323. 1925.

Be^{+}, B^{++}, C^{+++}, N^{4+}, O^{5+}:

(98) I. S. BOWEN u. R. A. MILLIKAN: Physical review Bd. 22, S. 523. 1923; Bd. 23, S. 1 u. 764. 1924; Bd. 24, S. 209. 1924; Proc. of the nat. acad. of sciences (U. S. A.) Bd. 10, S. 199. 1924; Nature Bd. 114, S. 380. 1924.

B^{+}, C^{++}, N^{3+}, O^{4+}:

(99) I. S. BOWEN u. R. A. MILLIKAN: Physical review Bd. 24, S. 209. 1924; Bd. 25, S. 884. 1925; Bd. 26, S. 282 u. 310. 1925.

C^{+}: (100) A. FOWLER: Proc. of the roy. soc. of London, Ser. A Bd. 105, S. 299. 1924.

C^{+}, N^{++}, O^{+++}:

(101) I. S. BOWEN u. R. A. MILLIKAN: Physical review Bd. 25, S. 884. 1925; Bd. 26, S. 150. 1925.

N^{+}: (102) A. FOWLER: Proc. of the roy. soc. of London, Ser. A Bd. 107, S. 31. 1925.

N: (103) C. C. KIESS: Americ. journ. of opt. soc. Bd. 11, S. 1. 1925.

(103a) J. J. HOPFIELD: Physical review Bd. 27, S. 801. 1926.

O^{+}: (104) A. FOWLER: Proc. of the roy. soc. of London, Ser. A Bd. 110, S. 476. 1926.

(105) R. H. FOWLER u. D. R. HARTREE: Proc. of the roy. soc. of London, Ser. A Bd. 111, S. 83. 1926.

O: (106) J. J. HOPFIELD: Nature Bd. 112, S. 437. 1923; Physical review Bd. 21, S. 710. 1923; Astrophys. journ. Bd. 59, S. 114. 1924. J. J. HOPFIELD u. R. T. BIRGE: Nature Bd. 112, S. 790. 1923.

(107) O. LAPORTE: Naturwissenschaften Bd. 12, S. 598. 1924.

F: (108) G. H. CARRAGAN: Astrophys. journ. Bd. 63, S. 145. 1926.

(109) T. L. DE BRUIN: Jaarb. v. d. kon. acad. v. wetensch. (Amsterdam), Afd. Natuurk. Bd. 35, S. 751. 1926.

Ne: (110) G. HERTZ: Physica Bd. 5, S. 189. 1925.

(111) T. LYMAN u. F. A. SAUNDERS: Physical review Bd. 25, S. 886. 1925.

(112) K. W. MEISSNER: Ann. d. Physik Bd. 76, S. 124. 1925.

(113) E. BACK: Ann. d. Physik Bd. 76, S. 317. 1925.

(114) P. JORDAN: Zeitschr. f. Physik Bd. 31, S. 877. 1925.

(115) S. GOUDSMIT: Physica Bd. 5, S. 70. 1925; Zeitschr. f. Physik Bd. 32, S. 111. 1925.

Al^{++}: (116) F. PASCHEN: Ann. d. Physik Bd. 71, S. 142. 1923.

Si^{+++}: (117) A. FOWLER: Phil. transact. roy. soc. Ser. A Bd. 225, S. 1. 1925.

P^{4+}, S^{5+}, Cl^{6+}:

(98) I. S. BOWEN u. R. A. MILLIKAN: l. c. und Physical review Bd. 25, S. 295. 1925.

Al^{+}: (118) F. PASCHEN: Ann. d. Physik Bd. 71, S. 537. 1923.

(119) H. N. RUSSELL: Nature Bd. 113, S. 163. 1924.

Si^{++}: (117) A. FOWLER: l. c.

P^{+++}, S^{4+}, Cl^{5+}:

(99) I. S. BOWEN u. R. A. MILLIKAN: l. c. und Physical review Bd. 25, S. 591. 1925.

(*120*) M. O. Saltmarsh: Proc. of the roy. soc. of London, Ser. A Bd. 108, S. 332. 1925.

Si^{+}: (*117*) A. Fowler: l. c.

P^{++}, S^{+++}, Cl^{4+}:

(*101*) I. S. Bowen u. R. A. Millikan: l. c. und Bd. 25, S. 600. 1925.

(*120*) M. O. Saltmarsh: l. c.

Si: (*121*) J. C. McLennan u. W. W. Shaver: Transact. of the roy. soc. of Canada Bd. 18, S. 1. 1924.

(*117*) A. Fowler: l. c.

P: (*122*) M. O. Saltmarsh: Philosoph. mag. Bd. 47, S. 874. 1924.

S: (*106*) J. J. Hopfield: l. c. und Physical review Bd. 26, S. 282. 1925.

Cl^{+}: (*118*) F. Paschen: l. c.

(*123*) J. J. Hopfield: Physical review Bd. 26, S. 282. 1925.

Cl: (*124*) L. A. Turner: Physical review Bd. 27, S. 397. 1926.

A: (*125*) Th. Lyman u. F. A. Saunders: Nature Bd. 116, S. 358. 1925.

(*126*) G. Hertz u. J. H. Abbink: Naturwissenschaften Bd. 14, S. 648. 1926.

(*127*) K. W. Meissner: Zeitschr. f. Physik Bd. 37, S. 238. 1926 und Bd. 39, S. 172. 1926.

(*128*) F. A. Saunders: Proc. of the nat. acad. of sciences (U. S. A.) Bd. 12, S. 556. 1926.

K^{+}: (*129*) W. Dahmen: Zeitschr. f. Physik Bd. 35, S. 528. 1926.

(*130*) T. L. de Bruin: Zeitschr. f. Physik Bd. 38, S. 94. 1926.

Sc^{++}, Ti^{+++}:

(*130a*) R. C. Gibbs u. H. E. White: Proc. of the nat. acad. of sciences (U. S. A.) Bd. 12, S. 598. 1926.

Ca: (*131*) A. del Campo: Trabajos del lab. fis. Madrid Nr. 68. 1923.

(*36*) G. Wentzel: Physikal. Zeitschr. Bd. 24, S. 104. 1923; Bd. 25, S. 182. 1924.

(*132*) H. N. Russell u. F. A. Saunders: Physical review Bd. 22, S. 201. 1923; Astrophys. journ. Bd. 61, S. 38. 1925.

(*133*) E. Back: Zeitschr. f. Physik Bd. 33, S. 579. 1925.

(*134*) G. Wentzel: Zeitschr. f. Physik Bd. 34, S. 730. 1925.

Sc^{+}: (*135*) M. A. Catalán: Anales de la soc. españ. fys. y quim. Bd. 20, S. 606. 1922.

(*136*) W. F. Meggers: Journ. of the Washington acad. sciences Bd. 14, S. 419. 1924.

(*137*) W. F. Meggers, C. C. Kiess u. F. M. Walters jr.: Amer. journ. of the opt. soc. Bd. 9, S. 355. 1924.

(*138*) S. Goudsmit, J. van der Mark u. P. Zeeman: Proc. of the roy. acad. Amsterdam Bd. 28, S. 127. 1925.

Ti^{++}: (*139*) H. N. Russell: Briefliche Mitteilung aus einer demnächst erscheinenden Arbeit.

Sc: (*135*) M. A. Catalán: l. c. und Anales de la soc. españ. fys. y quim. Bd. 21, S. 464. 1923.

(*136*) W. F. Meggers: l. c.

(*140*) H. Gieseler u. W. Grotrian: Zeitschr. f. Physik Bd. 25, S. 342. 1924.

(*138*) S. GOUDSMIT, J. VAN DER MARK u. P. ZEEMAN: l. c.

Ti⁺: (*89*) H. N. RUSSELL: l. c.

(*139*) H. N. RUSSELL: l. c.

Ti: (*141*) C. C. KIESS u. H. K. KIESS: Journ. of the Washington acad. sciences Bd. 13, S. 270. 1923; Amer. journ. of the opt. soc. Bd. 8, S. 607. 1924.

(*140*) H. GIESELER u. W. GROTIAN: l. c.

(*89*) H. N. RUSSELL: l. c.

(*139*) H. N. RUSSELL: l. c.

V⁺: (*142*) W. F. MEGGERS: Zeitschr. f. Physik Bd. 33, S. 509. 1925; Bd. 39, S. 114. 1926.

V: (*143*) W. F. MEGGERS: Journ. of the Washington acad. sciences Bd. 13, S. 317. 1923.

(*144*) O. LAPORTE: Physikal. Zeitschr. Bd. 24, S. 510. 1923.

(*145*) M. A. CATALÁN: Anales de la soc. españ. fys. y quim. Bd. 22, S. 72. 1924.

(*140*) H. GIESELER u. W. GROTRIAN: l. c.

(*146*) K. BECHERT u. L. A. SOMMER: Zeitschr. f. Physik Bd. 31, S. 145. 1925.

Cr⁺: (*137*) W. F. MEGGERS, C. C. KIESS u. F. M. WALTERS JR.: l. c.

(*147*) C. C. KIESS u. O. LAPORTE: Science Bd. 63, S. 234. 1926.

Cr: (*148*) M. A. CATALÁN: Phil. transact. of the roy. soc. of London Ser. A Bd. 223, S. 127. 1922; Anales de la soc. españ. fys. y quim. Bd. 21, S. 84. 1923.

(*149*) H. GIESELER: Ann. d. Physik Bd. 69, S. 147. 1922; Zeitschr. f. Physik Bd. 22, S. 228. 1924.

(*150*) C. C. KIESS u. H. K. KIESS: Science Bd. 56, S. 666. 1922.

(*151*) H. GIESELER u. W. GROTRIAN: Zeitschr. f. Physik Bd. 22, S. 245. 1924.

(*147*) C. C. KIESS u. O. LAPORTE: l. c.

Mn⁺: (*148*) M. A. CATALÁN: l. c.

(*152*) E. BACK: Zeitschr. f. Physik Bd. 15, S. 206. 1923.

Mn: (*148*) M. A. CATALÁN: l. c.

(*153*) A. SOMMERFELD: Ann. d. Physik Bd. 70, S. 32. 1923.

(*152*) E. BACK: l. c.

(*154*) W. GROTRIAN: Zeitschr. f. Physik Bd. 18, S. 169. 1923.

(*155*) S. GOUDSMIT: Nature Bd. 113, S. 238. 1924.

(*156*) J. C. MCLENNAN u. A. B. MCLAY: Transact. of the roy. soc. of Canada Bd. 20, S. 15. 1926.

Fe⁺: (*137*) W. F. MEGGERS, C. C. KIESS u. F. M. WALTERS JR.: l. c.

(*89*) H. N. RUSSELL: l. c.

Fe: (*157*) F. M. WALTERS JR.: Journ. of the Washington acad. sciences Bd. 13, S. 243. 1923; Amer. journ. of the opt. soc. Bd. 8, S. 245. 1924.

(*151*) H. GIESELER u. W. GROTRIAN: l. c. und Zeitschr. f. Physik Bd. 25, S. 165. 1924.

(*158*) O. LAPORTE: Zeitschr. f. Physik Bd. 23, S. 135. 1924; Bd. 26, S. 1. 1924; Proc. of the nat. acad. of sciences (U. S. A.) Bd. 12, S. 496. 1926.

Co: (*159*) F. M. Walters jr.: Journ. of the Washington acad. sciences Bd. 14, S. 407. 1924.

(*160*) M. A. Catalán u. K. Bechert: Zeitschr. f. Physik Bd. 32, S. 336. 1925.

Ni: (*161*) F. M. Walters jr.: Journ. of the Washington acad. sciences Bd. 15, S. 88. 1925.

(*162*) K. Bechert u. L. A. Sommer: Ann. d. Physik Bd. 77, S. 351. 1915. — K. Bechert: Ann. d. Physik Bd. 77, S. 537. 1925.

Cu: (*163*) A. G. Shenstone: Philosoph. mag. Bd. 49, S. 951. 1925; Physical review Bd. 28, S. 449. 1926.

(*164*) H. Stücklen: Zeitschr. f. Physik Bd. 34, S. 562. 1925.

(*165*) C. S. Beals: Proc. of the roy. soc. of London Ser. A Bd. 111, S. 168. 1926.

(*166*) L. A. Sommer: Zeitschr. f. Physik Bd. 39, S. 711. 1926.

Zn^+: (*167*) G. v. Salis: Ann. d. Physik Bd. 76, S. 145. 1925.

As: (*168*) A. E. Ruark, F. L. Mohler, P. O. Foote u. R. L. Chenault: Scient. pap. bur. of stand. Bd. 19, S. 463. 1924.

Se: (*106*) J. J. Hopfield: l. c.

Br: (*124*) L. A. Turner: l. c.

Sr: (*132*) H. N. Russell u. F. A. Saunders: l. c.

Y^+: (*136*) W. F. Meggers: l. c.

(*169*) W. F. Meggers u. C. C. Kiess: Amer. journ. of the opt. soc. Bd. 12, S. 417. 1926.

Y: (*136*) W. F. Meggers: l. c.

(*170*) W. F. Meggers u. B. E. Moore: Journ. of the Washington acad. sciences Bd. 15, S. 207. 1925.

(*169*) W. F. Meggers u. C. C. Kiess: l. c.

Zr^+: (*89*) H. N. Russell: l. c.

Zr, Nb^+: (*169*) W. F. Meggers u. C. C. Kiess: l. c.

Nb: (*171*) W. F. Meggers: Journ. of the Washington acad. sciences Bd. 14, S. 442. 1924.

Mo^+: (*169*) W. F. Meggers u. C. C. Kiess: l. c.

(*172*) E. Wilhelmy: Ann. d. Physik Bd. 80, S. 305. 1926.

Mo: (*173*) C. C. Kiess: Scient. pap. bur. of stand. Bd. 19, S. 113. 1923.

(*174*) M. Á. Catalán: Anales de la soc. españ. fys. y quim. Bd. 21, S. 213. 1923.

(*172*) E. Wilhelmy: l. c.

Ru: (*175*) W. F. Meggers u. O. Laporte: Science Bd. 61, S. 635. 1925; Journ. of the Washington acad. sciences Bd. 16, S. 143. 1926.

(*176*) L. A. Sommer: Naturwissenschaften Bd. 13, S. 840. 1925; Zeitschr. f. Physik Bd. 37, S. 1. 1926.

Rh: (*177*) L. A. Sommer: Naturwissenschaften Bd. 13, S. 392. 1925 und mundliche Mitteilungen.

Pd^+: (*178*) J. C. McLennan u. H. G. Smith: Proc. of the roy. soc. of London Ser. A Bd. 112, S. 110. 1926.

Pd: (*179*) C. S. Beals: Proc. of the roy. soc. of London Ser. A Bd. 109, S. 369. 1925.

(*180*) K. Bechert u. M. A. Catalán: Zeitschr. f. Physik Bd. 35, S. 449. 1926.
(*178*) J. C. McLennan u. H. G. Smith: l. c. und Transact. of the roy. soc. of Canada Bd. 20. 1926.
Ag^{+}: (*180a*) C. S. Beals: Philosoph. mag. Bd. 2, S. 770. 1926.
Ag: (*163*) A. G. Shenstone: l. c.
Cd^{+}: (*167*) G. v. Salis: l. c.
Sn: (*181*) J. C. McLennan, J. F. T. Young u. A. B. McLay: Transact. of the roy. soc. of Canada Bd. 18, S. 57. 1924.
(*182*) H. Sponer: Zeitschr. f. Physik Bd. 32, S. 19. 1925.
(*183*) R. V. Zumstein: Physical review Bd. 27, S. 150. 1926.
Sb: (*168*) A. E. Ruark, F. L. Mohler, P. D. Foote u. R. L. Chenault: l. c.
J: (*184*) E. G. Dymond: Zeitschr. f. Physik Bd. 34, S. 553. 1925.
(*124*) L. A. Turner: l. c.
Ba: (*132*) H. N. Russell u. F. A. Saunders: l. c.
La^{+}: (*185*) S. Goudsmit: Proc. of the roy. acad. Amsterdam Bd. 28, S. 23. 1925.
W: (*186*) O. Laporte: Naturwissenschaften Bd. 13, S. 627. 1925.
Pt: (*187*) J. C. McLennan u. B. A. McLay: Transact. of the roy. soc. of Canada Bd. 20, S. 201. 1926.
Au: (*188*) V. Thorsen: Naturwissenschaften Bd. 11, S. 500. 1923.
(*189*) J. C. McLennan: Proc. of the roy. soc. of London, Ser. A Bd. 108, S. 571. 1925.
(*190*) J. C. McLennan u. A. B. McLay: Proc. of the roy. soc. of London, Ser. A Bd. 112, S. 95. 1926.
Pb: (*191*) K. W. Meissner: Ann. d. Physik Bd. 71, S. 135. 1923.
(*192*) V. Thorsen: Naturwissenschaften Bd. 11, S. 78. 1923.
(*154*) W. Grotrian: Zeitschr. f. Physik Bd. 18, S. 169. 1923.
(*193*) J. C. McLennan, J. F. T. Young u. A. B. McLay: Transact. of the roy. soc. of Canada Bd. 18, S. 77. 1924.
(*182*) H. Sponer: l. c.
(*194*) R. V. Zumstein: Physical review Bd. 25, S. 189. 1925.
(*195*) H. Gieseler u. W. Grotrian: Zeitschr. f. Physik Bd. 34, S. 374. 1925.
(*196*) E. Back: Zeitschr. f. Physik Bd. 37, S. 193. 1926.
(*197*) H. Gieseler u. W. Grotrian: Zeitschr. f. Physik Bd. 39, S. 377. 1926.
Bi: (*168*) A. E. Ruark, F. L. Mohler, P. D. Foote u. R. L. Chenault: l. c.
(*198*) V. Thorsen: Zeitschr. f. Physik Bd. 40, S. 642. 1926.

Paramagnetismus von Ionen.

(*199*) W. Gerlach: Magnetismus und Atombau. Ergebn. d. exakt. Naturwiss. Bd. 2, S. 124. 1923 (Eisenreihe).
(*200*) St. Meyer: Physikal. Zeitschr. Bd. 26, S. 1 u. 478. 1925 (Seltene Erden).
(*201*) B. Cabrera: Cpt. rend. hebdom. des séances de l'acad. des sciences Bd. 180, S. 668. 1925 (Seltene Erden).
(*202*) H. Decker: Ann. d. Physik Bd. 79, S. 324. 1926 (Seltene Erden).

Sachverzeichnis.

Abschätzung von Termwerten 33ff.
Absorptionsspektrum 1, 8.
Abzählung der Terme (bei zwei Elektronen) 90ff., (bei mehreren Elektronen) 111ff.
Achterperioden 137ff.
Achtzehnerperioden 145ff.
Adiabatenhypothese 16.
adiabatische Invarianz der Wirkungsvariabeln 16.
alkaliahnliche Spektren 31, 61f.
Alkalispektren 2ff., 28ff., 38, 58ff.
Aluminiumatom 52.
Aluminiumspektrum 31f.
ÅNGSTRÖM-Einheit 1.
Anomaler ZEEMAN-Effekt 62, (der Alkalien) 64ff., (der Erdalkalien) 83ff., (bei normalen Multipletts) 105ff., (bei nicht normalen Multipletts) 201ff.
äquivalente Bahnen 114.
Argonatom 52.
Argonspektrum 145, 198ff.
Atombau 5f., (und chemische Eigenschaften) 47ff.
Atomkern 5f.
Atommechanik 10ff.
Atommodell 10, 19f., (Leuchtelektron) 25ff., (Kreiselelektron) 58ff., (zwei Valenzelektronen) 90ff., (mehrere Elektronen) 121ff., (allgemein) 182ff.
Atomnummer 5, (und Röntgenspektrum) 45.
Atomrumpf 26.
Aufbauprinzip 49.
Äußere Bahnen 33ff.
Auswahlregeln (für j und m) 17f., (für l) 27, (für j) 60, (für m) 64, 66, (für n_t, l_t, l, s, j) 132f.
Azimutale Quantenzahl 27.

BALMER-Formel 2, 23.
Bariumatom 54.
BERGMANN-Serie 3.
Berylliumatom 51.
Besetzungszahlen 55, 150f.
Bleispektrum 140, 195f.
BOHRS Frequenzgleichung 8.
BOHRS Grundpostulate 7f.
Boratom 51.

Cadmiumatom 54.
Cäsiumatom 54.
Chemie und Atombau 47ff.
Chromspektren (Cr^+) 159f., (Cr) 160f.
COULOMBsches Kraftfeld 21.

Drehimpuls 17f. (des Elektrons) 58f.
Dreikörperproblem 25.
Dublettaufspaltung 61, (Betrag) 72ff.
Dublettspektren 58ff., (Röntgenterme) 181f.

Edelgasatome 47f.
Edelgasspektren 144f., 198.
effektive Kernladung 61.
effektive Quantenzahl 27, 38ff.
einfache Spektren 28ff., 58ff.
Eisenreihe (Sc bis Ni) 52f., 103, 146ff. 152ff.
Eisenspektren (Fe^+) 161f., (Fe) 162f.
Elektron 5, (Eigenschaften) 68.
Elektronenstoß 8f.
Emissionsspektrum 1.
entartete Systeme 15.
Erdalkali-Funkenspektren 30f.
Erdalkalispektren 31f., 78ff., (verschobene Terme) 86ff., 193f.
Erdmetallspektren 32.

Feinstruktur 25, (Intensitäten) 129.
Fluorspektrum 143.
Frequenzgleichung 8.

g (bei Dubletts) 66, (bei Tripletts) 83, (bei normaler Termordnung) 106, (bei nichtnormaler Termordnung) 202ff.
Galliumatom 53.
Gerüst des periodischen Systems 138.
Goldatom 54f.
Goldspektrum 170.
Große Perioden (Vergleich) 170ff.
Grundlagen der Quantentheorie 5f.
Grundpostulate der Quantentheorie der Spektren 7f.
Grundterme (in den Achterperioden) 139, (in der Eisen-, Palladium- und Platinreihe) 147ff., (der seltenen Erden 176f.

h (PLANKsche Konstante) 7.
halbzahlige Quantenzahlen 16f.
Halogenspektren 143f., 198.
Hauptquantenzahl 27.
Hauptserie 3.
Heliumatom 25, 50f.
Heliumspektren (He^+) 24f., 136, (He) 136f.

Indiumatom 54.
innere Quantenzahl 58.
Intensitäten (von Interkombinationen) 81f., (allgemein) 128ff., (von ZEEMAN-Komponenten) 129f., (von Multiplettkomponenten) 131f.
Interkombinationen 81.
Intervallregel für normale Multipletts 102.
Ionisierungsarbeit 24.

j (innere Quantenzahl) 17, 58.
J (Wirkungsvariable) 12.

Kaliumatom 52.
Kaliumfunkenspektrum 145.
Kalziumatom 52.
Kalziumspektrum 86ff., 194.

Kern 5f.
KIRCHHOFFscher Satz 6.
Kobaltspektrum 164f.
Kohlenstoffatom 51.
Kohlenstoffspektrum 140.
Kombinationsprinzip 4, 8.
Kombinationsregeln (für j und m) 17f., (für l) 27, (für j) 60, (für m) 64, 66, (für n_t, l_t, l, s, j) 132f.
Kontinuierliche Spektren 1, 8.
Koppelung (normale) 91ff., 98, 121ff., (nichtnormale) 182ff.
Korrespondenzprinzip 10ff.
Kreiselelektron 58ff.
Kryptonatom 54.
Kupferatom 53.
Kupferspektrum 167ff.

l (Nebenquantenzahl) 27, (Resultierende) 87f.
LANDÉsche g-Werte 106, g-Formel 107.
Lanthanfunkenspektrum 152ff.
Laufzahl 3.
Leuchtelektron 25ff., (Röntgenspektren) 43.
lichtelektrischer Effekt 7.
Linienserie 1.
Lithiumatom 51.
Lithiumfunkenspektrum 137.
LYMAN-Serie 2, 23.

m (Quantenzahl) 17, 63ff.
Magnesiumatom 52.
Magnesiumspektren (Mg^+) 30f., (Mg) 31f.
magnetisches Moment des Elektrons 58ff., 67f.
Magnetisierungszahlen (der seltenen Erden) 177ff., (der Eisenreihe) 180f.
Magneton 64, 178.
Manganspektren (Mn^+, Mn) 161.
Modell 10, 19f., (Leuchtelektron 25ff., (Kreiselelektron) 58ff., (zwei Valenzelektronen) 90ff., (mehrere Elektronen) 121ff., (allgemeines) 182ff.

modellmäßige Deutung (von n und l) 27, 87f., (von j) 59f., (von s) 59, 81, (von m) 63f.
Molybdänspektrum 160f.
MOSELEYsches Gesetz 44f.
Multiplettaufspaltung (bei einem Elektron) 72ff., (bei mehreren Elektronen) 122ff.
Multipletts (normale) 99ff., (regelrechte und verkehrte) 104, 125ff., 192f., (Intensitaten) 131f., (nichtnormale) 182ff.
Multiplizität 99f.

n (Hauptquantenzahl) 22, 27.
Natriumatom 51f.
Natriumspektrum 29.
Nebenquantenzahl 27.
Nebenserien 3.
Neonatom 51.
Neonspektrum 144f., 198ff., (ZEEMAN-Effekt) 203ff.
nichtnormale Termordnung 182ff.
Nickelspektrum 165f.
Niobiumfunkenspektrum 158f.
normale Koppelungsverhältnisse 98, 121ff.
normale Multipletts 99ff., (Intensitäten) 131f.
normaler ZEEMAN-Effekt 62f.

Oszillator 7, 11.

Palladiumreihe (Y bis Pd) 54f., 146, 148f., 152ff.
Palladiumspektren (Pa^+) 164f., (Pd) 165ff., 200f.
partiell verkehrte Multipletts 105.
PASCHEN-BACK-Effekt 62.
PASCHEN-Serie 2, 23.
PAULIsche Regel für äquivalente Bahnen 114ff.
periodisches System der Elemente 48ff., (Gerüst) 138.
PLANKS Strahlungsgesetz 6.
PLANKsche Konstante h 7.
Platinreihe (La, Hf bis Pt) 54, 146, 149f., 152ff.
Platinspektrum 165ff.
Polarisation des Atomrumpfes 133ff.

Quantenmechanik 10ff.
Quantentheorie (Grundlagen) 5ff., (des Oszillators) 7, 11f., (der Spektren) 7ff.
Quantenvorschrift 13f.
Quantenzahl 16, (n) 22, 27, (l) 27, 87, (j) 17, 58, (m) 17, 63, (effektive) 27, 38ff., (wahre) 38ff.

regelrechte Dubletts 74.
regelrechte und verkehrte Multipletts 104f., 125f., 192f.
Reihenfolge der Terme 124f.
relativistische Feinstruktur 23.
Resonanz 19, 89, 119, 121.
Rhodiumspektrum 164f.
RITZ-Korrektion 34.
RITZsche Termformel 27.
Röntgenspektren 5, 42ff.
Röntgenterme 45f., 181f.
Rosettenbahn 26, 37.
Rotator 12f.
Rubidiumatom 54.
Rumpf des Atoms 26.
Rumpfgrößen 40.
Rutheniumspektrum 162ff.
RYDBERG-Formel 2.
RYDBERG-Konstante 3, 22f.
RYDBERG-Korrektion 3, (äußere Bahnen) 34, (Tauchbahnen) 37, (einfache Spektren) 39ff.

Sauerstoffspektren (O^+) 141f., 196f., (O) 142f.
Scandiumspektren (Sc^+) 152f., (Sc) 154ff.
Schalenabschluß 115ff.
Schalenbau des Atoms 44, 48.
Schwefelspektrum 142f.
Seltene Erden 54, 175ff.
Serie 1.
Serienformel 2.
Seriengrenze 1 (Bestimmung der —) 184ff.
Silberatom 54.

Silberspektrum 170.
Siliziumspektrum 140f.
Singulett-Triplett-Abstand 119f.
Singulettspektren 79, 82f.
Spektralterm 2.
STARK-Effekt der Alkalien 76ff.
stationarer Zustand 7.
Stickstoffspektren (N^+) 140f., (N) 141f., 197.
Strahlung eines atomaren Systems 8, 11f.
Strahlungsgesetz 6.
Strontiumatom 54.
Summenregel (für Intensitaten) 130f., (für ZEEMAN-Terme) 70, 86, 107, 202.

Tauchbahnen 36f.
Term 2, 4, 8.
Termabschätzung 33ff.
Termabzählung (bei zwei Elektronen) 90ff., (bei mehreren Elektronen) 111ff.
Termbezeichnungen ($s, p, d \ldots$, $S, P, D \ldots$) 4f., 89f., 92f.
Termschemata (normale Termordnung) 133ff., (vollständige) 193ff.
Titanspektren (Ti^{++}) 152ff., (Ti^+) 154ff., (Ti) 158ff.
Triplettspektren 79f., 83ff.

Übergangswahrscheinlichkeit 128.

Vanadiumspektren (V^+) 158f., (V) 159f.
verkehrte Multipletts 105.
Verschiebungssatz 24f.
verschobene Terme der Erdalkalien 86ff., 193f.
Vielfachheit von Termen 99f.

wahre Quantenzahl n 38ff.
wasserstoffähnliche Spektren 24f.
wasserstoffahnliche Terme 27, 28.
Wasserstoffatom 50.
Wasserstoffspektrum 2, 20ff., 134f.
Wechselsatz (für Multiplizitäten) 103f.
Wechselwirkung (bei zwei Elektronen) 91ff., (bei mehreren Elektronen) 104f., 121ff., 182ff.
Wellenzahl 1.
Winkelvariable 15.
Wirkungsvariable 15.
Wolframspektrum 160f.

Xenonatom 54.

Yttriumspektrum (Y^+) 152f., (Y) 154ff.

ZEEMAN-Aufspaltung (bei einem Elektron) 62ff., (bei mehreren Elektronen) 122.
ZEEMAN-Effekt (normaler) 62f., (anormaler der Alkalien) 64ff., (der Erdalkalien) 82ff., (bei normalen Multipletts) 105ff., (Intensitäten) 129f., (bei nicht normalen Multipletts) 201ff.
zentralsymmetrisches Kraftfeld 26.
Zinkatom 53.
Zinnspektrum 140.
Zirkoniumspektren (Zr^+) 154ff., (Zr) 158f.
Zuordnung der Terme (in schwachen und starken Magnetfeldern bei Dubletts) 71f., (in elektrischen Feldern) 78, (in Magnetfeldern bei Tripletts) 85f., (bei normalen Multipletts) 110, (zu Seriengrenzen) 184ff.
Zwischenschale 53.

Additional information of this book

(Linienspektren und periodisches System der Elemente; 978-3-7091-5656-8) is provided:

http://Extras.Springer.com